||| 武力真相 |||

WULIZHEN XIANG

解密中国军工厂 （兵器篇）

JIEMI ZHONGGUO JUNGONGCHANG (BINGQIPIAN)

◎ 《轻武器系列丛书》编委会 编著

U0272941

航空工业出版社
北 京

内 容 提 要

本书为《武力真相》系列丛书之一，详细地介绍了自抗日战争时期我军建设的红色兵工厂，到新中国成立之后我国各大军工企业的历史沿革、发展情况以及代表产品，展示了我国历代军工人勇于克服困难，保证完成任务的顽强精神。通过本书，读者可以全面地了解我国军工文化的历史和现状。

图书在版编目（CIP）数据

解密中国军工厂. 兵器篇 / 《轻武器系列丛书》编委会编著. --北京 ：航空工业出版社，2014.7
（武力真相）
ISBN 978-7-5165-0511-3

Ⅰ. ①解… Ⅱ. ①轻… Ⅲ. ①军工厂－介绍－中国②武器－介绍－中国 Ⅳ. ①TJ108②E92

中国版本图书馆CIP数据核字（2014）第148402号

解密中国军工厂（兵器篇）
Jiemi Zhongguo Jungongchang (Bingqipian)

航空工业出版社出版发行
（北京市朝阳区北苑2号院 100012）
发行部电话：010-84934379 010-84936343

北京世汉凌云印刷有限公司印刷 全国各地新华书店经售
2014年7月第1版 2014年7月第1次印刷
开本：787×1092 1/16 印张：11.5 字数：288千字
印数：1-5000 定价：35.00元

目录

中国兵工厂概述 ·· 1

从星星之火到钢铁洪流 ································· 2

红色兵工厂巡礼 ·· 15

人民兵工始祖

——中央红军官田兵工厂 ························· 16

龙腾半边天

——红二方面军兵工厂珍展 ····················· 22

红色峥嵘

——陕甘宁边区的军事工业 ····················· 28

巍巍太行 民族傲骨

——八路军总部军工部领导下的军事工业 ········ 33

模范根据地 第一战鼓风

——晋察冀军事工业 ···························· 48

吕梁山高 蔚汾水长

——晋绥军区军事工业 ·························· 56

齐鲁大地 烽火连天

——山东根据地的军事工业 ····················· 63

大江南北 热血铸英魂

——新四军军事工业 ···························· 71

黑色沃土书磅礴

——东北军区的军事工业 ································· 97

驰骋千里

——晋冀鲁豫军区的军事工业 ···················· 110

新中国兵工厂巡礼 ································· 115

枪械星工厂

——216 厂 ·· 116

资江奔腾 科技兴业

——记 9656 厂 ·································· 134

悠久兵工 356 厂 ································ 138

中国军用枪瞄的缩影

——338 兵工厂 40 载成果 ······················ 155

浙江军工之花

——972 厂 ··· 164

历史与光荣

——记为国防建设做出突出贡献的 626 厂 ·········· 167

心中的兵器城

——中国白城兵器试验中心轻武器试验部专访 ······ 170

重庆长风机器有限责任公司 ·················· 175

ARSENALS

解密中国军工厂

中国兵工厂概述

从星星之火到钢铁洪流

□ 更云

　　土地革命时期，各革命根据地陆续建立了一些小型修械所，直到 1931 年 10 月，中央红军在原有修械所和修械处的基础上，组建成一个规模较大的兵工厂——官田兵工厂，担负日益繁重的修械和弹药生产任务。官田兵工厂的诞生，标志着中国共产党领导下的综合型兵工厂诞生，其被誉为"人民兵工始祖"、我国国防工业的"摇篮"。抗日战争时期，各根据地相继成立军工部（局），把各地区分散的小型兵工厂和修械所，按专业集中组成一定规模的工厂，著名的山西黄崖洞兵工厂即是八路军总部在太行山区创建最早、规模最大的兵工厂。解放战争时期，兵工厂向大中型企业扩展，全国形成东北、华北、西北、中原、华东五大军区的兵器工业基地，开始有了统一计划、统一调配、统一价格的高度集中的管理体系，为新中国兵器工业的发展奠定了基础。

土地革命时期的兵工厂

　　从秋收起义到抗日战争胜利前后，中国共产党在全国各地创建了人民兵工。在此期间，革命根据地的兵工厂从只有几十人的小型修械所发展到众多颇具规模的兵工厂。据史料记载，根据地苏区拥有 100 名员工和 10 台以上设备的兵工厂有 50 多个，共有员工 3 万多人。从最初的铁炉制造梭镖、大刀到修理枪械、制造枪炮等武器；从复装枪弹、制造地雷、手榴弹到制造枪弹和炮弹等弹药，人民兵工在艰难中一步步发展。

莲花修械所

　　1928 年 4 月，井冈山根据地在莲花县坊楼沿工村建立莲花修械所。主要制造梭镖、大刀和土枪，修理各种武器，以及时供给红军使用。1930 年冬，该所并入湘赣兵工厂。到 1934 年红军长征前，该厂多次迁移，但都地处深山，非常隐蔽，便于进行安全生产。

红四军军械处

　　红四军军械处于 1928 年 7 月创办，位于井冈山茨坪店上村。创办时只有 30 多人，用砖块、石头砌成大炉；用土法烧炭、炼铁；所用工具只有榔头、铁锤、钳子；当年用手工制造单响枪（即单发步枪，现应理解为非自动步枪），修理破损枪支。1929 年 12 月，红四军参谋长袁文才率领游击队攻打茶陵，缴获反革命武装挨户团罗光绍所办兵工厂的全套设备，使军械处的设备大大改善。随后迁往赣南黄洋界的梅树下村，军械处改称兵工厂。除修理枪支外，还能制造 5 响枪（现应理解为带有 5 发弹仓的半自动步枪）、麻尾手榴弹等多种武器，改善了红四军与地方红色武装的装备。

闽浙赣兵工厂

　　1931 年 12 月，赣东北根据地建立江冲源兵工厂，该厂分设弋阳县江冲源、齐川源两个加工基地。至 1933 年冬，组成闽浙赣兵工厂，因位于江西省德兴县洋源村，又称洋源兵工厂。闽浙赣兵工厂时期设制造、炸弹、子弹、翻砂、木工、硝磺等 6 部。其中制造部制造枪炮；炸弹部制造手榴弹、迫击炮弹、大小型挨丝地雷（即一个敌人踩响一枚地雷后，连带几十枚地雷都炸响的地雷群）；硝磺部主要制造红硝、马硝、火药、炸药等。1934年上半年有800多人。1935年3月，德兴苏区界田桥防线失守，上级决定埋藏该厂的机器，全部工人改编成游击队，转入游击战争。

洪湖兵工厂

又称湘鄂西兵工厂，是湘鄂西革命根据地建立的一个较大的兵工厂。该厂的前身是中共湖北省石首中心县委于1928年创办的石首修械所。1930年7月，贺龙领导的红四军与周逸群领导的红六军在湖北省陆湖堤会师，两军合编为红二军团。于是，石首修械所被扩建成红二军团洪湖兵工厂。1932年，国民党再次大规模"围剿"湘鄂西苏区，为了兵工人员的安全和机器不落入敌手，工厂将机器沉入湖中，人员疏散转移，洪湖兵工厂至此结束。其盛时有250多人，设有锻工科、模型科、机械科、轻工科、子弹科和机修、机械两个车间。贺龙曾3次到该厂视察。

鄂豫皖军事委员会兵工厂

该厂于1931年1月在河南省新县陈店乡柴山堡佛尔寺建立，其前身是1929年10月中共鄂东特委在湖北黄安（今红安）县石板沟建立的一个小兵工厂。1931年4月上旬，国民党对鄂豫皖苏区发动第二次"围剿"，该厂被迫从河南境内再次迁到湖北黄安县紫云区熊家咀。接着，河南省新县黄谷的红军造枪局和黄安县席家岗的红军修械

所与该厂合并，从此规模扩大。该厂有300多人，设有总厂和4个分厂。1932年4月，国民党对鄂豫皖苏区进行第四次"围剿"，同年7月，该厂奉命解散。该厂共生产撅把子枪4000支、仿汉阳造步枪800多支，手榴弹1万多枚，复装枪弹21万发，修配枪支1.1万支。

官田兵工厂

又称中央红军兵工厂，是中央革命军事委员会的直属兵工厂。由白石红军修械厂、江西省苏维埃政府修械所和红三军团修械所等单位于1931年10月合并而成，厂址设在江西省兴国县莲矿区官田村。一般认为，官田兵工厂的建立，开启了人民兵工实质性的发展。该厂初期有250多人，200多把锉刀，100多把老虎钳，4台打铁炉。1932年获得2台车床、1台30马力[1]发电机、1个鼓风机，工厂人数最多时约1000人。中央红军1934年开始长征时，该厂停止生产。该厂共修配4万多支步枪，制造40多万发枪弹、6万枚手榴弹、5000多枚地雷，修理2000多挺机枪、100多门迫击炮、2

① 1马力745.7瓦

江西省兴国县官田村中央红军兵工厂（官田兵工厂）旧址之一——厂部，总务科所在地，是工厂管理人员工作之处

1927年9月29日至10月3日，毛泽东在江西省永新县三湾村，领导了举世闻名的"三湾改编"。图为当时地方红色武装用过的土炮和抬枪（现存于井冈山革命博物馆）

门山炮，为反"围剿"斗争的胜利做出了贡献。

闽北兵工厂

1931年7月，闽北根据地岭阳兵工厂迁至崇安县大安镇范畲村，并改名为闽北兵工厂，归属中共闽北分区委员会领导。初期只有80多人，到1934年上半年，闽北兵工厂进入鼎盛时期，有300多人，能

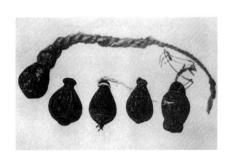

通江兵工厂生产的麻尾手榴弹

制造步枪、手提机枪（冲锋枪旧称）、马刀和刺刀，检修迫击炮弹，制造各种零配件和修械工具等。产量最高时每月可制造各种枪1000余支，制作炸弹、地雷10000多枚，生产手榴弹3000多枚，枪弹15万发，保证了闽北苏区武装斗争发展的需要。

躲狮坪兵工厂

1934年12月，红二方面军的红二、红六军团在湖南省永顺县塔卧创办了"湘鄂川黔边区临时修械厂"。人员是抽调的红军战士和当地的铁匠、木匠，共有50余人。工厂有红炉、子弹、翻砂、修理、炸弹几个车间。后来，工厂搬迁到湖南省永顺县龙家寨的躲狮坪（今多土坪），改称躲狮坪兵工厂，规模达330多人。1935年4月中旬，红军撤离永顺时，兵工厂随红军迁移，直到红二、红六军团开始长征时，抽调部分人员组成修械所，其余人员就地疏散。

通江兵工厂

1933年初，红四方面军在四川通江县城南的苟家湾办起了通江兵工厂，工厂人数很快增加到100多人，其中有的当过铁匠、木

1928 年 8 月 30 日，红军在黄洋界保卫战中使用刚修复的迫击炮轰击敌人。当时，只有 3 发炮弹，由于受潮等原因，只打响了 1 发。图为井冈山革命博物馆展示的该炮复制品

1933 年初，徐向前领导的红四方面军在川北通江县苟家湾建立的通江兵工厂旧址

匠，有的在旧兵工厂里干过。他们靠几盘红炉起家，在修理枪支的同时制造手榴弹和枪弹。同年 10 月，红军缴获了 130 多台机器和大

批原材料，吸收了几百名技术人员和工人，成为当时各根据地兵工厂设备最多、技术力量最强的兵工厂。从建厂到 1935 年上半年疏散转移为止，该厂共生产枪弹 110 万发，麻尾手榴弹 101 万发，修配机枪 200 余挺，迫击炮 200 余门，还修好了大批长短枪。

陕北修械所

1933 年，刘志丹领导陕北人民武装起义后兴办了 2 个修械所：其一是安定杨道岭修械所，随军机动，人们称之为"骡子背上的兵工厂"，主要是制造麻尾手榴弹与修理枪械；其二是清涧奶头修械所，主要是制造马刀与红缨枪。修械所工人有的

是农村铁匠，有的是河南樊仲秀（孙中山曾任命其为豫军讨贼总司令，系河南军阀）兵工厂转来的工人，使用简陋的工具进行手工作业。1935 年，在解放延长石油矿区的战役中，缴获了 3 台车床、1 台砂轮机、1 台柴油机，修械所开始使用动力机械。1935 年夏，杨道岭修械所迁至瓦窑堡小漕湾，有员工 130 人。

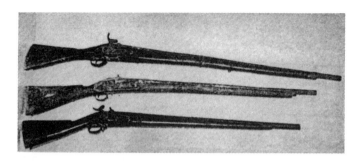

1931 年红四方面军制造的土枪

抗日战争时期的兵工厂

1935 年 10 月 19 日，中央红军长征胜利到达陕北延安吴起镇（今吴旗县城）。同年 12 月，成立中央革命军事委员会总供给部，在总供给部下成立军事工业局，统管西北革命根据地的军事工业。从此，中国共产党领导的兵器工业在延安及各革命根据地不断发展起来。

1937 年 7 月 7 日，抗日战争爆发。当时有一大批爱国之士涌向延安，参加共产党领导的抗日战争。其中有以贺瑞林为首的近百名太原兵工厂工人，以沈鸿为首的 10 名上海工人，从河南巩县兵工厂与铁路行业来的工人，从全国各地来的知识青年等，他们成为扩充红色兵工厂的生力军。更为喜人的是，沈鸿等人从上海经武汉带来了龙门刨、车床、铣床等 11 部机器以及许多设备和工具，另外还有一些英、美、德国和国内出版的科技书籍，为改善兵工厂的设备创造了条件，并提供了宝贵的参考资料，使红色兵工厂的建设如虎添翼。

红四军军械处制造的枪支（现存于井冈山革命博物馆）

中央革命军事委员会总供给部兵工厂

该厂成立于 1935 年 12 月，厂址在陕

陕甘宁边区机器厂旧址。图为 1940 年"十月革命节"时，工人们在厂房外观看延安民众剧团的慰问演出

1939年军事工业局技术人员沈鸿（左一）、郑汉涛（左二）、唐海（左三）、陆达（左四）合影

1938年2月，由沈鸿等人从上海带到延安的立式铣床

西省安定县十里铺，有职工110多人。陕甘宁根据地杨砭兵工厂（亦称瓦窑堡修械所）、贺家湾兵工厂（30～40人）等并入该兵工厂。该厂先后迁至延川县永坪石油沟、保安县（今志丹县）吴起镇、肤施县（现延安市）柳树店等地。后发展成陕甘宁边区机器厂。

　　该厂设翻砂、机械、锻工、木工、制图、子弹等股，承担枪械修复、复装枪弹、制造手榴弹等任务。为了配合红军1936年2月东渡黄河开赴抗日前线，随即研制造船用具，打造船钉，研制黑色火药与起爆药，并于1936年开始制造地雷。

陕甘宁边区机器厂

　　该厂的前身是延安柳树店红军修械所，1938年2月初，沈鸿带领7名工人及一批重要机器设备来到延安，成为该厂发展的基础。同年5月搬迁到延安以北的安塞县茶坊镇，并开始正式生产武器，命名为陕甘宁边区机器厂，内部则习惯称之为茶坊兵工厂，又称中央军委军工局第一厂。工厂分为东厂和西厂两部分。东厂为枪械修理部，负责人刘贵福；西厂为机器制造部，负责人黄海霖。东厂的刘贵福等人于1939年4月25日造出边区第一支步枪——无名式马步枪；随后，他们经过6个通宵的苦战，成功地将两挺马克沁机枪改装成高射机枪，成为延安最早的防空武器。该高射机枪曾在1939年5月1日边区第一届工业展览会上展出过。

　　1939年4月，西厂改称陕甘宁边区机器厂第一厂，习惯称之

茶坊兵工一厂，仍以机器制造为主。东厂迁往保安县（今志丹县）何家岔，命名为陕甘宁边区机器厂第二厂，习惯称之为何家岔兵工二厂，专门负责造枪。同时，利用东厂厂址成立陕甘宁边区机器厂第三厂（习惯称之为茶坊兵工三厂），主要负责造弹。1942年建成紫芳沟化学厂，命名为陕甘宁边区机器厂第四厂，主要负责制造火炸药。至此，陕甘宁边区机器厂已发展为四个分厂，边区的军事工业体系初步形成。

　　1941年初，军工局将陕甘宁边区机器厂第一、三、四厂统一命名为陕甘宁边区工艺实习厂。

八路军总部修械所

　　该所又称韩庄修械所，是黄崖洞兵工厂的前身。1938年3月，八路军总司令部在山西省襄垣县上河村成立总部第四科（即军事工业科），统一领导晋冀鲁豫根据地的兵器工业。同年9月，将原115师第334旅修

械所、129 师补充团（又称华山游击队）修械所与 115 师唐天际支队（又称晋豫游击支队）修械所合并，并调集其他修械所的部分人员，在山西省榆社县韩庄村成立八路军总司令部修械所。到 1938 年底，工厂人数已达 380 多人，拥有车床 5 台，刨床 2 台，三节卧式锅炉和 15 马力蒸汽机各 1 台，各种小型机械设备 10 余台，初步具有小批量制造步枪的条件。1939 年初，该所正式开始试制 7.9 毫米步枪。到 1939 年 4 月，该所月产步枪 60 余支，并完成大量的修枪任务。

温家沟兵工厂

1942 年春，陕甘宁边区农具厂与何家岔兵工二厂合并，改建为温家沟兵工厂，也称为八路军留守兵团兵工厂，但对外仍

山西省黎城县八路军总部军工部 1 所——黄涯洞兵工厂旧址

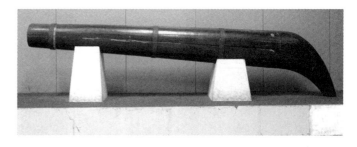

秋收起义时使用的松树炮，该炮以树干为炮筒（现存于井冈山革命博物馆）

称为边区农具厂。同年年底，将陕甘宁边区机器厂三厂的一部分也并入该厂，形成了以生产手榴弹和复装枪弹为主的兵工生产企业。1943 年，该厂年产手榴弹达 10 万枚，复装枪弹月产 13.5 万发。1946 年 10 月，该厂搬迁到瓦窑堡，改称瓦市兵工厂。1947 年 8 月，该厂人员及部分设备东渡黄河后并入晋绥军区工业部。

黄崖洞兵工厂

黄崖洞兵工厂即八路军总部军工部 1 所，又称水窑兵工厂。1939 年 7 月，由八路军总部在山西黎城县黄崖洞建立。该厂有 40 多台当时比较好的机器，动力设备有锅炉、蒸汽机、10 千瓦直流发电机，其为八路军制造步枪近万支、手榴弹 58 万枚、迫击炮和掷弹筒 2500 具以及配用的各种炮弹 26.2 万发，供华北前线的八路军使用。著名的"五五式"步枪、"新七九"步枪、"八一式"马步枪即诞生在该厂。"八一式"马步枪在 1940 年 8 月至 1941 年 11 月间在该厂共生产了 3000 多支。

柳沟铁厂

柳沟铁厂是八路军总部制造手榴弹、地雷和铸造炮弹毛坯的兵

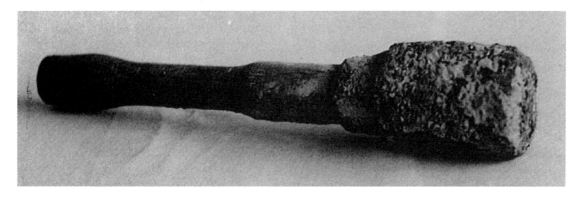

抗日战争初期，陕甘宁边区机器厂生产的手榴弹

山西省武乡县柳沟村八路军总部军工部柳沟铁厂旧址

工厂。1938年4月，由中共山西省武乡县委动员武乡县工人抗日救国会在该县曹村的白龙庙开办了一个小型兵工厂，制造大砍刀和手榴弹等武器，同年10月将该厂迁到武乡县监龙镇柳沟村。1939年4月，八路军总部接管该厂，称为八路军总部柳沟铁厂，是太行山区重要的兵工基地。

清华大学土木工程系毕业的高原任该厂第一任厂长，留学英国的冶金博士张华清任技术顾问（张华清原为太原育才炼铁机器厂炼铁部主任，太原沦陷前夕，携家眷投奔抗日根据地，其时已年过六旬，职工尊称张老先生）。

大岸沟化学厂

1940年7月，晋察冀军区工业部在河北省唐县大岸沟村（现名王家庄）建立了化学工厂，对外称"醋厂"，习惯称"大岸沟化学厂"。该厂起初由晋察冀军区工业部政委杨成等技术人员采用土办法——"缸塔法"制酸工艺成功制造出硫酸，后进一步完善该工艺，生产出大量硫酸、硝酸、乙醚等，作为发射药、炸药的原材料。随后，该厂研制出单基无烟药、双基无烟药及硝胺炸药、硝化甘油炸药等高能火炸药，这标志着根据地不仅能制造枪弹、炮弹配用的高能发射药，而且也能制造地雷、手榴弹、迫击炮弹配用的高能炸药，开创了根据地制造高能发射药、高能炸药的先河。

该厂于1944年9月先后派出4批人员到冀晋、冀察、冀中和冀热辽根据地，帮助建设化学厂，在晋察冀全区发展了化学工业。

1940年8月，在黄崖洞兵工厂，由刘贵福等设计的"八一式"7.9毫米马步枪。八路军总部军工部决定和厂统一生产这种步枪

黄崖洞兵工厂马尾雷

大官亭修械所

该所又称冀中军区供给部修械所，其以原吕正操率领的人民自卫军修械所为主，合并了一些小型修理所，于1938年5月在河北省饶阳县大官亭村成立。它是冀中军区供给部最早建立的一个综合性兵工厂，修理枪支并制造步枪、掷弹筒、手榴弹、地雷及82毫米迫击炮弹。1939年4月，划归晋察冀军区工业部。1938年5月，人民自卫军修械所成功仿制出根据地兵工厂的第一支枪，并开始批量生产。它是一种带折叠式三棱刺刀的仿中正式7.9毫米

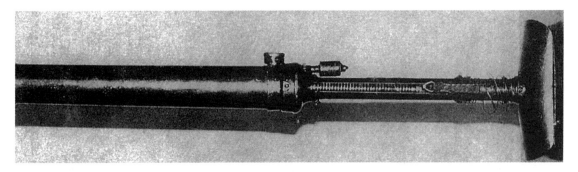

1941 年 1 月，遵照彭德怀副总司令的指示，八路军总部兵工部 1 所（即黄崖洞兵工厂）仿制出 50 毫米掷弹筒

马步枪，由于是民国 27 年制造，故命名为"二七式"步枪，战士们把该枪亲切地称为"咱们的边区造"。

牟牛沟修械厂

1940 年 5 月，晋绥军区根据贺龙的指示，将 120 师后勤部所属的修械所与山西青年抗敌决死队工人武装自卫旅修械所（简称工卫旅修械所）合并，人员与机器设备集中到陕西佳县省牟（音 zǐ）牛沟，扩建为 120 师修械厂，后称晋西军区后勤部修械厂、晋绥军区后勤部修械厂、晋绥军区工业部一厂。修械厂组建前，各修械所分别有自己的成果。如工卫旅修械所在 1939 年 7 月仿制出中正式 7.9 毫米步枪，（即"四六式"步枪）。120 师修械所于 1939 年 8 月仿制成功 2 挺哈其开斯机枪。修械厂组建后，又于 1945 年 3 ~ 4 月在日本 50 毫米掷弹筒基础上改进设计成功"鼎龙"式掷弹筒。

1944 年 10 月，晋绥军区后勤部工业部成立，该厂被命名为晋绥军区工业部一厂。1946 年，"向应式"半自动步枪诞生于该厂，共生产了 6 支，其中的一支现在北京中国人民革命军事博物馆展出。该枪的导气装置设在枪身右侧，活塞杆与拉机柄根部相连。

晋绥火药厂

该厂又称晋绥军区工业部四厂，成立于 1945 年 3 月，是一个主要生产火药、炸药、火工品和总装炮弹、手榴弹以及复装步枪弹的工厂。1947 年 3 月，由陕西省佳县李家坪迁至山西省林县薛家圪（音 gē）台，经过扩建，成为晋绥军区工业部所属工厂中规模最大的一个厂。

该厂于 1946 年 6 月研制出爆破碉堡和攻城用的黄色炸药——硝基奈炸药。随后，又研制出硝基奈和硝化甘油按不同比例配成的炸药，分别装在手榴弹、82 毫米迫击炮弹、地雷等内，从根本上解决了弹药威力不足的问题。1947 年 9 月，陕甘宁边区紫芳沟化学厂的机器、原材料以及化验药品、化验仪器等并入该厂。同年 10 月，该厂开始研制发射药，很快成功生产出单基药和双基药。

南石槽兵工二厂

南石槽兵工二厂即晋冀鲁豫军区兵工二厂，1944 年 9 月由八路军总部军工部 1 所 2 分厂改编而成，1945 年 11 月迁至山西省长治市南石槽村，主要生产 50 毫米掷榴弹和 82 毫米迫击炮弹。在争创"刘伯承工厂"的立功竞赛运动中成绩突出，被晋冀鲁豫边区政府授予"刘伯承工厂"的荣誉称号。1948 年 4 月，被授予刘伯承司令员亲笔题写的"提高兵工质量，增大歼灭战的实效"锦旗一面、奖金 100 万元冀币。

仙墩庙子弹厂

淮南仙墩庙子弹厂即新四军第 2 师第 1 厂，成立于 1942 年 2 月，厂址在江苏省高邮县闵塔区平安乡（现名金湖县金沟区）的仙墩庙，

1945年胶东兵工厂生产的82毫米迫击炮和50毫米掷弹筒

以生产枪弹和枪榴弹为主。著名的"中国保尔"——吴运铎是该厂的第一任厂长。该厂从创建到1946年6月划归华中军区军工部,其间历时4年多,在敌后险恶环境中,生产数十万发枪弹和枪榴弹,为增强部队火力做出了贡献。

胶东第一兵工厂

胶东第一兵工厂的前身是1938年4月由山东抗日救国军第3军第3大队在山东省黄县(今龙口市)圈杨家村筹办的兵工厂。1939年7月改名为5支队第一兵工厂,也称胶东第一兵工厂。同年8月,该厂迁至隆夼(音kuǎng),主要复装枪弹、修造枪械、生产手榴弹、地雷、迫击炮及其配用的炮弹、掷弹筒及其配用的掷榴弹等。该厂在生产这些产品时还进行了创新和改进,如将掷榴弹延期药柱的燃烧时间由7.5秒延长到8.5秒,解决了在最大射程上出现空炸早爆问题。1943年,该厂月产7.9毫米步枪80支,月产仿捷克式机枪5~6挺。

1949年7月,根据中央会议精神,胶东第一兵工厂建制撤销。

山东纵队第二兵工厂

山东纵队第二兵工厂的前身是八路军鲁中抗日游击队第7、8支队兵工局。1939年3月,该兵工局改编为山东纵队第二兵工厂,厂址在山东省沂水县桃峪。从这时起直到抗日战争胜利,该厂曾修理各种枪械、复装和制造枪弹,制造刺刀、地雷、手榴弹、75毫米迫击炮弹等。1939~1940年间,曾试制仿捷克式轻机枪、日本"鸡脖子"(九二式)轻机枪。

1949年2月,该厂改编为华东财办第一军工局直属厂。1950年1月,改为山东省人民政府工矿部兵工局直属厂。

解放战争时期的兵工厂

解放战争初期,由于战争形势的需要,红色兵工厂不断发展、壮大。随着解放战争的节节胜利和解放区的扩大,原来各军区分散的小型兵工厂,已不适应战争形势发展的需要。经过调整和集中,逐步形成了华北、东北、西北、中原、华东五个军区的兵器工业基地。1945年,员工100余人以上、机床10台以上的红色兵工厂只有50多个,到1949年上半年,解放区兵工厂总数达160家,职工总人数达10万人。其中,华北解放区54家、东北解放区49家、华东解放区37家、西北解放区14家、中原解放区6家。在上述企业中,有迫击炮弹厂51家、榴炮弹厂10家、炮弹附属厂12家、炸药厂19家、枪炮厂7家、枪弹及雷管厂10家。此外,还有一些为兵工生产服务的原料半成品厂及发电厂等。兵工生产的发展,为人民解放军向全国进军提供了坚实的物质条件。

东北军区的兵工厂

1947年11月2日,中共东北局作出"统一军工生产,建立党委一元化领导"的决定,至1948年6月,大连兵工厂已与军工部合并,各纵、各师及地方的小型修械厂一律由军工部领导。全军区共有大小兵工厂55个，总人数20735人，是当时统一较早、人员和机器设备基础较雄厚的大军区兵器工业基地。

以下是该军区的几家著名兵工厂。

珲春军工办事处所属兵工厂

1947年10月，东北军区军工会议决定，该军区军工部原在吉林省珲春县的军工部机构改为军工部第一办事处，管辖在珲春的手榴弹厂（位于石岘）、装药厂、机械厂和木工厂等4个兵工厂，以生产81毫米、82毫米迫击炮弹和手榴弹为主，兼造迫击炮、日本九二式步兵炮、枪炮备用零件和修造机床。1948年11月，试制成功九二式步兵炮，开创了根据地兵工在东北制造后膛炮的先河。

1949年9月28日，根据军工部的调整部署，珲春军工办事处正式撤销，管辖的工厂人员和设备迁移到其他工厂。

鸡西军工办事处所属兵工厂

东北军区军工部鸡西军工办事处于1947年3月成立，地址在黑龙江省鸡西市，亦称东北军区军工部第3办事处。其管辖手榴弹厂、炮弹装配厂、炮弹零件机械加工厂、翻砂机械修理厂等4个工厂，主要生产手榴弹、爆破筒、81毫米迫击炮弹、60毫米迫击炮弹、50毫米掷榴弹和信号弹等军工产品。

1949年9月，鸡西办事处改称23厂。

大连建新工业公司

该公司于1947年7月1日成立，下设8个厂。1948年3月，东北军区军工部

1946年晋冀鲁豫军区军工部长治附城兵工厂生产的150毫米重型迫击炮，该炮配装有驮架

晋绥地区兵工厂生产的各种步枪、手榴弹和地雷

泰国送邓小平 MP5 冲锋枪

将其编为第九办事处（对外仍称建新工业公司）。该公司从成立到1950年末结束，这4年期间，共生产60毫米迫击炮1430门，苏式冲锋枪563支以及大量75毫米炮弹和各种型号无烟药等军工产品。

华北军区的兵工厂

华北的兵器工业主要以长治、太原两处为基地，其他各地方的兵工厂进行了缩减并迁移，停办了条件不好的工厂。

1949年1月，根据解放战争的形势和需要，南线（石太铁路以南）兵工厂调整归并为7个大厂，职工达到14000多人。在长治的兵工厂有：第一兵工厂，大厂部设在长治南石槽，辖8个分厂，有职工5490人；第二兵工厂，大厂部设在长治黄碾，辖5个分厂，有职工2600人；第六兵工厂，大厂部设在长治城内天晚集，辖7个分厂，有职工4500人；第九药厂，大厂部设在长治县内王村，辖3个分厂，有职工470余人；第一工具厂，设在潞城县宋村，有职工200余人。这些兵工厂生产的各种火炮和炮弹，在解放战争中发挥了重要的作用，同时为长治市的工业发展打下了坚实的基础。

西北军区的兵工厂

解放战争初期，陕甘宁边区的兵工厂（主要是军工局一、二、三厂及紫芳沟化学厂）肩负着保卫边区和开辟新区两项重要任务。1949年2月，陕甘宁晋绥联防军区改为西北军区，同年8月，西北军区后勤部兵工部所属的原陕甘宁边区兵工厂奉命结束生产。根据中央指示，为保存主要力量，以便随时转入兵工生产，将该兵工部所属各厂留在西北的人员移交给晋西北中心专署，其余人员编成职

工大队随军南下或西进参与接管城市工作。翌年2月，将留在西北的全部机器、原材料移交西北军区后勤部军械部。

中原军区的兵工厂

1944年9月至1945年3月，中共中央北方局、平原分局、冀鲁豫军区司令部及该军区第一兵工厂曾先后迁驻河南省清丰县单拐村。邓小平、宋任穷、杨勇在这里指挥了清丰、南乐、鲁西南等100多次战斗战役，收复解放70多座县城。冀鲁豫军区第一兵工厂则在1946年4月制造出我军军工史上第一门大炮——"盖亮号"70毫米步兵炮，其型号名称由主设计者盖亮的名字命名。

1948年5月，中共中央和中央军委决定重建中原军区，中原野战军成立，刘伯承为司令员，邓小平为政治委员。同年8月，刘、邓大军挺进大别山，进驻豫西，拉开了人民解放军战略反攻的序幕。1948年3月和6月，中原军区豫西军分区军工处兵工厂一部分迁入河南省宝丰县大营镇，一部分迁入该省鲁山县下汤镇。迁入大营镇的兵工厂日产炸弹3700多枚，并修造了大

批步枪、机枪和迫击炮、山炮等武器，为解放战争提供了大量武器弹药。

华东军区的兵工厂

1947 年 1 月，山东军区与华中军区合并，成立华东军区。1948 年 5 月，华东财政经济委员会办事处（简称华东财办）工矿部成立，统管华东军区所属在鲁中南区、胶东区、渤海区 25 个兵工厂。其中著名的渤海兵工厂设计了一种土坦克，上面包着湿被子，推到城墙根进行爆破；牙山兵工厂生产的平射炮——"牙山炮"，是时任胶东军区司令员许世友于 1945 年初命名的。

星星之火终燎原

井冈山革命根据地之时，莲花修械所只有简陋的房舍与设备，用砖头石块砌炉灶，用榔头、铁锤、钳子等简易工具修理枪支；中央红军长征到达延安时，随同到达的兵工队只有几十名工匠、2 把老虎钳、4 把锉刀、1 个风箱。但正是这些革命的火种与延安的瓦窑堡修械所一起艰苦创业。随后，各根据地与解放区的军民纷纷自力更生创办兵工厂，兵工厂如雨后春笋，到处茁壮成长。抗日战争胜利后，具有一定规模的兵工厂已达 50 多家，拥有员工 3 万多名，形成了人民的兵工系统。随着解放战争的节节胜利，我人民解放军用夺取的和自造的武器，打败了国民党的八百万军队，建立了新中国。

中国人民革命胜利的历史，也是人民兵工从无到有、从小到大、从少到多、从弱到强的演进史。昔日用风箱煽起的兵工烘炉之星火，已成全国燎原之兵器工业。

中国 64 式 7.62 毫米法兰礼品手枪

ARSENALS

解密中国军工厂

红色兵工厂巡礼

人民兵工始祖

——中央红军官田兵工厂

□ 更云

中央红军官田兵工厂于 1931 年第三次反"围剿"后创办于江西省兴国县官田村，是当时红军最大的兵工厂。它的诞生，标志着中国共产党独立创办的第一家综合性兵工厂的形成，是我军武器装备工业发展的源头——

1927 年 10 月，毛泽东率领经"三湾改编"后的秋收起义部队挺进井冈山，创立了中国第一个农村革命根据地——井冈山革命根据地。1928 年 4 月底，朱德、陈毅率领南昌起义保存下来的部队与湘南农民军到达井冈山，与毛泽东领导的部队会师，于同年 5 月 4 日成立工农革命军第四军（随后改称工农红军第四军，简称红四军）。1931 年 9 月，红军 3 万多人粉碎了蒋介石 30 万兵力对井冈山革命根据地的第三次"围剿"，缴获枪支 2 万余支，这些枪支中有许多零件不全、无法使用。同时，由于赣南、闽西根据地已成为当时全国最大的苏区——中央革命根据地，红军和地方武装发展很快，迫切需要大批枪支和弹药。因此，中央革命军事委员会决定，在原有修械所和修械处的基础上，组建一个规模较大的兵工厂，担负日益繁重的修械和弹药生产任务。当即，由吴汉杰带领几十个人，开始建厂。因厂址选在江西省兴国县莲矿区官田村，故命名为中央红军官田兵工厂，简称官田兵工厂。

官田兵工厂的称谓较多，当时对内称为"中央军委兵工厂"，对外称为"中央红军兵工厂"或"中央苏区红军兵工厂"，人们习惯简称其为"中央兵工厂"。

创业艰难百战多

官田兵工厂建设始末

官田兵工厂厂址是由红军总司令朱德确定的。官田村是一个有 200 多户的村庄，当时是中央苏区后方的中心腹地之一。村庄四面

井冈山革命博物馆展柜内陈列的红四军军械处修造的杠杆枪机式步枪

环山，中间为盆地，一条澄碧的溪流从村中弯弯曲曲穿过。村中的河滩地势开阔平坦，鹅卵石铺成的道路四通八达。房屋依山傍水而建，后山突兀，便于防空。

官田兵工厂于 1931 年 10 月创办，最初由白石红军修械厂、江西省苏维埃政府修械所、红三军团修械所、吉安县东固养金山修械处、赣县田村龙头修械处和其他一些小型修械组织合并而成。初建时技术力量缺乏，干部和工人仅 250 余人；厂房和设备十分简陋，只有 200 多把锉刀、100 多把老虎钳、4 座打铁炉。1932 年 4 月，红军攻克国民党钟绍奎军的巢穴岩前，缴获了敌人兵工厂和造币厂的机器设备；攻克福建的重镇漳州、厦门后，又缴获了国民党军卢兴邦和张贞的修械厂的 2 部车床、1 个 30 马力发电机、一批汽油和其他一些修械材料。红军战士翻越崇山峻岭，将这些设备运回官田，并动员了一部分修械工人到官田兵工厂工作，官田兵工厂才有了机器和技术工人。同时，通过中共地下组织的动员，来自萍乡、汉阳、广东、福建，甚至远自沈阳兵工厂的工人，冒着生命危险，突破重重封锁，来到中央苏区，充实到官田兵工厂。从此，官田兵工厂的技术力量加强了，工种多了，分工也细了。官田兵工厂在鼎盛时人数近 1000 人（包括辅助工人），能修理步枪、机枪、迫击炮，而且也能手工试制步枪。

1933 年 4 月第四次反"围剿"胜利后，根据地进一步巩固和扩大，

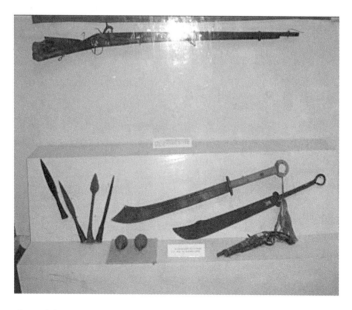

井冈山革命博物馆展出的梭镖（左）、麻尾手榴弹（中）和大刀（右），这些武器虽然简陋，却是当时红军杀敌的有效武器

官田兵工厂奉命组建成三个分厂：一是在胜利县（今于都县）银坑建立红军弹药厂，由官田兵工厂弹药科与福建军区兵工厂部分人员合并而成，职工由 100 多人发展到 200 多人，主要负责复装和生产枪弹，也制造麻尾手榴弹和地雷；二是在兴国县古龙岗镇寨上村建立红军杂械厂，以官田兵工厂枪炮科的红铁股和刺刀股抽出的部分人员组建而成，鼎盛时职工也有 200 多人，主要负责打制刺刀和铁器杂件；三是留在官田的枪炮科改为枪炮厂。

1933 年 10 月，国民党反动派向中央苏区发动第五次"围剿"，根据战斗需要，三个分厂奉命陆续向瑞金县（今瑞金市）西北部的岗面地区转移，到 1934 年 4 ～ 5 月间搬迁完毕。在瑞金岗面时，中央革命军事委员会于 1934 年 7 月 24 日发布《关于枪炮、弹药两厂合并》的命令，将原官田枪炮厂与银坑弹药厂合并为中央红军兵工第一厂（当时习惯称其为岗面红军兵工厂），韩日升为厂长，郝希英为副厂长，范启明为政治委员。同时，原寨上红军杂械厂改称为中央红军兵工二厂，后也并入中央红军兵工一厂。此时，两厂共有干部和工人 600 余人，大型机器设备 30 余台。

1934 年 10 月，由于王明"左"倾冒险主义的危害，第五次反"围剿"失败，中央红军连同后方机关 8 万多人开始长征，兵工厂的大部分职工也随军北上长征。从同年 10 月初至 12 月，先后分 3 批共 560 人，踏上了长征之路，其中的许多人后来成为八路军兵工生产的骨干。留下的人员一部分编入当地游击队，其余人员就地遣散。至此，中央红军兵工厂停产。

铜钱

皮条

红军生产的麻尾手榴弹采用铸造弹体，外形有蛋形、梨形及瓶形等，外表一般铸有纵横沟槽。图示的麻尾手榴弹铸有五角星图案，星内有镰刀斧头图案，弹尾皮条上穿有定向用的铜钱。红军制造的麻尾手榴弹除铸铁壳外，还有大量的铜铸壳，因为铜的熔点较低，便于铸造，而且其材料以铜钱为主，来源广泛，再者就是铜质软，手工即可加工弹体口部的螺纹。弹体较大的一端装有撞针、撞针簧等零件，撞针平时靠保险销或铁皮制成的保险片固定，另一端一般铸有或焊有圆环，设有由麻、棕或皮条制成的长绳，"麻尾"由此而得。使用时用手握住长绳末端，抡圆后甩出，近距离时直接手握弹体投出，弹体在空中飞行时长绳拖在后面，确保弹体前端着地发火。麻尾手榴弹携带不便，而且性能比较落后。由于引信部分外露，容易受潮和发生意外，而且其发火方式不是很可靠，落在水中及软地上既不能正常起爆，也不能在空中爆炸，因此长征结束后逐渐停止了使用。

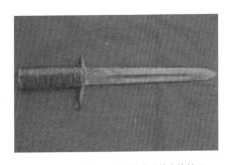

在瑞金岗面乡中央兵工厂旧址内发现的步枪刺刀

早已森严壁垒 更加众志成城

官田兵工厂机构设置及生产的武器弹药

官田兵工厂是中央革命军事委员会的直属兵工厂，由红军总部后方办事处具体领导，第一任厂长吴汉杰，继任韩日升（岗面红军兵工厂时期）；政治委员张健，继任范启明（岗面红军兵工厂时期）；特派员陆宗昌，职工委员会委员长马文。厂内党组织和群众团体有：中共中央红军兵工厂委员会、中国共产主义青年团中央红军兵工厂委员会、中央红军兵工厂职工委员

会、反帝拥苏大同盟、互济会、特务连等。

官田兵工厂的生产管理机构，初期设有枪炮、弹药两科。

枪炮科有职工200余人（含辅助管理人员及临时工），科长刘球。下设：

制造股，员工50～60人，主要制造枪炮的零部件，因当时只有很少的机器，加上熟练的造枪工人也很少，所以日产量不高，平均每天能修配10多支枪、制造10多支枪。

木壳股，共有30余人，专门制造步枪、机枪的木托和手枪的木套。平均日产量200件左右。

牛皮股，共有20余人，专门负责制革和缝制各种军械用具，如皮带、炮盒、马鞍等。

刺刀股，共有30余人，专门打制刺刀，平均每天生产100把左右。

弹药科共有工人100余人，科长王赞。下设：

炸弹股，共有40多人，主要制造麻尾手榴弹，另外也制造地雷和火药。

子弹股，有工人80多人，大部分是从养金山修械处来的女工。当时，弹药来源除了有从敌占区购来的少量"洋硝"外，主要是工人自己熬制的土硝。最初不能自己制造弹壳，主要是收集战场上打过的弹壳。

1933年夏，官田兵工厂增设弹药厂、杂械厂两个分厂。此时

在瑞金岗面乡中央兵工厂旧址内发现的麻尾手榴弹

瑞金岗面时期，中央兵工厂生产的地雷

官田兵工厂下设修理股、机器股、机枪股；弹药厂下设子弹股、炸弹股；杂械厂下设红铁股、刺刀股、木壳股、牛皮股。

生产设备方面，初期只有锉刀、老虎钳和风箱等手工工具。1932年春，红军攻下岩前和漳州，缴获敌工厂的一批设备和原材料，后来又逐渐增加了手摇钻床、手摇冲压机，四尺、六尺、八尺皮带车床、皮带钻床等共十几部。但在缺乏柴油的时候，这些机床无法使用。搬迁到岗面的时候就利用水力冲动水轮机，带动皮带车床转动。

技术力量方面，初期只有铁匠、木石匠等技术水平不高的工人。1932年9月，党组织从沈阳兵工厂调来了韩日升、郝希英、刘广臣等熟练技术工人，兵工厂的技术力量和生产技术得以充实。从此，寂静的山村响起了隆隆的机器声。兵工厂的生产能力大大提高，不但能修理步枪、机枪、驳壳枪，而且可以修理迫击炮，制造步枪，不久又造出了完全合格的枪弹。官田兵工厂造出的地雷，威力极大，一枚重10多千克的地雷，可以把半径10米内的树木炸断。

土木建设方面，创建初期未盖建专用的厂房，都是借用的。厂部及总务科设在官田村礼布房内，枪炮科设在陈家祖祠、弹药科设在文体公祠、工人俱乐部设在万寿宫。兵工厂还借用了一些民房及草棚，带家属的职工分别寄宿在农民家里，没带家属的人集体在祠堂里住宿。真正新建厂房和宿舍是在瑞金岗面兵工厂时期。

第三次反"围剿"后，红军缴获了几万支枪，其中许多在运转中损坏，因此工厂把主要力量放在修配枪械上，克服了技术不熟、设备差等困难，将修配好的枪支，一批一批地运往前线。

原材料来源方面，一是从战场上回收用过的弹壳，二是发动群众收集破铜烂铁，三是从敌占区购买，如白药（洋硝）、硝酸、棉花、铜皮等，四是用土办法自己配制原材料，如熬硝等。有一段时期，买不到硝酸，就利用朽木磨成粉末和白硝配成火药，装成枪弹，虽然效果比不上制式枪弹，但也能使用。

由于国民党对苏区的封锁特别严密，原材料和工具很难从苏区外边买到。为了战胜困难，那时红军战士每打一发枪弹，都要将弹壳拾回。红军总司令部规定将弹壳按级送回兵工厂进行复装。另外，也从市场上兑换收集铜钱，每枚铜钱可制造出一枚弹头壳。

兵工厂在官田期间，正是国民党军队对中央苏区发动第四次"围剿"前后，全厂职工为支援前线粉碎敌人的"围剿"，在"多造枪支弹药多消灭敌人"的战斗号召下，开展了轰轰烈烈的劳动竞赛，新纪录不断涌现，生产大幅度提高。如弹药厂火闭（即枪弹底火）车间，原规定每人每天制造火闪 300 个，工人朱志听创造了每天 600 个的纪录。在他的影响下，全车间人人突破了 300 个的定额，后把指标提到每天 400 个，不久这个纪录又被突破了。

1933 年 10 月，蒋介石以 50 万兵力发动了第五次"围剿"。敌人采取碉堡推进，修筑了近 3000 座碉堡。为粉碎敌人对中央革命根据地的严密封锁，1934 年 4 月 18 日，中央革命军事委员会发布《关于收集兵工材料的命令》（见中央档案馆 335 卷 57 号）。要求发动群众收集兵工器材并作价购买，同时要求军队打扫战场时，指定专人收集弹壳。同年 5 月 16 日，中华苏维埃共和国国民经济人民委员部发出《收买子弹、子弹壳、铜、锡、土硝、钢铁供军用的布告》，号召苏区人民，紧急动员起来，收集弹壳、锡、铜、铁、土硝等兵工生产原材料，支援兵工生产。1934 年 9 月 18 日《红色中华》报公布，"中央苏区自本年 6 ～ 8 月收集的兵工材料有铜 82854 斤^①、锡 49504 斤、铁 159546 斤、白硝 15386 斤、子弹壳 13294 斤、子弹 140918 发、洋油桶 2699 只"。报上还表扬了成绩突出的瑞金、兴国、胜利、博生、洛口等县。

官田兵工厂自建立到迁往瑞金岗面的两年时间内，共修配 4 万多支步枪、复装 40 多万发枪弹、生产手榴弹 6 万枚、生产地雷 5000 多个、修理机枪 2000 多挺、迫击炮 100 多门及山炮 2 门，有力地支援了反"围剿"战斗。

唤起工农千百万　同心干
强有力的政治保证与学习、待遇等机制

红军的许多高层领导对官田兵工厂的

① 1 斤 =500 克

工作十分重视。1933 年 3 月，毛主席接见官田兵工厂工会委员长马文，指示兵工厂要用团结、教育、启发诱导的方法正确处理工人之间的矛盾。当时经地下党组织从上海动员来的 6 名技术工人由于条件艰苦，担心地下党组织承诺的 60 元月薪（60 元月薪是当时苏区大部分工人月薪的 3 ～ 4 倍）不能兑现，工作消极，加之他们沾染有坏的习气，群众意见较大，建议开除他们。马文请示时任中华苏维埃临时中央政府主席毛泽东。毛主席指示：这 6 名工人是能够争取过来的，兵工厂仍按 60 元月薪发半年给他们，同时亲笔写了 2 封信。一封写给 6 名工人，启发他们提高阶级觉悟；一封写给工厂，把教育任务规定了下来。不出 3 个月，这 6 名工人中 2 人光荣加入了中国共产党；除 1 名还有些不安心外，其他都很积极地工作。他们主动提出降低工资，在一次募捐大会上，他们提出将半年的工资全部捐献出来慰问红军。

朱德当时是中国工农红军总司令兼中国工农红军一方面军总指挥，筹划成立兵工厂的心情十分迫切。1931 年 9 月，在瑞金叶坪红军总司令部，他接见从广东省五华县来的 42 名技术工人，亲切地说："我代表中国工农红军热烈地欢迎你们参加革命、参加红军。……我们红军在一、二、三次反围剿战争中，缴获了国民党军队的几万支枪，堆积如山不能使用，希望你们很快地把这些枪械修理好……"

1933 年 9 月，时任中央政治局委员、全国总工会党团书记的陈云同志到官田兵工厂和寨上杂械厂检查工作。他发现杂械厂存在的许多严重问题都是厂长个人品质造成的，在职工大会上，他建议撤换厂长，受到全厂职工的热烈拥护。

时任中华全国总工会委员长的刘少奇同志及其他许多领导曾视察和指导官田兵工厂的工作，对该厂的建设起到了巨大的推动作用。

官田兵工厂很重视职工的政治和文化技术学习。该厂规定每周 1 个晚上学习，3 个晚上开展文体活动。由党团干部讲政治课，知识分子辅导学文化，技术人员和老工人负责传授技术。职工的文化、技术和政治觉悟都有很大提高，不少青年工人后来成为了生产突击手。

官田兵工厂的待遇比较好。1934 年 6 月，中华苏维埃临时中央政府发布由时任人民委员会主席张闻天签发的《关于保证军事工业生产问题》的命令（见中央档案馆 300 卷 7 号），规定各军事工业工厂工人和工作人员的待遇，应与红军一样看待，享受红军的各种优待，其家属也按红军家属优待。

该厂实行 8 小时工作制。干部实行供给制，工人发工资，每 3

个月评定一次，一般工人的月工资为15元左右，少数老师傅和技术人员月工资可达30～40元。为照顾来厂探亲的外地工人家属，工厂招待所可免费住宿10天。工人家庭有困难的，由职工会提出，厂里决定，可得到一定的补助。按照苏维埃政府颁布的保护工人利益的劳动法，工人负伤或生病，工资照发，医疗费用由厂里负担。

正是由于各级领导人的高度重视及政治、学习、待遇等机制作为保障，官田兵工厂的全体职工在中国共产党的领导下，在国民党实行军事"围剿"和经济封锁的恶劣环境中，艰苦创业、自力更生、团结一心、勇于献身，克服多种困难，想尽一切办法为红军生产了大量的武器弹药，有力地支援了反"围剿"斗争，为土地革命战争的胜利作出了巨大贡献。

2010年11月23日上午，中央红军兵工厂迁建奠基仪式在江西瑞金举行

官田兵工厂旧址群之———位于江西省兴国县官田村，是厂部、总务科所在地

铭记先辈丰功伟绩　传承老军工光荣传统

中央红军官田兵工厂被誉为"人民兵工始祖"。1987年12月，兵工厂旧址被江西省人民政府确定为江西省重点文物保护单位；2001年6月，被中宣部公布为全国爱国主义教育示范基地；2006年6月，被国务院公布为第六批全国重点文物保护单位。2009年10月，"官田中央兵工厂旧址群"被授予首批全国国防科技工业军工文化教育基地。2010年11月，中国兵器集团、中国兵装集团公司和兴国县委、县政府在"官田中央兵工厂旧址群"基础上，开始共建"官田中央兵工厂军工教育基地"。这两大集团公司共投入1000万元人民币进行该基地的中央兵工厂博物馆建设，计划2011年9月建成竣工。整个工程按照"修旧如旧"的原则，对现存旧址群包括总务科、弹药科、枪炮科、利铁科、工人俱乐部旧址5处进行修复，并配有大量实物展品。

另外，2010年11月23日，中央红军兵工厂迁建奠基仪式在江西瑞金举行。其旧址将由目前的瑞金市岗面乡迁移至瑞金市沙洲坝金龙村。中央红军兵工厂新址建设用地8亩[①]，将按照"恢复原貌，相对集中、便于参观"等原则，力求仿建逼真，最大限度还原历史真实面目。

所有这些举措，对更好地挖掘革命教育资源，铭记先辈丰功伟绩，传承老军工光荣传统，推动国防工业和武器装备的发展，提供了强大的精神动力。

---

① 1亩=666.6米²

龙腾半边天

——红二方面军兵工厂珍展

□ 更云

土地革命时期，红军三大主力部队为红一、红二及红四方面军。其中，红二方面军是长征中唯一没有损失的部队，毛泽东曾盛赞红二方面军总指挥贺龙："你们一万人，走过来还有一万人，没有亏本，是一个了不起的奇迹！"

红二方面军成立于 1936 年 7 月，是三大主力部队创建最晚的，但其成立前的所属部队先后转战湘鄂西、湘赣、湘鄂赣、黔东以及湘鄂川黔等地区，并在这些地区创建了许多兵工厂。

红二方面军成立于 1936 年 7 月 5 日，贺龙任总指挥，任弼时任政治委员，所属部队由红军第二军团、第六军团及第 32 军（原为红一方面军第九军团）组成。其中，第二军团由湘鄂西根据地的红军第 4 军和红军第 6 军于 1930 年 7 月合编而成，第六军团由湘赣根据地的红军第 17 师和湘鄂赣根据地的红军第 16 师、第 18 师于 1933 年 7 月合编而成。

土地革命战争时期，红二方面军所属部队先后转战湘鄂西、湘赣、湘鄂赣、黔东以及湘鄂川黔等地区，在这些地区开辟和扩大了革命根据地，并创建了许多兵工厂。主要的兵工厂有：在湘鄂西革命根据地创建洪湖兵工厂，在湘赣革命根据地创建东冲兵工厂及湘赣省军区兵工厂，在湘鄂赣革命根据地创建鄂东南兵工厂及湘鄂赣省兵工厂，在湘鄂川黔革命根据地创建塔卧兵工厂及躲狮坪兵工厂。

洪湖兵工厂

洪湖兵工厂是红二军团所属的兵工厂，又称湘鄂西兵工厂，是湘鄂西革命根据地一个较大的兵工厂。

1930 年 7 月，贺龙领导的红 4 军与周逸群领导的红 6 军在湖北省公安县陆湖堤会师，两军合编为红二军团。贺龙任总指挥，周逸群任政治委员。贺龙巡视了苏区的腹心地带剅口、桥市等地，作出了要把"洪湖西岸建成红二军团战略辎重后方"的指示，于是建在石首县横沟寺的石首修械所即被扩建为红二军团洪湖兵工厂。1931 年 5 月，兵工厂迁到湖北省监利县匡家老墩，规模逐渐扩大。

德国伯格曼冲锋枪左视图，洪湖兵工厂曾仿造该枪

英国刘易斯轻机枪采用圆形弹盘供弹，故在中国俗称圆盘机枪。贺龙于1931年冬曾将损坏的圆盘机枪交给洪湖兵工厂工人修理，借此考核工厂的技术水平

"独一撅"手枪又称"单打一""撅把子""撅把"手枪。洪湖兵工厂在监利县期间，遵照贺龙指示，曾为地方武装生产过大量的"独一撅"手枪

伯格曼冲锋枪在中国俗称花机关枪，缘于其枪口部位有一圈散热孔

1932年9月，蒋介石调集10万人的军队，对湘鄂西根据地进行再次大规模"围剿"。同年10月，红军被迫退出洪湖地区，转移到湘鄂边地区。当时，洪湖医院等单位有3000多人惨遭杀害，根据地

受到严重摧残。为了兵工厂人员的安全和机器设备不落入敌手，根据上级决定，工厂将机器拆卸沉入湖中，人员一部分遣散，一部分携带轻便工具跟随部队行动，洪湖兵工厂至此结束。

洪湖兵工厂鼎盛时期有250多人，直属中共鄂西特委领导。厂长周正，政委杨锦堂。厂部下设锻工科、模型科、机械科、轻工科、子弹科和机修、机械2个车间。机修车间又设器材、修理、检验3个股。

该厂的主要设备有刨床、铣床、钻床各1台，车床2台，90马力柴油机1部。除修理各种枪械外，主要生产炸药、复装枪弹、仿造汉阳造步枪和迫击炮弹。为了打击湖上敌人的巡逻艇和快艇，工厂还试制生产了一些水雷。洪湖兵工厂在监利县期间，遵照贺龙的指示，曾为地方武装生产过大量的"独一撅"手枪。该枪虽然无膛线，但由于发射步枪弹，近距离威力较大。

厂里的工人一部分是当地的各种工匠，一部分是党组织从上海、武汉、长沙、四川等地动员来的工人和少数技术人员。他们以厂为家，热心向青年工人传授技术。每个技术人员和技术工人，分别带7个青年工人，紧密结合实际学习，每星期测试

一次。青年工人进步较快，逐步成长，后来都成了熟练工人。厂内还成立了"青工模范队"，在生产上起到了突出作用。

贺龙曾3次到兵工厂视察。其中一次是在1931年冬，贺龙带着警卫员羿从美等人到兵工厂了解生产情况，并带来1挺刚缴获但损坏的圆盘机枪（即英国刘易斯轻机枪）交给工人修理，借此考核工厂的技术水平。工厂技术人员和工人只用3天时间就修好了。贺龙非常高兴，给予了很高的评价。

贺龙还观看了工厂对青年工人的技术考试。参加考试的有40多名青年工人。考试内容先是现场制作零件。当贺龙看到不少青年工人以熟练的操作技术制出了零件，有的还超过老师傅的手艺时，高兴地说："你们这班伢子不错，希望你们多修枪、多造枪，支援红军打胜仗！"

在贺龙的关怀和鼓舞下，洪湖兵工厂掀起了努力学习和生产的高潮，生产效率也大大提高。每天能修枪70多支，复装枪弹300排（一般每排5发），3天可造花机关枪（即德国伯格曼冲锋枪，该枪在中国俗称花机关枪，缘于其枪口部位有一圈散热孔）2支。

东冲兵工厂及湘赣省军区兵工厂

湘赣革命根据地是在井冈山革命根据地（也称中央革命根据地）的基础上发展起来的。1931年7月，中共苏区中央局决定在赣江以西成立湘赣省。同年10月，正式成立了中共湘赣省委和省苏维埃政府，王首道、任弼时先后任省委书记，袁德生、谭余保先后任省苏维埃政府主席。至此，以江西省永新县（现地名）为中心的湘赣革命根据地正式形成。湘赣革命根据地的建立，成为中央革命根据地可靠的西部屏障和巩固的战略侧翼，同时也是沟通中央革命根据地与湘鄂赣革命根据地的主要桥梁。

1932年初，袁德生、王震等由中央革命根据地返回湘赣革命根据地的中心永新县，开始了湘赣军区的组建工作。1933年7月成立湘赣军区，湘赣根据地的红8军改为第17师，湘鄂赣根据地的红16军改为第16师，红18军改为第18师，三个师合编组成红六军团，军团首长由第17师师长萧克兼任。1934年8月，萧克正式任军团长，王震任军团政委。

东冲兵工厂

1930年9月，罗炳辉、谭震林率红12军攻占湖南省攸县，在该县的东冲村开始建立东冲兵工厂。当时任攸县苏区政府副主席的程志道，将其家族祠堂"程氏祠堂"腾出，作为修造处所，同时，也在其周围隐蔽的溶洞内修造枪械。工厂主要任务是修理枪支，制造土枪、梭镖、大刀、匕首、松树炮等武器。

松树炮是一种特别的武器。制造松树炮，首先将松树干固定在车架上，使手工摇钻的钻头对准树干中心位置，然后来回拉动绳子，

2010年修缮后的东冲兵工厂旧址之一——程氏祠堂，位于湖南省攸县东冲村，是1930年任攸县苏区政府副主席程志道的家族祠堂

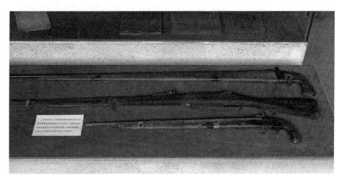

程氏祠堂内陈列的各种土枪

转动转轴，利用转轴前端的钻头将松树干钻成一个大洞，再向空洞里面打入铁筒，这样松树干中央就形成了炮弹膛，2m 长的松树炮就做成了。一般来说，做一个松树炮只需要 2 天的时间。

湘赣省军区兵工厂

1932 年冬，东冲兵工厂迁至江西省莲花县九龙山，称为莲花九龙山兵工厂。1932 年 12 月，红六军团所属部队以莲花九龙山兵工厂、永新赤色修械所和红三军团留在湘赣苏区的修械所为基础，在永新县潞江区九陂乡（现地名）建立湘赣省军区兵工厂，初期有 240 多人，修理各种枪支，制造手榴弹，复装枪弹。后发展到 1000 多人，可日产上万发枪弹、数千枚手榴弹，并能制造迫击炮弹。

湘赣省军区兵工厂又称湘赣军区兵工厂、湘赣省军械厂，简称湘赣兵工厂，是湘赣根据地规模最大的兵工厂。

1934 年 6 月，红六军团为配合中央红军第五次反"围剿"，从湘赣根据地突围西征，命令湘赣兵工厂抽调 100 多人组成红六军团工人连随军西征，其余人员就地疏散。

鄂东南兵工厂及湘鄂赣省兵工厂

1928 年 7 月，彭德怀、滕代远等人领导了平江起义，开辟了湘鄂赣革命根据地。1931 年 7 月，中共湘鄂赣省委正式成立。同年 9 月，湘鄂赣省苏维埃政府成立。这时，湘鄂赣根据地扩展到湘东北、鄂东南、赣西北的广大地区。1930 年 7 月，以湘鄂赣革命根据地红军独立师和红 5 军第 1 纵队为主，与修水、平江、铜鼓等各县赤卫队合编成红 16 军，当时属红三军团。1933 年夏，红 16 军编入红六军团，缩编为第 16 师。

鄂东南兵工厂

1930 年 2 月，鄂东南兵工厂在湖北省阳新县龙港镇沙基畈创立。詹侠东任兵工厂厂长，胡金山任经理，胡秀峰任总工程师，王只谷任特派员（后任经理、政治委员）。

沙基畈的自然地理条件好，两面有山，可以放哨，也便于守卫。如果发生什么情况，山上一打枪，四面八方都可以听到。前面有一条小河，既有了水源，又可以行船搞运输。中间是个大平畈，畈上有一个大村庄，庄上有一座大土豪的房子，主人早已逃跑，可以做

红二、六军团自制的手榴弹多为旁开口点火式

2008 年，永新县象形乡天龙山区琥溪村的村民贺康生，在建新房挖地基时，挖出了一批枪械。该县文物部门鉴定后证实，这些枪械系当年谭余保所率的湘赣红军游击队在天龙山区进行游击战时建立的兵工厂留下的。这批文物包括手枪 2 支、枪弹 51 发以及兵工机械 3 件，质量达 36 千克

厂房和供 2000 人居住。离沙基畈不远的明家湾有烟煤资源，在离沙基畈十几里的通山有造弹药用的硫磺。

兵工厂创建初期，设备很简陋。除了从敌人手里缴来的 3 架台钳、1 座红炉外，主要是一些土设备。翻砂用的炼铁炉，是工人们用头发、稻草、泥巴将汽油桶壁糊起来的（代替耐火砖）。风箱是大油桶做的，由于风箱做得较大，很笨重，一个人拉不动，需 4 ~ 6 人一起用绳子拉动。

制造枪炮、弹药时需要付出很大的劳动，如制造击针是靠铁匠用手工打出粗坯后，先用粗锉子锉，再用细锉子锉，最后相差毫厘，就用砂纸磨。枪管也是靠手工钻出的，钻 1 根需要 2 人花半个月时间才

鄂东南兵工厂旧址之———位于湖南省修水县上衫村西湾的房屋，该厂起初主要是修理枪支，制造大刀、梭镖等武器，后来发展到造手榴弹、迫击炮弹、驳壳枪等武器

能完成。生产火药时，碾轮由2人对拉，每天12人轮流干，每天最多碾成2槽。试制第一挺机枪时，技术人员石大山花了4个月时间。制成后，厂长和工人们都很高兴。试射时，发现拉杆粗了一点，石大山用锉刀锉了几下，仍不能用，他难过得眼睛都哭肿了。经过反复试验，最后才成功，从试制到成功花了七八个月的时间。

当时运到前方去的手榴弹，有一枚在爆炸时只破成两半，部队的人拿着弹壳到兵工厂来询问情况。工厂立即组织人员进行检查，发现弹壳里有一条熟铜线，影响了手榴弹的质量。从此以后，兵工厂对质量要求更加严格，每次出厂都要经过严格检查，确认无问题后，方能出厂。

对于制造枪炮弹药所需的原材料，工厂尽可能做到废物利用，就地解决。翻砂需要用的铁和铜，是老百姓送来的破铜烂铁；制炮弹和枪弹用的炮弹壳、枪弹壳，主要是从战场上捡来的；生产底火使用的熟紫铜是群众捐献给兵工厂的紫铜壶。

1931年9月，鄂东南兵工厂迁入湘鄂赣省修水县上衫村西湾（今湖南省境内），占地面积2285平方米，共有房屋20余间。鄂东南兵工厂盛时有翻砂、木工、铁工、火药、子弹5个大组；机修、保管、总务3个大处；2个运输队；1个警卫大队。包括供销社、剧团、通讯、勤杂等在内，共有1000多人。生产能力也由原来每天只能生产4枚手榴弹、200发枪弹、修理20～30支枪，提高到每天生产手榴弹100枚以上、枪弹500～600发、修理枪械（包括手枪、步枪及轻重机枪)30余支。过去不能生产的迫击炮弹，这时每天也能生产3号迫击炮弹15枚，2号迫击炮弹12枚，1号迫击炮弹12枚，手榴弹280枚，炸药7.5～10千克。另外，还能生产技术难度较大的仿德国造20发装的速射型驳壳枪、10发装的汉阳造驳壳枪、仿汉阳造步枪，并试制成功机枪。兵工厂生产的这些武器弹药，主要是供给湘鄂赣红军主力红16军、鄂东南红军主力红3师以及鄂东南各县的地方武装，为扩大红军部队、巩固苏维埃政权起到了一定作用。

湘鄂赣省兵工厂

1932年4月，鄂东南兵工厂迁到江西省万载县高村镇新竹村廖家组（现地名），有12间房屋，建筑面积约300米²。1933年3月，鄂东南兵工厂一分为三，一部分人员到湖北省京山县南山头建立南山兵工厂；一部分随红军修械，后在湖北省阳新县杨林铺进行生产，称杨林兵工厂；另一部分并入在湖南省平江县黄金洞芦头创立的湘鄂赣省兵工厂。

另外，在1932年春，湘鄂赣根据地栗山枪械局在湖南省平江县黄金洞栗山建立，盛时有170多人。1933年3月，该局与鄂东南兵工厂部分工人组成湘鄂赣兵工厂。湘鄂赣省兵工厂盛时有职工近400人，主要任务是修械和复装枪弹，造手榴弹、地雷等。1933年9月，该厂抽出部分骨干到江西省修水、武宁县和湖北省崇阳县建立修械厂；其余职工随当地游击队修械。

塔卧兵工厂及躲狮坪兵工厂

为策应中央红军突围转移，红军第二、六军团于1934年10月底发起湘西攻势，接连攻占了永顺、大庸（今张家界）、桑植等县城及广大乡村。同年11月，成立了中共湘鄂川黔省委、省革命委员会和省军区，任弼时任省委书记兼军区政治委员，贺龙任省革命委员会主席兼军区司令员。至1935年1月，湘鄂川黔革命根据地初步建立。根据地包括永顺、大庸、桑植三县的大部分地区和龙山、保靖、桃源、常德、慈利5个县的部分地区。在湘鄂川黔根据地，红军第二、六军团牵制了大批国民党军队，为中央红军的战略转移创造了有利条件。中央红军到达陕北后，红二方面军（由红军第二、六军团及第32军组成）于1935年11月开始长征。其间既与数十倍于自己的敌人周旋，又与张国焘的阴谋分裂活动作斗争，促成了红四方面军北上，最终形成了三个方面军的会师。

1934年12月，红军第二、六军团在湖南省永顺县塔卧涂家台创办了"湘鄂川黔边区临时修械厂"，又称塔卧兵工厂。工厂设在土家族农民涂光模家里。厂长马宜胜，副厂长涂向成，政治指导员曾陆生，经理田瑞武，管理员周羽鹏。人员是抽调的红军战士和当地的铁匠、木匠，共有50余人。工厂有红炉、子弹、翻砂、修理、手榴弹几个车间。他们利用简单的铁、木工具修理枪支，把空弹壳

装上火药，把铜钱和废铜熔化后制成弹头，还用土火药试制手榴弹。

后来，工厂搬迁到湖南省龙山县龙家寨的躲狮坪（今多土坪），改称躲狮坪兵工厂，规模达330多人，其中有100人的运输队，50人的警卫部队。该厂生产用的原材料来源：一是缴获和没收敌军和土豪劣绅的物资；二是收购破铜废铁；三是通过各种关系到白区采购；四是动员群众到战场上收捡弹壳。所用木材、木炭就地解决，煤燃料则由运输队从龙家寨煤矿开采搬运。工厂的工人，既是生产队，又是战斗队，平时生产，战时拿起武器同敌人拼杀。1935年4月中旬，红军撤离永顺时，兵工厂便随红军分迁至桑植县的方家坪和龙山县茨岩塘镇的甘露坪，继续生产。红二、红六军团突围长征时，兵工厂抽调部分人员组成随军修械所，其余人员就地疏散。

1937年抗日战争爆发后，红二方面军改编为八路军120师。同年8月，红二方面军修械所改编为八路军120师修械所，杨开林任所长。9月21日，120师修械所随军挺进晋西北，流动修械。

红色峥嵘

——陕甘宁边区的军事工业

□ 更云　孙宇

抗日战争期间，陕甘宁边区的兵工厂逐步从一个设备十分简陋、只有几十人的修械所发展成为规模虽小但互相配套、比较正规的军工生产体系，为保卫党中央、保卫陕甘宁边区，发展边区的经济、支援其他边区和根据地的军事工业建设，作出了巨大贡献——

1935 年 10 月，中央红军主力长征到达陕北，使陕北成为革命的中心根据地。1937 年 9 月，抗日民族统一战线建立以后，根据国共两党的协议，中共中央将陕甘根据地改称陕甘宁边区，并成立以林伯渠为主席的边区政府。陕甘宁边区地处西北黄土高原地带，范围包括陕西北部、甘肃东部和宁夏的部分区域，经济比较落后，加之国民党严密封锁，各种物资比较匮乏，军事工业在艰难困苦中诞生、发展。

抗日战争时期陕甘宁边区机器厂制造的麻尾手榴弹
（现存于中国人民革命军事博物馆）

延安柳树店红军兵工厂

陕甘宁边区军事工业是在延安柳树店红军兵工厂的基础上发展起来的。柳树店红军兵工厂又称柳树店红军修械所，其前身是中革军委总供给部兵工厂。总供给部兵工厂成立于 1935 年 12 月，厂址在陕西省安定县（今延安市子长县）十里铺，有职工 110 多人，厂长郝希英。成立后不久，陕甘宁根据地杨砭兵工厂（又称瓦窑堡修械所）、贺家湾兵工厂（30～40 人）等并入该厂。该厂先后迁至延川县永坪石油沟、保安县（今志丹县）吴起镇、肤施县（现延安市）柳树店等地。后发展成陕甘宁边区机器厂。

延安柳树店红军兵工厂设翻砂、机械、锻工、木工、制图、子弹等股，承担枪械修复、复装枪弹、制造手榴弹等任务。为了配合红军 1936 年 2 月东渡黄河开赴抗日前线，该厂随即研制造船用具，打造船钉，研制黑色火药与起爆药，并于 1936 年开始制造地雷。

陕甘宁边区机器厂

"七七"事变后，抗日战争全面爆发，一批批技术工人和青年学生奔赴延安投入到抗日救亡的行列，其中有以贺瑞林为首的近百名太原兵工厂的工人，以沈鸿为首的 10 名上海工人以及从河南巩县兵工厂来的工人等。1938 年 3 月，中革军委根据毛泽东的指示以及革命战争的需要，决定迅速创建陕甘宁边区的军事工业，成立了军工局，由参谋长腾代远兼局长，李强、王诤任副局长。不久，军

1939 年陕甘宁边区机器厂的职工们参加边区各界庆祝五一节的大会场，横幅左上角印制有该厂的厂徽

八路军留守兵团兵工厂使用的台钻
（现存于中国人民革命军事博物馆）

工局划归中革军委后勤部领导，后勤部长叶季壮兼局长。

为了发展边区的军事工业，同时考虑到工厂的安全，军工局决定将柳树店红军兵工厂迁至安塞县茶坊镇，定名为陕甘宁边区机器厂，周鉴祥任厂长。陕甘宁边区机器厂，即中革军委军工局一厂，亦名陕甘宁边区工艺实习厂，因坐落在安塞县延河支流杏子河北岸的茶坊镇，故又名茶坊兵工厂。该厂是一座既制造机器，又生产手榴弹、掷榴弹和火炸药的综合性兵工厂。工厂分为东厂和西厂两部分。东厂为枪械修造部，由负责；西厂为机器制造部，由黄海霖负责。

东厂的主要任务是手工修配枪械，如直罗镇战役缴获的破旧机枪，一直堆积在窑洞里没有修出来。刘贵福带领工人，不到 2 个月就修好轻、重机枪达 100 多挺。刘贵福还制成了哈其开斯机枪"装弹修正器"，保证了机枪的连发性能，受到上级嘉奖。

此外，东厂也制造一些枪械，如 1938 年 11 月，日军飞机对延安狂轰滥炸，工人们获悉后义愤填膺。在刘贵福的带领下，工人们准备将马克沁重机枪改成高射机枪。他们首先从库房中挑选出 2 挺马克沁重机枪枪身进行精心修理，然后设计出高射三脚架、高低和方向转动机、三连环式瞄具以及改进的发射机构。接着，有人制作模具，有人锻毛坯，有人制造瞄具，有人负责热处理。大家分工合作，在简陋的生产条件下，全凭两只手不停地推动着锉刀，将厚厚的毛坯渐渐地锉成光亮的零件。经过 6 天 6 夜的连续奋战，2 挺高射机枪终于装配完成。他们当晚就迫不及待地对高射机枪的性能进行试验。2 挺高射机枪抬到村外山脚下，刘贵福想出了用孔明灯试验的

方法，将孔明灯升上夜空，担任射击的孙云龙将枪管指向天空，来回转动着，哒、哒、哒……孔明灯相继被打掉，当场响起热烈的欢呼声。这 2 挺高射机枪当天夜里就被送往了延安，交给了中央警卫团，成为遏制日寇飞机对延安轰炸的有力武器。

1939 年初，刘贵福、孙云龙等人开始试造步枪。在制造枪管时，没有深孔加工设备，就在车床上使用深孔钻杆；没有拉膛线的机器，便用自制的简单工具拉出膛线。经过 3 个月的设计制造，于 1939 年 4 月 25 日造出了陕甘宁边区第一支步枪——无名式马步枪。1939 年 5 月 1 日，该枪被选送到延安举办的第一届工业展览会展出，获得特等奖。

西厂的主要任务是制造机器设备。该厂以沈鸿从上海带来的 11 部机器和李强从西安购买的 10 部机器为基础，开始制造各种机器设备。所用原材料大都靠收集来的各种废品，生铁用的是破钟、犁铧、破锅等，还将一部分机床的机架熔化成铁；铜是边区人民群众主动捐献的铜元、麻钱；钢主

八路军留守兵团兵工厂的小牛头刨床
（现存于中国人民革命军事博物馆）

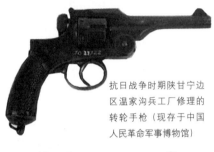

抗日战争时期陕甘宁边
区温家沟兵工厂修理的
转轮手枪（现存于中国
人民革命军事博物馆）

此枪为德国造7.63毫米M1896
式毛瑟手枪，系抗日战争时期陕
甘宁边区温家沟兵工厂修理的
武器之一

要是军民拆运同蒲铁路的铁轨。

1939年4月，军工局将西厂改称为陕甘宁边区机器厂第一厂，习惯称之为茶坊兵工一厂，仍以机器制造为主，李强兼厂长。东厂迁往保安县（今志丹县）何家岔村温家沟，命名为陕甘宁边区机器厂第二厂，习惯称之为何家岔兵工二厂，专门负责制造枪械，周鉴祥任厂长。同时，利用原东厂厂址成立陕甘宁边区机器厂第三厂，习惯称之为茶坊兵工三厂，主要负责复装枪弹、造手榴弹及生产酒精，钱志道任厂长。1942年建成紫芳沟化学厂，命名为陕甘宁边区机器厂第四厂，主要负责制造火炸药。至此，陕甘宁边区机器厂已发展为4个分

厂，边区的军事工业体系初步形成。

1939年5月，一厂为二厂承担制造生产步枪设备的任务。当时，一厂的职工没有这方面的经验，他们一方面请过去在太原兵工厂工作过的工人介绍造枪设备的要求；一方面参考有关军械制造方面的书籍。经过反复摸索，在短时间内造出简易平铣床、枪管拉丝机、枪机铣丝机等机器。

同年，一厂为三厂生产了17部制造枪弹的机器和制造手榴弹的专用设备。为前方造出一批便于行军携带的小型金属切削机床，其中包括牛力动力机、小磨床、手摇钻、小铣床、小钻床，受到前方修械战士的欢迎。1940年1月16日，陕甘宁边区政府在延安新市场举办第二届工业展览会，展品中有一厂制造的平铣床、锉刀机、钻床、车床等轻便机器及其他机器，受到毛泽东等中央领导同志的称赞。

1941年12月，军工局决定一厂与三厂合并，名称仍为一厂，主要任务是制造机器设备，扩大军事工业的生产能力。毛远耀任厂长，沈鸿任机械工程师，钱志道任化学工程师。此时，一厂不仅制造了大量的军用设备，而且还为陕甘宁边区政府设计制造了造钞票纸的专业机器，如磨纸浆机、碾纸机等；为医疗卫生部门设计制造了血清离心分离机、大型消毒锅、手术刀及其他手术器械；为制药厂设计制造了压药片机等设备；为皮革厂制造了鞣质皮革机械以及日用化工机械等，有力地支援了地方工业的发展。

1944年是一厂在各方面获得突出成绩的一年，并且在这一年有许多新的创造。如赵占魁用麻钱提炼锌，为炼成三七黄铜提供了原料；他还成功地用500克焦炭熔化2.5千克铁，使提炼灰生铁由原来的80%达到100%；沈鸿设计了简易翻砂机，并改进了化铁炉，使工效比过去提高了5倍；钱志道等人制造出氯酸钾，用于发展边区军事工业和火柴工业，同时还制出磷青铜、锌及煤焦油等化工产品。一厂的职工40天内就设计制造了生产掷榴弹的专用车床30部，堪称奇迹。另外，一厂还与八路军留守兵团第一兵工厂共同合作设计，制成一批压片机、弹壳下料冲床和引伸冲床，使第一兵工厂能够试生产出全新枪弹1万余发。

1945年抗战胜利后不久，一部分技术人员和技术工人先后调离一厂，支援其他解放区。1945年，沈鸿调到晋察冀解放区工作。1946年6月初，钱志道率一部分人去东北解放区。1946年下半年，由于大批技术工人调走，新来的工人技术不熟练，一厂的生产一度

受到影响，但经过调整，仍出色地完成了任务。机器股和翻砂股完成 5 马力蒸汽机、12 马力蒸汽机、弹壳引长冲床、弹壳下料冲床、弹壳打底槽机、切药机、蒸汽滚筒各 1 部，修理山炮 8 门，生产手榴弹体 12503 个、地雷 7996 枚；炸弹股生产手榴弹 617 枚、地雷 2692 枚、掷榴弹 7340 发、75 毫米迫击炮弹 1000 发、82 毫米迫击炮弹 1000 发、雷汞 18 千克、黑火药 2000 千克；引信 15000 个、地雷零件 27197 件。

1947 年 3 月，国民党军队重点进攻陕甘宁边区，为便于转移，一厂被列为部队编制，被编为第 4 纵队独立 2 支队第 13 大队 2 中队和 3 中队，随军转移。6 月 5 日，两个中队奉命东渡黄河，并入晋绥军区后勤工业部。

紫芳沟化学厂

筹建紫芳沟化学厂是陕甘宁边区的一件大事。从 1940 年起，一厂为紫芳沟化学厂制造了打浆机等化工机械设备。1942 年，紫芳沟化学厂基本建成，这个厂在筹建时就用从西安购买的硫酸和硝酸钾为原料，生产出了硝酸。1942 年 2 月开始用铅室法生产硫酸，日产 200 千克左右；日产硝酸为 50 千克。同年 6 月开始用铸铁缸生产硝化棉；1943 年 8 月，开始用汤姆逊法生产硝化棉。同年 9 月，该厂学习晋察冀军区工业部土法生产硝化甘油的经验后，开始生产双基药和黑炸药。1945 年 8 月，采用自制的硝化喷射分离器生产硝化甘油。此外，该厂还生产雷汞、底火和雷管等。该化学厂的建成和一些火化工产品的相继投产，开创了陕甘宁边区的军事化学工业。

军工局炼铁部

1943 年，蒋介石发动第三次反共高潮，陕甘宁边区受到严密封锁，生铁的来源十分紧张，军工局组织边区的科技人员设计炼铁炉，由徐驰负责以木炭为燃料的炼铁小高炉的总体设计，由一厂技术人员承担高炉辅助设备的设计，一厂全厂职工全力配合，造出炉帽、加料漏斗、送风管道以及输送系统的设备。同年 5 月，军工局炼铁部在大砭沟成立并建成小高炉。小高炉是根据当时军工生产需要和原材料如矿石、木炭的提供能力设计的，日产铁量约为 1 吨。据统计，炼铁部仅 1944 ~ 1945 年就生产灰生铁 300 余吨。

军工局除了自建小高炉外，还为建立贺龙铁厂的土高炉提供技术援助，曾派沈鸿等到贺龙铁厂进行指导。这两座小高炉的建成投产，基本上满足了边区军工生产的需要。

温家沟兵工厂

温家沟兵工厂也称为八路军留守兵团第一兵工厂，由陕甘宁边区农具厂与何家岔兵工二厂等单位于 1942 年初合并而成。

陕甘宁边区农具厂又称"难民农具工厂"。1938 年秋，国民政府难民赈济委员会携款 5 万元到陕北，救济难民，陕甘宁边区政府以此专款为基金，设立纺织、造纸、制革、农具等 4 个救助受灾民众的工厂。

1939 年 1 月，农具工厂正式成立，厂址设在温家沟村，以铸造犁铧为主，附带修理机器。工厂有 192 人，主要设备有六尺皮带轻、重车床各 1 部，大钻床 1 部，木炭发动机 1 套，翻砂炉 1 套等。

1940 ~ 1941 年是农具工厂在经济上最困难的时期。全厂职工积极响应党的号召，千方百计扩大生产，制造了犁铧、饭锅、弹棉花机、大板车、弹子锁、红炉钳子等，以实际行动支援了边区的经济建设。

1940 年 9 月，朱德总司令巡视边区各工厂，了解到农具工厂基础薄弱，设备简陋；而何家兵工二厂则缺乏原料，大部分机器停工。1941 年 11 月 7 日，农具工厂写报告给朱总司令，提出《关于农具工厂与二厂合并问题建议书》。在朱总司令的关怀下，1942 年初，中央军委总后勤部下达命令，两厂合并，同时将茶坊兵工三厂的手榴弹和复装枪弹部分和河庄坪修械所一起合并进来。厂址仍设在温家沟村，形成以生产手榴弹和复装枪弹为主的兵工生产企业。工厂的生产机构设子弹股、手榴弹股、铸工股、机钳工股、木工股、锻工股、动力股。这次合并对边区的军事工业建设产生了主要的影响。

工厂合并后，涌现出赵占魁这样的爱厂如家、艰苦创业的特等劳动英雄。1942年9月11日，《解放日报》发表社论，号召边区工人以赵占魁为榜样。中央职工运动委员会及时调查和总结了赵占奎事迹，在全厂乃至各解放区开展学习赵占奎运动，把工业生产推向了新的高潮。

1942年初，徐弛任厂长。这一年，由于全厂职工的共同努力，手榴弹的月产量达到6000枚。同年9月，八路军留守兵团与陕甘宁晋绥联防司令部合并，该厂归属陕甘宁晋绥联防军后勤部军工局。

1943年春，工厂开始承担复装枪弹任务。同年6月，针对蒋介石的第三次反共高潮，为支援前线，全厂职工主动增加工时，复装枪弹月产量达到13.5万发，当年生产手榴弹10万枚。同年年底，工厂制造出投掷筒，继而于1944年又试制成功掷榴弹，并不断改进加工方法，使质量不断提高，使用更加简便。

1944年是工厂任务繁重的一年。子弹股开始试生产全新枪弹。工厂因地制宜，因陋就简，用石块垒成爬山烟囱，建成了反焰炉，炼出紫铜。将紫铜与从麻钱中提炼出的锌按7：3的比例炼成三七黄铜，然后铸成铜条，碾成铜片，经过18道工序，加工成铜弹壳，共生产1万多发枪弹。同年6月和8月，苏、美、英和国民政府报界组成的中外记者团和美军观察组先后参观了该厂。他们亲眼看到中国共产党领导的敌后人民克服困难，艰苦奋斗，坚持抗战的业绩，赞扬红色兵工厂的工人艰苦创业、救亡图存的英雄气概。

1945年抗战胜利后，军工局与边区工业局合并。当时，工厂生产的任务是"五、五、五"，即每月修理步枪500支，造手榴弹5000枚，复装枪弹5万发。按当时情况，完成此项任务是困难的，主要问题是缺少技术工人。因为工厂从8～11月陆续调走技术工人90多名，而新招入的学徒工在短期内又很难全面掌握技术。针对这种情况，工厂决定：加强培养学徒工，并从11月起实行包工修枪。这一方式收到明显效果，修一支步枪由原来20小时减少到8小时，最快的仅用4小时，仅后半月就修步枪295支，复装枪弹33815发，达到了"五、五、五"要求。

瓦市兵工厂

1946年10月，鉴于内战迫在眉睫，温家沟兵工厂遵照上级的命令，搬迁到瓦窑堡，改称为瓦市兵工厂。1947年1月，为适应战争形势，子弹股分出，在桃园建立子弹厂，命名为工艺实习四厂，龚家宏任厂长；瓦市兵工厂命名为工艺实习三厂，由王元一任厂长，主要任务是修械及翻造手榴弹壳。

1947年3月，胡宗南部队重点进攻陕甘宁边区，为了妥善保存军工生产力量，陕甘宁晋绥联防军副司令员王维舟与后勤司令部政委方仲指示：工厂职工不是战斗队，没有战斗任务，但要组织游击大队，只要能保存自己不被敌人吃掉就是胜利。工厂即列为部队编制，由第4纵队统一指挥。工艺实习三厂编成第4纵队独立2支队11大队1中队，王元一任队长，任务为修枪、铸手榴弹壳及修理其他机械，从6月起，又分为修械部、翻砂部和机工部。修械部组成几个小分队，分赴各处及第4纵队军械科工作，分散生产，每月可修枪250支。工艺实习四厂编成第4纵队独立2支队11大队2中队，龚家宏任队长，任务是用手工或小型机器复装枪弹，从4～6月共复装枪弹3.3万余发。

1947年8月14日至15日，1中队和2中队奉命随独立2支队全部东渡黄河，并入晋绥军区工业部。

巍巍太行 民族傲骨

——八路军总部军工部领导下的军事工业

□ 更云　李瑞华　毕鹏

1937 年 7 月 7 日，卢沟桥的枪声划破了古城北平的宁静，抗日战争全面爆发。八路军在朱德总司令统领下挥师东进，从陕西东渡黄河，深入敌后，以太行、太岳山脉为依托，逐步建立起晋冀鲁豫抗日根据地。1939 年 6 月，八路军总司令部成立军工部，以加强对晋冀鲁豫抗日根据地各兵工厂的建设和发展——

1938 年 11 月，毛泽东在党的六届六中全会报告中提出："每个游击根据地，都必须尽量设法建立小的兵工厂，办到自制弹药、步枪、手榴弹的程度，使游击战争无军火缺乏之虞。"根据这一指示，八路军总部于 1939 年 3 月在山西省襄垣县上河村成立总部后勤部第 6 科（即军事工业科），统一领导总部的军工生产，刘鹏任科长。同年 6 月，八路军总部后勤部以第 6 科为基础组建军工部，统一领导晋冀鲁豫根据地的军事工业，军工部从总部后勤部划出，由八路军总部直接领导，刘鹏任部长。1940 年 5 月刘鼎任部长，刘鹏改任副部长。

八路军总部军工部成立后，接管了八路军总部修械所，之后又组建了军工部一、二、三、四所，以及下赤峪枪弹厂、柳沟铁厂等一大批兵工厂，并创办了太行工业学校，使太行山区的军事工业在艰难中不断发展壮大。太行山区军工人员为赢得抗日战争的胜利，建立了不朽功勋。其中著名的黄崖洞兵工厂（军工部一所）是八路军在太行山区规模最大的兵工生产基地，年产武器弹药可装备 16 个团。

八路军总部修械所

八路军总部修械所是黄崖洞兵工厂的前身，又称韩庄修械所，对外称八路军总部流动工作团。

1938 年 4 月，八路军在晋东南粉碎日军的 9 路围攻后，开辟了太行抗日根据地，为建设军事工业创造了条件。同年 8 月，八路

军总部决定对分散在太行抗日根据地的各随军修械所进行集中生产，委派徐长勋筹办制造步枪的兵工厂，厂址选定在山西省榆社县韩庄村，同年 9 月，在徐长勋的组织下，数百名随军修械所的工人奉命从各地调往韩庄村组建八路军总部修械所。

最早到达韩庄村的是 115 师 344 旅修械所的全体职工。他们大部分是太原兵工厂离职返乡的技术工人，共 100 多人。随后，129 师补充团（又称华山游击队）修械所、115 师唐天际支队（又称晋豫游击支队）修械所、山西青年抗敌决死纵队等修械所的部分职工和从各地招入的技术工人也陆续被调入，到 1938 年底，八路军总部修械所职工已达 380 多人，拥有金属切削机床 7 台，其中车床 5 台、刨床 2 台、另有三节卧式锅炉和 15 马力蒸汽动力机各 1 台，各种小型机械设备 10 余台，初步具备小批量制造步枪的条件。所内设有工务、总务、器材 3 个业务股，生产部门设有机工、钳工一、钳工二、木工、锻工 5 个部。厂房除利用寺庙殿堂外，还借用了部分民房。职工生

活待遇按战士标准实行供给制，并发有少量技术津贴。修械所所长最初由徐长勋兼任。之后，调日本早稻田大学电机制造系毕业的程明升接替徐长勋担任所长，后又调红军干部张广才任政委。

八路军总部修械所成立后，总部首长对步枪生产十分重视。朱德、彭德怀、刘伯承等多次到韩庄村视察指导工作。

1939年初，总部修械所正式开始试制7.9毫米步枪。由于所内手工工人与机械操作的工人制造步枪的方法和使用的工具不同，所里组成了手工方法和机器方法2条造枪生产线，并互相开展竞赛。起初，手工方法造枪快，他们每人在院内的树桩上固定一台自制的虎钳作为主要设备，配以钻头、錾子、锉刀等小型工具，就可以造出枪来。在当时部队严重缺枪的情况下，这种枪支受到战士欢迎并得到首长赞扬。但这种手工方法造出的枪尺寸不统一，零件不能互换，连射40～50发枪弹后枪管就发红，后来逐渐被机器造枪方法所代替。

到1939年4月，总部修械所的职工发展到403人，除完成修械任务外，月产步枪60余支。

军工部一所
黄崖洞兵工厂

1939年夏，随着太行山根据地的巩固和扩展，军工部为扩大总部修械所的造枪规模，避免敌人的破坏，决定将修械所搬迁到更为隐蔽安全的地方重新建设。经过八路军副总参谋长左权亲自勘察，工厂新址选在山西省黎城县黄崖洞。

黄崖洞位于黎城县西北部赤峪沟西部

的水窑山内，因水窑山北部峭壁上有一个高25米、宽20米、深40米的天然大石洞而得名。洞南有一片名为水窑的山谷，兵工厂就坐落于此。厂区与外界只有两条羊肠小道相通，一条沿西北方向翻越山顶可达武乡县王家峪村，与八路军总部机关所在地相连；另一条沿山谷而下，出东口有一条狭长的山涧，蜿蜒曲折。山涧两侧高峰对峙，只见一线青天，俗称"瓮圪廊"。兵工厂在此设一吊桥，平时放下吊桥可达辽县（现左权县，1942年5月25日左权在该县牺牲，山西人民为纪念左权，遂于1942年9月18日更名为左权县）、涉县、潞城一带；战时收起吊桥，路断崖阻，千军难入。

黄崖洞兵工厂在军工部组建的各兵工厂中排号第一，故名军工部一所，也称水窑工厂，对外保密代号"工兵营"，于1939年7月开工兴建。工厂建成投产时，共有机器设备40余台件，其中，动力设备除原有的锅炉和蒸汽机外，新增10千瓦直流发电机1台，能供部分厂房照明，切削机床增至17部，都以蒸汽为动力，靠天轴、皮带传动（当时由蒸汽机带动机工房内的天轴转动，天轴带动各种机床的皮带，皮带带动机床的机轴旋转）。白天厂内机器声隆隆，运输队伍川流不息，晚上山谷内灯火通明，一片繁荣景象，被誉为"太行山上的小天津"。

工厂的组织机构按专业设三科、四员、四部。三科，即总务、工务、器材3个业务科；四员，即组织干事、教育干事、青年干事、特派员（亦称保卫干事）；四部，即按产品加工工艺分设机工、钳工一、钳工二、锻工4个部。

黄崖洞兵工厂旧址之———工房内陈列的八一式步马枪的模型及该枪简介

所长程明升 1941 年 4 月调到延安后，由徐长勋接任所长，副所长为刘贵福、李作锦。

工厂为满足部队的急需，先后制造出近 10 种武器，其中主要有 7.9 毫米步枪、50 毫米掷弹筒及掷榴弹。

黄崖洞兵工厂的步枪制造经历了两个阶段：第一阶段是 1939 年 7 月至 1940 年 7 月，仍沿用在韩庄村的制造方法，继续生产经过改进的中正式 7.9 毫米步枪，共生产了 1000 多支。第二阶段是 1940 年 8 月至 1941 年 11 月，刘鼎调军工部任部长后提出要根据山地游击战的特点研制一种新型步枪，并且这种枪能在根据地的兵工厂进行制式化生产。副所长刘贵福遵照刘鼎部长的指示，带领全所职工在无名式步马枪的基础上，于 1940 年 4 月改进出一种新步枪，因口径为 7.9 毫米，职工称其为"新七九步枪"。当年正值朱德总司令 55 岁生日，工厂便把该步枪取名为"五五式步枪"。至同年 8 月 1 日，刘贵福吸取了"捷克式"、"三八式"、"无名式"以及"汉阳造"等步枪的优点又成功设计制造出一支新型步枪，其长度比一般步枪略短，比马枪稍长，加挂三棱刺刀，刺刀平时折叠在枪杆上，肉搏战时能迅速展开，实战效果优于日本的三八式步枪——这就是"八一式"步马枪。该枪全枪质量 3.6 千克，口径 7.9 毫米，射击准确，刺刀锋利，枪体轻巧、坚固，外形美观。这支枪设计出样枪后，兵工厂领导背着新枪到总部汇报，正在总部开会的领导见到这支新式步枪，都齐声称赞。左权十分高兴，一边拿着枪看，一边做刺杀动作。当时在场的徐向前背着枪不肯放下，笑着说："我当兵能背这种枪，不吃饭也高兴！"彭德怀当即责成军工部迅速组织批量生产。从此，工厂停止生产改进的中正式步枪，改产八一式步马枪，同时，军工部决定将该枪的图纸和工艺方法送发到根据地的有关兵工厂，统一组织生产。从 1940 年 8 月至 1941 年 11 月，黄崖洞兵工厂共生产该枪 3000 余支。

百团大战后，黄崖洞兵工厂根据彭德怀的指示，开始研制 50 毫米掷弹筒和掷榴弹，并于 1941 年 5 月正式投入生产，此后黄崖洞兵工厂逐步转为生产掷弹筒和掷榴弹的专业厂，步枪转移到军工部四所生产。1941 年 1～11 月，该厂共生产 50 毫米掷弹筒 800 门，掷榴弹 2 万多发。这批武器运往前线后，有效地增强了八路军的作战火力，因而引起了日军的注意和恐惧，他们不断派特工人员收集我军情报，每次"扫荡"都把兵工厂作为重点目标。

1941 年 11 月 11～19 日，日军坂垣师团出动 5000 余人，兵分多路进犯黄崖洞，妄图摧毁兵工厂。八路军总部特务团在左权的指挥下英勇抗击，经过 8 天 8 夜的激战，歼敌 1000 余人，以敌我伤亡 6：1 的辉煌战绩取得了黄崖洞保卫战的胜利。黄崖洞保卫战之后，日军从 1942 年春开始对太行山抗日根据地发动了围歼性的"总进攻"，妄图一举扑灭八路军的首脑机关，摧毁根据地的各项建设。面对这一严重局势，根据总部指示，军事

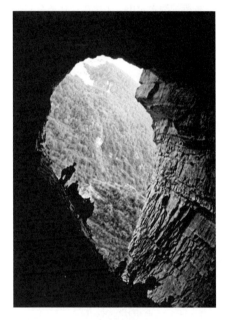

从黄崖洞内向外观看，只见对面的绿山和一线青天

黄崖洞保卫战战场旧址

工业实行了"缩小规模，分散转移"的方针。黄崖洞兵工厂的大部分人员和设备于1942年2月迁往辽县苏公村一带，在清漳河两岸设立分厂，利用河水作动力，建起新的生产基地。

同年3月中旬，黄崖洞兵工厂分为3个小厂：一厂，保密代号"河北"，位于辽县苏公村一带，主要生产50毫米掷榴弹、82毫米迫击炮弹。二厂，保密代号"黄山"，仍在黄崖洞水窑山，主要生产任务是将炮弹体毛坯加工成弹体，毛坯由柳沟铁厂供给，加工成型后运往一厂装配成品。1943年5月，日军在武乡县蟠龙镇设立据点，距黄崖洞只有20多千米，影响到二厂的安全，经上级决定，二厂搬迁到平顺县西安里村。三厂，保密代号"石灰窑"，原是黄崖洞兵工厂的锻造部，厂址开始设在武乡县显王村，生产任务是供应上述两厂产品的锻件。1943年6月，三厂迁至武乡县

位于山西省黎城县西北部赤峪沟西部的黄崖洞洞口，八路军总部军工部一所（黄崖洞兵工厂）即坐落在此处附近的水窑山谷一带

漆树沟村。

黄崖洞兵工厂驻苏公村及其附近的两年，虽然遭受敌人的多次"扫荡"和严重自然灾害的影响，军工生产不但没有减少，反而有所增加。1942年4月至1944年3月，共生产50毫米掷榴弹76000多发，82毫米迫击炮弹5800多发，炮弹产量占整个太行军事工业同类产品的90%以上，为抗日战争期间炮弹全部产量的35%。

黄崖洞兵工厂在8年抗战中，不仅为八路军的武器研制和生产做出了重要贡献，而且培养造就了一批工业技术、管理人才，对促进晋冀豫地区和华北解放区工业的发展发挥了重要作用。

军工部二所
西安里兵工厂

军工部二所位于山西省平顺县西安里村，1939年7月由徐长勋领导筹建，后调张广才任政委，郝希英任所长，从一所抽调职工40～50人，从延安调来100余人，同年9月正式命名为军工部二所，初期有机床7台。从10月下旬全面开工到12月底，共修理枪械400～500支。

1942年3月，根据当时的军事形势，军工生产"化整为零"，将大兵工厂缩小规模，组成单一的产品专业厂，分散转移到距敌较远的偏远山村。军工部二所也分为3个小厂：一厂迁至武乡县庄子村，生产炮弹毛坯；二厂迁至黎城县八牛村，生产地雷、手榴弹；三厂迁至黎城县斗鸟村，生产黑色炸药。

军工部三所
高峪兵工厂

军工部三所位于辽县高峪村，于1939年10月由八路军总部供给部高峪修械所（有职工150余人，主要生产刺刀，日产20把，同时生产麻尾手榴弹，月修枪械200～300支）、129师先遣支队梁沟修械所、杨家庄炸弹厂、武安县政府修械所等单位合并而成，从河北磁县怡立煤炭公司、榆次纱厂、正太铁路投奔来的工人也都集中到高峪村。

军工部三所对外称"高峪工作队"，后称"水磨上"。所长吴卓然，初期有职工200余人，设工务科、材料科、管理科、直属部、机工

八一式 7.9 毫米步马枪，现存于中国人民革命军事博物馆

部和钳工部。主要设备有 4 尺车床 1 台、6 尺车床 5 台、小铣床 1 台、小钻床 1 台、牛头刨床、大钻床、拉丝机、砂轮机各 1 台、手摇钻 4 台、三节式锅炉 1 台、25 马力蒸汽机 1 台。1939 年 12 月至 1940 年 6 月，主要生产 7.9 毫米步枪、50 毫米掷榴弹，也造手榴弹、地雷等。从 1940～1944 年，三所规模逐渐扩大，生产蓬勃发展，成为太行根据地较大的兵工厂之一。

1942 年 2 月，日军大举进犯高峪三所，将厂房和锅炉全部烧毁，使高峪村失去了继续坚持军工生产的条件。军工部不久将三所迁至邢台县清泉村，改编为军工部四所二厂，厂长先后由郭栋材、张世杰、徐璜志担任。全厂职工 100 余人，主要生产刺刀、50 毫米掷榴弹等。

军工部四所
梁沟兵工厂

1939 年冬，八路军在反击国民党顽固派军队所制造的摩擦中，在昔阳县缴获了张荫梧、侯如墉等部的修械所，与八路军河北省赞皇县修械所等单位合并，于 1940 年 2 月在武安县梁沟村成立八路军总部军工部第四所，对外称"晋冀工作队"。因为地处梁沟村，所以通常又称梁沟兵工厂、梁沟四所。

1940 年冬，军工部在山西省辽县土棚村（今芹泉镇），接受晋东、平东两个抗日游击队修械所的人员，共有职工 40 多人，组成刺刀分厂，就地组织刺刀生产，归属梁沟四所刺刀部领导。

四所正式投入生产时，有机床 36 部、发电机和三节式锅炉各 1 台。鼎盛时期有职工 680 余人，生产规模仅次于军工部一所（黄崖洞兵工厂）。初期以仿造中正式 7.9 毫米步枪为主。

1941 年 3 月，军工部调一所副所长刘贵福任四所副所长，加强四所生产技术的领导工作。为加快四所八一式步马枪新产品的上马，刘贵福采取了不少措施。他看到此前生产的步枪枪管寿命太低，就改进了热处理工艺，经过试验后枪管寿命大大提高，前方战士反映打 300 发没问题。

从 1940 年 2 月至 1942 年 5 月，四所生产各种步枪 4000 余支，八一式步马枪随

八路军在太行区兵工厂生产的迫击炮弹和地雷（现存于中国人民革命军事博物馆）

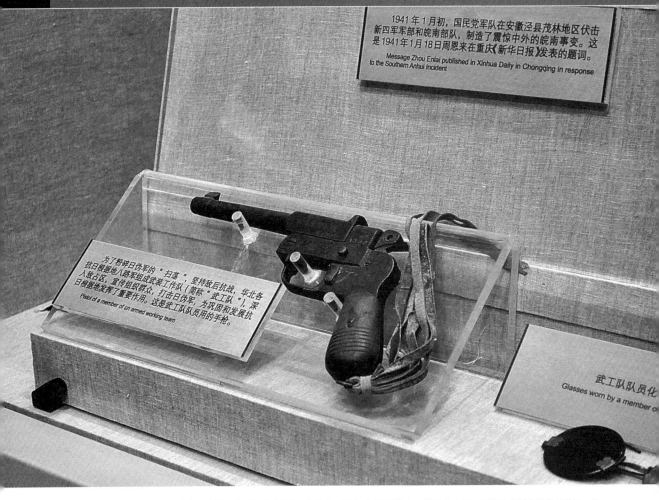

1941年1月初，国民党军队在安徽泾县茂林地区伏击新四军军部和皖南部队，制造了震惊中外的皖南事变。这是1941年1月18日周恩来在重庆《新华日报》发表的题词。
Message Zhou Enlai published in Xinhua Daily in Chongqing in response to the Southern Anhui Incident

为了粉碎日伪军的"扫荡"，坚持敌后抗战，华北各抗日根据地八路军组成武装工作队（简称"武工队"），深入敌占区，宣传组织群众，打击日伪军，为巩固和发展抗日根据地发挥了重要作用。这是武工队队员用的手枪。
Pistol of a member of an armed working team

武工队队员化
Glasses worn by a member o

为粉碎日伪军的"扫荡"，华北各根据地的八路军组成"武装工作队"（简称"武工队"），深入敌占区，宣传组织群众打击日伪军。这是武工队队员使用的手枪，由根据地的兵工厂制造，现存于中国国家博物馆

之源源不断送往各解放区。

1940年10月至1942年5月，日军对军工部分布在黎城、辽县、武安、武乡一带的各厂进行多次"扫荡"。特别是在1942年5月，正当刘贵福副所长要仿制苏联转盘机枪时，日军对冀鲁豫根据地进行了更加疯狂的围攻，实行"铁壁合围"，并有飞机协同作战。由于寡不敌众，梁沟兵工厂处于敌人的包围之中。

刘贵福副所长带领工人自卫队艰难突围，险中敌弹。他冲过敌人的扫射，一人在深山里迷失方向，周旋数日才遇到我方队伍。

敌人在梁沟兵工厂进行疯狂破坏，锅炉和不少机器被炸毁，工厂成了一片废墟。1942年6月，四所转移到武安县脑沟村重建，也称为脑沟兵工厂。军工部副部长刘鹏兼任所长，同年10月陈志坚任所长，刘贵福任副所长。

该厂机工部的机器没有锅炉作动力，唯一的办法是人力摇轮，即在机器上附加一个皮带轮，用人力摇动皮带轮，带动机器转动，工人操作机器工作。工厂雇用民工专门摇轮，要开动机器工作时，工人喊"摇"；需要停工时工人就喊"停"。

枪管的深孔加工是造枪的关键技术。当时没有深孔钻床，工人们利用石磨的磨盘，加上轮轴和钻头，平放在支架上，民工驱动磨盘使钻头转动，工人将钻头顶在枪管毛坯的中心孔上，逐渐地钻出枪管的深孔。

1942年7月，军工部一名技师到四所试制驳壳枪，由于所制

驳壳枪机构比较复杂，试射后零件变形、破裂，枪机退不到位，不能射击，更不能连发，试验失败。失败的教训反而启发了刘贵福，他弄明白了失败的原因，与试制工人重新设计，简化机构，决心再试验。最终于 1943 年春制成驳壳枪，命名为"八一式驳壳枪"，枪弹是用 6.5 毫米旧弹壳和 7.9 毫米弹头改制成的，并派景绍斌送往军工部展览会进行了展示。

1942 年 7 月至 1943 年 6 月，军工部四所重建为 3 个小厂：一厂仍在武安县脑沟村，主要生产手枪、步枪；二厂由原三所改编而成，位于邢台县清泉村，主要生产掷弹筒和刺刀；三厂由看后村子弹厂改编而成，1943 年 6 月日伪军"扫荡"后迁至黎城县南井沟村，主要生产复装枪弹。

1943 年初，为了武装敌后武工队，八路军总部决定由四所生产单响手枪，共生产了 1432 支。

1943 年春，军工部决定将 50 毫米掷弹筒集中到四所生产。在生产中，刘贵福集思广益，对 50 毫米掷弹筒进行多项改进：筒身上加装套箍，增加了筒身强度；套箍下增设两脚架，套箍上增设表尺，改善了射击的稳定性和准确度；取消了筒身的泄气孔，简化了筒身的构造；1944 年 8 月又根据部队反映，将掷弹筒改为曲射、平射两用型，口径由 50 毫米改为 60 毫米。

1943 年夏，刘贵福等人将东北造韩麟春式 7.9 毫米步枪改造成 6.5 毫米口径的步枪，称为"新六五"步枪。简化了步枪机构和生产工艺，发射日本 6.5 毫米枪弹，枪机加工简单省工，仍加装折叠式三棱刺刀，按中革军委要求送到延安 260 支。

刘贵福　1948 年 5 月于大连

生产战线上的英雄
毛泽东

1944 年春，刘贵福等人还利用一批旧枪，缩短枪管，改制成"短马枪"，轻巧实用，受到军工部首长的赞扬。

1944 年 9 月，军工部的工厂改编为 9 厂 1 所，原四所取消，改编为军工部三厂，职工 400 余人，刘贵福任厂长。

1945 年，抗日战争处于反攻阶段，前线的武器弹药需求量大。这时抗日根据地环境稳定，为了扩大生产，军工部三厂迁到生产条件较好的邢台县洺水村。洺水村曾是八路军纺织厂的旧址，有水磨，将水磨改造成水轮机作为动力，加之距平汉铁路较近，获取道轨方便。1945 年 4 月，三厂正式开始在洺水村生产 50 毫米掷弹筒、60 毫米掷弹筒、82 毫米迫击炮。

从 1940 年 2 月军工部四所成立到 1945 年日寇投降，军工部四所／军工部三厂辗转迁移，在近 5 年半的时间里，生产

图为 1937 年 9 月八路军部分领导人东渡黄河时的场景。左起：左权、任弼时、朱德、邓小平

了中正式步枪、八一式步马枪、新六五步枪、短马枪、单响手枪、50毫米掷弹筒、60毫米掷弹筒、82毫米迫击炮以及枪弹、炮弹等多种武器弹药，源源不断送往八路军的各个抗日根据地。

抗战后期大调整

1944年，日本侵略军在各个战线上节节败退，已无力再对根据地发动"大扫荡"，八路军由战略防御转向战略反攻。同年9月，军工部对军事工业的组织机构进行了一次大调整，将分散在偏僻山沟的工厂又逐步集中扩大，统一组编成九厂一所。军工部一、二、三、四所的建制被撤销，各工厂直接受军工部领导。九厂一所的简况如下：

一厂，位于左权县（此时辽县已更名为左权县）苏公村，生产50毫米、60毫

2001年8月1日，华北工学院（其前身是太行工业学校）60周年校庆时，薄一波为学院题词"人民兵工第一校"

米掷榴弹；二厂，位于平顺县西安里村（黄崖洞二厂的全体人员和设备在1943年9月全部迁至此地），分为机械加工和成品分厂、火药化学分厂、毛坯翻砂分厂；三厂，位于邢台县洺水村，生产7.9毫米步枪和50毫米掷弹筒；四厂，位于武乡县柳沟村，铸造50毫米掷榴弹和82毫米迫击炮弹毛坯；五厂，位于武乡县显王村，锻造50毫米掷榴弹弹尾；六厂，位于左权县云头底村，生产82毫米迫击炮弹；化学厂，由黎城县白寺峧村迁到源泉村扩建，主要生产火炸药；电解铜厂，位于左权县麻田镇，主要是提炼紫铜，生产三七黄铜，制造枪弹用铜片；子弹厂，位于黎城县南井沟村，生产复装步枪弹；军工技术试验所，位于黎城县上河村，研究武器的改进和制造专用工具设备。

太行工业学校

太行工业学校是抗日战争时期八路军总部创办的一所军事工业学校，因校址在晋冀鲁豫根据地的太行区，故称太行工业学校，简称太行工校。

1940年9月，彭德怀副总司令在八路军总部军工部召开的会议上指示："要尽快开办工业学校，吸收有知识的青年和工人，为军事工业培养管理干部和技术人才。"军工部当即以从抗日军政大学和冀中军区调入的特种兵技术干部为基础，在山西省黎城县下赤峪村成立军工部干部训练队，简称"干训队"。干训队下设两个分队，一分队培训军事工业技术，二分队培训军事通信联络，共有学员70余人。

1941年1月，干训队奉命从下赤峪村搬到黎城县看后村，筹备成立太行工业学校。同时，八路军总部向各根据地发出指示，要求选派一些干部和战士到学校参加培训。

1941年3月，军工部各厂、冀中军区、冀鲁豫军区、太行军区、山西青年决死纵队、总部直属单位共选派学员96名，陆续来到看后村。5月，太行工业学校正式成立，并举行了隆重的开学典礼。此时学校共有教职工20人，学员129人，根据文化程度分别编为2个机械专科班、2个普通科班、1个预科班和1个会计班。同时，这6个教学班又分编为3个武装排，以适应边学习、边战斗的形势需要。校长由军工部刘鼎部长兼任。

1941年5月，根据各科学员的入学程度，制定了学习年限和教学计划。预科3个月，毕业后升入普通科；普通科6个月，毕业后升入专科；专科8个月毕业。

为了适应战争环境，学校订有两套计划，即平时的教学计划和战时的反"扫荡"计划。学校有一支几十人的武装自卫队，称为工校自卫队，队员是从各教学班挑选出来的，多数是有战斗经验的共产党员。他们平时在教学班里学习，并抽出一定时间进行军事训练，战时按照自卫队的编制全部集中起来。工校自卫队不仅是学校的护卫队，而且是军工部机关的警卫队。在反"扫荡"中，军工部机关和太行工校一起行动，工校自卫队听从军工部的指挥，保护军工部机关和首长的安全。

1941年下半年，专一班到工厂实习钳工，全班20多人分散到军工部一所、二所和军工部机器制造厂3个单位。学员按照实习计划，向工人师傅学锉棱角、锉平面、钻孔，进而学做角尺、卡钳，然后学做产品。经过几个月的实习，学员的钳工操作技术达到了3年学徒的水平。1943年4月初，专二班到柳沟铁厂实习，学会了翻砂的操作技能。

1941年10月，为了加强学校的领导和师资力量，军工部调柳沟铁厂副厂长刘致中任副校长，主持学校行政工作，调军工部四所所长陈志坚到校任教，他们两位都是北洋大学毕业的高级知识分子。后又调一批大学毕业生到校任教，有力地保证了教学工作的顺利开展。同时，又补充一批学员，新增2个普通班。这一年，为在根据地开展地雷运动，学校举办了两期爆破训练班，学员是各县、区的武委会干部，主要讲解地雷的制造和使用。

1942年2月初，敌人进行年关"扫荡"，工校随军工部安全转移到黎城县白寺峧村，黄崖洞水窑一所的职工把机器埋藏好后转移。但有一大批钢丝、锯条、锉刀和黄色炸药等存放在黄崖洞里，这些是根据地的奇缺物资。彭副总指示要把这批物资搬出来，军工部决定派工校自卫队返回黄崖洞完成这项任务。当时，敌情很严重，时间紧迫，进攻黄崖洞兵工厂的敌人已经从后山下来，工校自卫队冒着生命危险，完成了抢救贵重物资的任务。

1942年5月19日，敌人集中两万多兵力，对太行区大举进攻。太行工校驻在辽县（现左权县）泽城，反"扫荡"开始后，随军工部一起转移。5月25日，工校师生转移到辽县十字岭，总部机关也在这里。敌人对这个地区进行"铁壁合围"，左权副参谋长在指挥战斗中英勇牺牲。太行工校师生冲出了包围圈，但副校长刘致中英勇牺牲。普二班班长、共产党员吴剑英带领几位同学，在山沟里转移，当他在前面

中北大学校园内的彭德怀塑像

探路遇到敌人包围时，立即拉响手榴弹，壮烈献身，用自己的生命保卫了同学们的生命安全。

1942年7月，遵照党中央"精兵简政"的指示，军工部所属单位有一半职工被精简。为了保存和培养干部，军工部从其中调选了200人，到太行工业学校学习，全校人员增至317人，校址迁往武乡县温庄村。军工部随后派留学德国归来的冶金技术专家陆达接任副校长，先后抽调郭栋材等一批受过高等教育的技术骨干到学校任教，成就了太行工校发展的鼎盛时期。

学校的办学条件异常艰苦，但师生们的学习热情都很高。学校没有固定教室，师生们就在村子的场院里、大树下或窑洞内上

太行工业学校在抗战烽火中诞生，饱历沧桑，几经更名，现发展成为著名的高等学府——中北大学，该校位于太原市学院路

中北大学柏林园内的刘鼎塑像，2002年为纪念该校第一任校长刘鼎诞生100周年而建。基座左侧面刻有聂荣臻题词"奉献毕生，鞠躬尽瘁"；右侧面刻有习仲勋题词"统战功臣，兵工泰斗"；背面是刘鼎的生平介绍

课；没有黑板，老乡们将自家的门板拆下来当黑板用；没有凳子，学员们就以石为凳，或盘腿而坐，以膝盖为课桌；缺少纸张，他们就用树枝在地上写；没有宿舍，就住在老百姓家。教师郭栋材早年毕业于日本东京工业大学，后又攻读研究生，回国后曾任东北大学工学院、河北工学院教授。在教学中，他从军工生产实际需要出发，自编讲义。在讲课时，深入浅出、具体生动，深受学员欢迎。

1943年6月14日，敌人进占蟠龙镇，距太行工校驻地温庄村只有4千米，直接威胁到学校安全，太行工校因此撤离温庄村，迁移到黎城县井上村一带生产渡荒，学校从此停课。9月18日，军工部决定太行工校停办，并于9月20日将全校257人重新作了分配。其中开赴延安75人，调军工部各厂73人，留军工部待命55人，到太岳军区筹建兵工厂54人。

太行工校办学期间，培养了一批军事工业技术管理干部。这批学员出校后，为太行区、太岳区和延安的兵工事业做出了各自的贡献。解放战争时期，很多人任工务科长等中层以上领导干部。全国解放初期，他们先后奔赴全国大中城市接管工厂，成为工业战线上的骨干力量。

抗战胜利后，为继续培养军工管理干部和技术人才，1946年2月，太行工业学校在山西省长治市恢复，改称长治工业学校，学员有100多人。1946年7月，蒋介石在全国挑起内战，学校被迫再次停办。

1949年初，解放战争即将在全国胜利，华北兵工本着既满足战争需要又兼顾未来的发展方针，进行了较大调整。华北人民政府决定，在太原市再次建立兵工职业学校，并于当年9月正式开学，邸耀宗任校长，设中级部和初级一、二、三部，共有学员1600多人。1951年以后，学校经过几次调整，并几度更名，到1958年9月扩建为太原机械学院。1993年，更名为华北工学院，2001年学校60周年校庆时，薄一波为学院题词"人民兵工第一校"。2004年6月经教育部批准更名为中北大学。时至今日，兵工泰斗——该校第一任校长刘鼎的塑像静静地立在中北大学柏林园里，接受着师生们的瞻仰。

柳沟铁厂

柳沟铁厂是八路军总部制造手榴弹、地雷和铸造炮弹毛坯的兵

工厂。1938 年 4 月，由中共山西省武乡县委动员武乡县工人抗日救国会在该县曹村的白龙洞庙开办了一家小型兵工厂，起初只有 7、8 名工人，铁匠炉 1 台，收集民间废铁制造大砍刀。后发展到 30 余人，开始手榴弹的研制，于 9 月 18 日造出首批木柄手榴弹。为了解决生产手榴弹所需的生铁，10 月将兵工厂迁到柳沟村。

柳沟村位于武乡县东南部的一条山沟里，盛产煤炭、铁矿石等，当地百姓长期以来就有采煤开矿、土法炼铁的传统。兵工厂迁驻柳沟村后，县工会与村中的成诚铁厂、永恒铁厂等数家私营小工厂商定：采取集资合股的办法由 20 多户股东与县工会合营开办鞞 (bǐng) 山工厂，主要制造手榴弹。鞞山工厂开办半年，由于经营管理不善，难以维持。经过县工会领导和八路军总部协商，决定从 1939 年 4 月 1 日起鞞山工厂交八路军总部直接领导，编属军工部黄崖洞一所一厂，私人股东一律退出，所欠债务由总部偿还。

鞞山工厂由八路军总部接管后，有职工 220 人，土窑洞工房 6 间，砂箱 50 多副，土法炼铁方炉 1 台。为扩大生产规模，总部将该厂进行了整顿和扩充。首先将工厂更名为柳沟铁厂（保密代号"焦作"），并将 129 师辽县杨家庄炸弹厂与 115 师壶关县炸弹厂的全部人员和设备合并到柳沟铁厂。调北京清华大学土木工程系毕业的高材生高原任厂长，冶金工程师刘致中任副厂长，留学英国的冶金博士张华清任技术顾问。此外，还从冀南、晋冀豫各支队所属修械所先后调来数批做手榴弹的技术工人，职工增加到 460 余人。工厂设有工务、材料、管理 3 个科，1 个警卫队和 3 个生产队。

第 1 生产队下辖完成股、铁工股。完

位于山西省武乡县的八路军太行纪念馆展出的根据地兵工厂制造的各种武器弹药

成股除装配手榴弹外，还制造雷管、导火线，并用麻杆烧碳，制造黑火药。第2生产队下辖炼铁股，熔炼生铁以供应翻砂股和铁工股。第3生产队下辖木工股和翻砂股，负责翻砂和制造手榴弹木柄。

为提高手榴弹的质量，工厂对接管前的产品进行了三方面的改进：一是拉火帽内的点火药由火柴头药（主要成分是磷）改为主要成分是雄黄氯酸钾的点火药，并外加蜡皮，从而保证了拉发火的可靠性，提高了手榴弹爆炸率；二是改变黑炸药的配方比例和方法，增强了爆破力；三是弹壳由圆柱形改为椭圆形，表面预制有方格花纹，使爆炸破片增至50余块，提高了杀伤力。在这些改进过程中，职工克服了重重困难，甚至包括流血牺牲，如在拆卸、解剖手榴弹时，为保证安全，工人拿到野外进行，就地挖一深坑，一旦发现有爆炸危险就迅速将手榴弹扔入坑内，这样虽然略微减少了事故，但伤亡仍时有发生。其中石成玉、教逢春两家人在手榴弹的试验中作出了突出贡献。

为了提高手榴弹的爆炸威力，石成玉全家都参与了改进炸药配方的试验，在试验时他妻子和弟弟因爆炸事故牺牲，他没有退却，终于使手榴弹由一炸两瓣提高到几十块，乃至百余块。

教逢春全家7口人从事发火的研制工作，他的两位叔叔、妻子、孩子先后在爆炸事故中牺牲，他自己也多次受伤，但他一直战斗在危险的岗位上，终于摸索出多种发火药的生产规律。生产中出现任何问题都请他去解决，被誉为太行山上治理火药的"外科医师"。

"百团大战"后，八路军缴获了一批日军在山地作战中具有较强杀伤力的50毫米掷弹筒。军工部遵照彭德怀的指示，组织工厂技术人员试造50毫米掷榴弹，柳沟铁厂负责铸造50毫米掷榴弹毛坯。而柳沟铁厂炼的是白口生铁，质硬而脆，铸造成弹坯后不能切削加工成成品壳体。这个问题解决与否，成为50毫米掷榴弹能否生产的关键。为解决这个问题，柳沟铁厂炼铁试验小组在军工部陆达的指导下，采用土法焖火技术（将白口生铁铸件装入高温炉，密封后加热，使白口生铁铸件变软到可以加工切削的程度，这种韧化处理技术俗称焖火），终于将弹坯表面软化，可以进行切削加工。1941年4月，柳沟铁厂开始批量铸造生产掷榴弹毛坯，源源不断地运往水窑一所和高峪三所加工。

为了使柳沟铁厂集中力量铸造弹坯，军工部随后决定将该厂手榴弹的大批量生产任务交由各军分区炸弹厂承担。1941年11月，根据军工部的指示，柳沟铁厂派出部分干部和技术人员到太行各军分区组建炸弹厂，使每个军分区都能按统一的规格和质量要求生产。与此同时，军工部还为太行各县武委会主任、民兵队长讲述地雷制造和爆破知识，开展"人人会造雷，家家有地雷"的爆破运动。

柳沟铁厂除生产手榴弹、50毫米掷榴弹毛坯外，还研制无烟火药原料。1941年春，军工部派王锡嘏（音gǔ）率领12名工人到柳沟进行自制硫酸的试验并获得成功。

1942年，日军加紧对根据地的"扫荡"。为保存军工实力，军工部决定将工厂规模缩小，于同年3月分别迁往3个地方设厂，有正式职工243人。一分厂由原柳沟铁厂的铁工股组成，迁驻庄底村（1943年6月又迁驻左权县后庄村）。除继续铸造手榴弹弹壳和50毫米掷榴弹毛坯外，还增加了60毫米掷榴弹、82毫米迫击炮弹毛坯的铸造。二分厂由原柳沟铁厂的火工股、完成股和青城铁厂的部分工人组成，迁驻黎城县卜牛村，组装手榴弹和生产黑色炸药。三分厂由原柳沟铁厂的硫酸实验组为基础组成，迁驻黎城县白寺峧村，主要生产硝化棉发射药。3个分厂仍在柳沟铁厂的直接领导下组织生产，铁厂厂部设在一分厂庄底村，厂长高原。

1944年5月，日军被迫撤离蟠龙镇。同年7月，军工部派陆达等到庄底村重建柳沟铁厂，定名为军工部四厂（抗战后期，军工部对军事工业进行大调整，组编成九厂一所，柳沟铁厂为其中的四厂），陆达任代理厂长。四厂设3个生产部，翻砂部在庄底村；炼铁部在马岚头村；炼铜部在马岚头村对面一带，主要试炼黄铜，供制造弹壳用。

柳沟铁厂重建后，职工恢复到 300 多人。在恢复生产的同时，工厂集中技术力量，进一步研究改进焖火工艺。原来的白口生铁焖火方法，虽开创了太行根据地制造术的先河，但焖出的弹壳毛坯质量不稳定，在切削加工时，有的因焖火温度高或者时间长而一车即碎，有的因焖火温度低或者时间短而车不动，因此弹坯的报废率极高，严重影响了炮弹质量和产量的提高。为解决这一技术难题，陆达运用美国黑心韧化处理方法（即将白口生铁铸件在 950℃ 高温炉内长时间加热，使碳化铁分解，析出碳，铁铸件则可切削加工），并在技术工人孙兆喜等人的配合下，改造了土方炉，创造了火焰反射式加热炉，使焖火产品的合格率由 30% 多提高到 95% 以上。焖火技术的成功，为各厂炮弹产量的成倍增长奠定了基础。

抗日战争胜利后，鉴于内战即将爆发，军工部决定扩建柳沟铁厂。1946 年春扩建工程正式开工，在扩建的同时，组织机构也作了调整。1946 年 7 月，军工部决定将左权县苏公炮弹厂（后从苏公村迁至武乡县麻田村）、显王锻造厂与柳沟铁厂合并，组成三合盛兵工厂，3 个厂仍在原地生产。1946 年 10 月，三合盛兵工厂改称晋冀鲁豫军区军工处兵工一厂。厂长李作锦，共有职工 1000 余人。厂部在柳沟，管理机构设工务、材料、检验、会计 4 个科。

1948 年 1 月，柳沟村新建厂房投入使用，麻田、显王两处的人员和设备全部迁到柳沟，职工达 1440 人，各种机器共 300 余台。1949 年 6 月，解放战争已近尾声，前方对 50 毫米掷榴弹的需求逐渐减少，柳沟铁厂奉令停止生产。

在解放战争时期，柳沟铁厂的基本生产任务是 50 毫米掷榴弹，

抗战时期，随军小分队使用的复装枪弹的简便工具

下赤峪子弹厂旧址之一——位于山西省黎城县下赤峪村的厂房

1947 年 2 月开展的争创"刘伯承工厂"运动中，激发了广大职工的积极性，全年完成 50 毫米掷榴弹 309200 发，是 1946 年产量的 3 倍。1948 年，为贯彻华北兵工会议精神，柳沟铁厂加强生产管理，全年生产 50 毫米掷榴弹共 483540 发，是历年生产最多的一年。整个解放战争中，柳沟铁厂共生产 50 毫米掷榴弹 1172321 发，且生产成本逐年降低，质量逐年提高，对赢得解放战争的胜利做出了重要贡献。

下赤峪子弹厂

下赤峪子弹厂位于黎城县下赤峪村。1940 年 3 月建厂，最初主要是复装枪弹。厂房设置在关帝庙内，参加生产的有 50 余人，厂长王化南。

工厂最初有 3 台子弹专用机和 1 台冲床，其中 3 台子弹专用机是国民党军队扔在宝鸡车站，被周恩来发现，令西安兵站送往太行根据地。该厂由王化南等人进行枪弹试制，他们因陋就简，克服重重困难，只用 2 个多月，在 1940 年五一节就复装出质量完全合格的 7.9 毫米枪弹 500 发。到 8 月中旬，便生产出 10 万发，有力地支援

了百团大战。

随后，该厂几经搬迁，不断发展壮大，并组织了复装枪弹小分队，每个小分队10余人，携带成品弹头和修复枪弹的简单工具、底火、无烟药，跟随作战部队行动。哪里打过仗，有了弹壳，就在哪里复装枪弹。1943年，复装枪弹数量达100余万发。

1944年底，从晋察冀军区调入该厂的孙艳清和沈鼎祥合作，以铜钱为原料，先炼出锌，然后用电解技术，提炼出纯铜，合成三七黄铜，用自己设计制造的冲压机，经多次辗压、冲盂、引伸、收口等程序，制出了全新的枪弹。

军工部机器制造厂

1940年4月，八路军军工部根据总部部署，从黄崖洞和高峪兵工厂抽调部分技术人员和设备，在辽县（现左权县）上口村组建了制造兵器专用设备的实验所。后因上口村是麻田通往县城的交通要地，为避免机器设备遭日军扫荡破坏，实验所于1941年1月迁到距麻田15km的尖庙村，正式成立了军工部机器制造厂，对外称"油坊"。

厂长初为胡启贵，后为王乃新。职工100余人，有机器、机床设备10余台。主要制造军工专用的简易机床、车床、冲床、剪切机等，并负责冀南银行印刷厂、《新华日报》印刷厂、卫生部制造厂、供给部被服厂等单位的机器、机械、工具及零部件的制造、修理工作。

当时工厂的工具设备来源有4种渠道。一是从敌战区或延安运来，比如以蒸汽作动力的天轴皮带传动的机床；二是工人自

己制造的简易专用机床，如水泵、手摇转动机器；三是改造的小型拐钻、深孔平钻、六轮铰膛刀等手动机器；四是自制的普通小工具，如虎钳、锉刀、榔头等。

1942年5月，日军大扫荡，军工机器制造厂遭到日军的严重破坏，人员和机器设备损失严重。这次"扫荡"结束后，军工部机器厂奉命解散，人员和机器设备分迁到苏公村、漆树沟村、黄崖洞等兵工厂。

源泉化工厂

1942年5月，军工部在山西省黎城县白布崖村新建化学厂，初期有职工30余人。同年9月，试制成功硝化棉枪弹发射药。1944年11月，该厂迁往黎城县源泉村扩建成源泉化工厂并正式投产，主要生产火炸药。1946年1月，该厂因在生产硝化甘油过程中发生爆炸事故，9人牺牲，停产整顿。不久，该厂迁至河北省武安县和村，同年年底再度进山，一部分迁至山西省左权县隘峪口村建厂，一部分重返源泉旧址恢复生产，盛时月产工兵用炸药100吨。

彭庄子弹厂

抗战进入反攻阶段后，战争规模和人民军队数量迅速扩大，复装枪弹供不应求。自己制造新弹壳，生产全新枪弹，成了亟待解决的问题。于是，军工部把解决枪弹生产缺口的任务交给了长期从事枪、炮制造的刘贵福。

1945年初春，刘贵福一行20多人，从邢台浴水村军工部三厂，

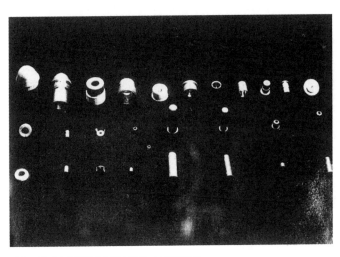

彭庄子弹厂生产枪弹用的各种模具、冲具和样板

转到位于左权县西安村的枪弹厂。刘贵福、孙永富、李尚志分别被任命为厂长、副厂长和教导员。

西安村在清漳河畔，水利资源丰富。他们首先把清漳河水利用起来，建造水轮机，使大量繁重的体力劳动和手工作业由机器完成，生产面貌大为改观。

这一年，西安村枪弹厂以自炼黄铜为原料，准备自己制造新弹壳。制造弹壳最关键的机器是"打底机"，有了打底机和打底的模具，就能把弹壳底部的形状加工出来。

为了制造打底模具，在刘贵福厂长的指导下，技术人员将弹壳剖开，内部的形状和结构一目了然，由此测量出弹壳内部各个部位的尺寸，这就是制作样板和模具的依据。经多次反复试验，自制的打底机和模具渐渐达到了生产弹壳的技术要求。

制造弹壳有一系列的工序：下料、多次引伸、退火、打底、烧口、收口、切口、车底等，再将弹壳、底火、火药、弹头装配在一起，制成枪弹。经过多次射击试验，性能达到要求，自制的全新枪弹试制完成了。

在日本投降前夕，第一批2万发全新枪弹送往前线试用。前线传回了性能良好的喜讯。该厂全新枪弹的诞生，表明太行山根据地已进入自造枪弹的新历程。

1946年5月，枪弹厂迁到潞城县垂阳村。不久，蒋介石发动了内战。1947年枪弹厂又迁到太行山区的黎城县彭庄村，这里比较靠近原料厂——武乡县柳沟铁厂和源泉化工厂。工厂设在茶壶山下的彭庄村西北角，也称彭庄子弹厂，对外称"复义记合作社"，设有钳工、成品、铁工、木工、锅炉、机加、铜炉、铸铅、装配等生产厂房，卧式五节锅炉、50马力的立式单缸蒸汽机和100千瓦的直流发电机各1台，机加工房内设有车床、铣床和砂轮机20多台。枪弹生产从炼铜、碾片、下料，到冲盂、引伸、成形、装配，形成了一条完整的生产线，职工发展到400余人。

1947年刘邓大军抢渡黄河，千里挺进大别山。军工部改为晋冀鲁豫军区军工处，并在所属军工战线开展争创"刘伯承工厂"运动，各厂之间展开生产竞赛。彭庄子弹厂在保证产品质量的前提下，将枪弹的生产工序由16道改为7道，大大提高了生产效率，缩短了生产周期，全年生产枪弹52万发。

为了提高打底的加工质量，攻关组经过反复研究、试验、设计，制成一个操作简便的小型工作台和一套精巧的冲模，减少了废品。

原来的弹壳烧口工序体力劳动繁重，而且效率低下，废品较多，攻关组与工人们一起研究改进，制成了一台烧口机。这台机器是在一个大铁盘的周边钻孔，装进弹壳，按照设定的速度旋转，在固定位置用喷灯将弹壳加热，减轻了劳动强度。

在处理废弹壳的过程中，他们发现美国的弹壳底火中没有固定的火台（博克赛式底火），中间只有一个大的传火孔，在大传火孔上再装一个活火台。攻关小组受到启发，认为美国的弹壳构造简单，便于加工，既可以提高传火孔制造工具小冲子的工作寿命，又能提高生产效率，有利于大量生产，而且仅用一个类似药片大小的薄铜片，就能冲成一个三角形的活火台。他们分析研究试制后，开始生产"美式弹壳"枪弹。枪弹日产量达到25000发，跃居当时华北解放区各枪弹厂之首。

彭庄子弹厂在八路军总部军工部的领导下不断发展壮大，在抗日战争、解放战争中，生产各种枪弹800多万发。在争创"刘伯承工厂"运动中又做出了突出成绩，荣获晋冀鲁豫边区政府授予的锦旗。

1949年8月，彭庄子弹厂并入长治华北兵工局第二兵工厂。在抗日烽火中诞生的彭庄子弹厂至此完成了其历史使命。

除上述兵工厂之外，军工部还建有一些小型兵工厂，如1941年3月在山西省和顺县建成"军工部炸弹厂"，1942年3月在山西省沁源县建成"太岳复装子弹厂"……在抗日战争的艰苦岁月里，太行区的兵工厂生产出各种武器弹药，源源不断地运往抗日前线，成为埋葬侵略者的尖兵利器。

模范根据地 第一战鼓风

——晋察冀军事工业

□ 更云 张本

1937年9～10月，八路军在平型关、雁门关、阳明堡机场等地取得了一系列重大胜利，拉开了开辟华北敌后战场，创建晋察冀抗日根据地的序幕。根据地军民在聂荣臻司令的领导下，先后粉碎了日军多次大规模的进攻，歼灭日伪军35万人。中共中央和毛泽东誉之为"敌后模范的抗日根据地及统一战线的模范区"。同时该根据地还创建了许多兵工厂，其中有许多武器弹药的制造走在了各抗日根据地的前列——

1937年11月17日，根据八路军总部的命令，晋察冀军区在山西省五台县石咀村普济寺宣告成立，聂荣臻任晋察冀军区司令员兼政治委员。在他的率领下，八路军第115师的独立团、骑兵营、教导队等约3000人挺进敌后，以五台山为依托，开展游击战争，配合抗日政府发动群众，创建了敌后第一个抗日根据地——晋察冀根据地。随后，晋察冀根据地不断巩固和发展，冀西、冀中、平西、平北、冀东几个地区很快连成一片。到1939年，晋察冀根据地发展到拥有主力部队近10万人的模范根据地，毛泽东曾赞誉说："五台山，前有鲁智深，今有聂荣臻，聂荣臻就是新的鲁智深。"并号召八路军向晋察冀根据地学习。

晋察冀军区成立时，设有军区供给部，查国桢任部长，该部主要负责包括武器弹药在内的物资供应管理工作，修械所由该部管辖。1939年4月，晋察冀军区工业部成立，刘再生任部长，张珍任副部长，杨成任政委，修械所和兵工厂等军工单位划归工业部管辖。

晋察冀军区司令员聂荣臻在司令部大门口的戎装照，他是中华人民共和国十大元帅之一

晋察冀军区工业部成立初期的主要领导人：部长刘再生（中），副部长张珍（右），政委杨成（左）

晋察冀兵工厂的钳工人员正在修配步枪枪机

各修械所的整编

1937 年 11 月，八路军总部发出指示，要求各师、旅、团、游击支队及地方政府和自卫队都要招募技术工人，开办修械所和炸弹厂，以解决迫切需要的修械问题及制造地雷、手榴弹问题。12 月，晋察冀军区供给部在山西省五台县跑泉厂村成立修械所，该所盛时有工人 80 余人，6 尺、10 尺车床各 1 台，设有机工股、木工股、铁工股、锻工股，主要修配枪械，制造刺刀，也制造少量步枪、手枪。

1938 年 8 月，日军以 5 万兵力"扫荡"五台山地区，晋察冀军区供给部修械所转移至河北省平山县桑园口村。粉碎"扫荡"后，该修械所改称晋察冀军区供给部第一修械所。同时，将部分人员与机器设备迁回五台县跑泉厂村，组建成晋察冀军区供给部第二修械所，主要修配枪械，制造刺刀，并开始仿制 7.62 毫米手枪和 7.9 毫米步枪。

1939 年 3 月，晋察冀军区供给部在河北省唐县大石头沟村和

涞源县五亩地村又各组建一个修械所，前者从事手榴弹的制造，后者修理枪械。除此之外，晋察冀军区各军分区及地方武装也组建了修械所。

1939 年 4 月，晋察冀军区工业部在河北省完县神南镇成立，从日本留学回来的刘再生任部长。

1939 年 10 月，晋察冀军区供给部技术研究室成立，集中了一批从北平、天津、保定来的知识分子，刘再生兼主任。按照聂荣臻关于"集中领导、分散经营，就地取材，小型配套"的原则，工业部将军区供给部、各军分区的修械所进行整编。由技术研究社、大官亭修械所（两者属于冀中军区供给部）和晋察冀军区 1、3 军分区的修械所组成晋察冀军区"北区"7 个兵工厂和 3 个化工厂，主要分布在唐县、完县（今顺平）、曲阳、阜平、涞源等地；以 2、4 军分区修械所为主，在平山县一带建立"南区"6 个兵工厂。

1940 年 1 月，整编后的兵工厂实行连队建制，如原晋察冀军区供给部第一修械所编为第 1 连，晋察冀军区工业部子弹厂编为第 9 连。因第 9 连是晋察冀工业部创办的规模较大的兵工厂，制造出了全新枪弹。

1937 年 12 月 29 日，晋察冀军区供给部在山西省五台县跑泉厂村建立的第一个修械所

晋察冀军区工业部子弹厂

晋察冀军区工业部子弹厂也称晋察冀军区工业部第9连（以下简称9连），于1941年1月在河北省平山县北苍蝇沟村创办。因日军的频繁"扫荡"，先后3次迁址。1942年初迁至平山县木头沟村，1944年初迁至平山县都家庄村，8月迁至阜平县吴家庄村。1944年9月，9连改称晋察冀军区工业部直属生产管理处三厂。

9连成立初期由任九如担任连长，人员有150余人，主要来自四处：一是从1、2连抽调的人员，其中包括从军阀阎锡山管辖的太原兵工厂投奔来的技术工人；二是从平山县招收的一些青年农民；三是参加井陉煤矿暴动的工人；四是从前方调来的一些战士。

1944年初，9连迁至都家庄村后，人员增至300余人。1945年10月，9连进驻宣化市后，改为龙烟公司宣化子弹厂，接收了宣化原日伪工矿企业的部分人员，此时人员增至400多人。

9连生产枪弹所需的原材料主要通过四条渠道解决：无烟火药、硫酸、硝酸、酒精等材料由工业部所属的化工厂制造提供；氯酸钾、雄黄（雄黄是化工原料四硫化四砷的俗称，其可与氯酸钾混合制成爆炸力很强的有烟火药）、虫胶漆等材料主要由工业部派人到敌占区采购；杂铜、紫铜钱等材料由地方政府动员老百姓捐献或征购；紫铜和钢材则通过割取敌人电线和拆毁敌人铁路道轨的办法解决。

9连在1941年3月即转入正式生产，主要复装6.5毫米和7.9毫米步枪枪弹。当

晋察冀军区工业部大岸沟化工厂遗址，位于河北省唐县青虚山脚下的大岸沟村（现名王家庄）

时，由于人员、工装、设备等条件的限制，无法同时安排多品种生产，只能根据工业部每月下达的生产计划完成一种型号的复装枪弹，然后再安排另一种复装枪弹的生产。

9连成立初期，复装枪弹的月产量为3.5万发。后来随着工人技术水平的不断提高，模具、设备的逐步增多和工艺的逐步改进，产量不断增加，到1944年，日复装枪弹最高纪录达1万发。

从战场上收集回来的旧弹壳毕竟有限，且旧弹壳经过一次复装整形之后大多数不能再用，自制全新枪弹成为当时刻不容缓的任务。但自制全新枪弹比复装枪弹在技术上要复杂、困难得多，首先必须解决自制新弹壳的问题。

1942年9连迁至木头沟村后，在工业部技术研究室驻该连技术人员指导下，同年6月用买来的铜皮试制出全新驳壳枪弹。6～8月，2连（晋察冀军区工业部工矿队）在孙艳清等人的指导下，炼铜成功，从麻钱（铜钱的俗称）中蒸锌也获得成功，这些材料的提炼成功为9连生产全新枪弹创造了条件。

1943年下半年，9连开始制作全新步枪弹。他们首先用纯锌、纯铜炼制成含锌的黄铜板坯，再用碾片机将黄铜板坯碾轧成板材，然后在手扳压力机上经过多次拉伸，制成弹壳坯料，最后再将弹壳加工出底缘凹槽、压出底火凹部、钻好透火孔，一个新弹壳就诞生了。9连就是这样因地制宜、因陋就简地采用根据地自制的原材料和自制的土设备制造出包括弹头、弹壳和底火在内的全新枪弹，有力地支援了抗日战争。全新枪弹试制成功后，随即转入正式生产，月产

量达 3.5 万余发，年产量 40 万余发。

9 连在生产全新枪弹初期，曾出现弹头出膛后即破裂、脱铅和在飞行中翻跟头等问题。主要原因是由于生产人员操作技术不熟练，弹头尖冲模调整不正，弹壳冲出后弹壳壁厚不匀，弹头灌铅后收口卷边不到位等原因造成的。为了解决上述问题，9 连采取改进产品质量的措施——实行质量负责制度，要求化铜组严格掌握铸造黄铜板的材料配比，提高材料性能；要求冲制弹尖、弹壳人员提高工装模具的精度；规定每个生产人员要在产品上打上标记。为了按时完成生产任务，保障前方作战的需要，9 连还建立了估工（定额）制度，明确每个生产人员每天必须完成规定的估工数量。

1943 年，在生产枪弹过程中，为了确保底火药既灵敏又稳定，

毛泽东（左四）、朱德（左五）与美国军事观察团的客人在一起

必须通过试验找出底火药的最佳配比。连长任九如知道这项试验很危险，毅然亲自做试验，在搅拌过程中因底火药猝然起火，不幸烧伤面部。他的模范行动，使全连人员深受感动，大家齐心协力，很快找出底火药的最佳配比，从而进一步提高了产品质量。

在抗日战争期间，9 连先后两次接待美国客人。一次是 1941 年太平洋战争爆发后，途经解放区回国而到 9 连参观的花旗银行经理；另一次是 1944 年 11 月，在军区工业部副部长张珍的陪同下，美国军事观察组毕得根少校和路登先生参观 9 连，并观看了飞雷表演。这些美国客人看了 9 连的情况赞不绝口，高度赞扬根据地军民自力更生的创业精神。

大岸沟化学厂

1940 年，晋察冀军区工业部用大缸叠成塔，创造了"缸塔法"生产硫酸的土工艺，生产出第一瓶合格硫酸。同年 7 月，

晋察冀军区大岸沟化学厂女工正在将棉花脱脂，作为制造单基发射药等火工品的原料

在河北省唐县青虚山脚下的大岸沟村（现名王家庄）建立了化学厂，对外称"醋厂"，习惯称"大岸沟化学厂"。

大岸沟化学厂从1940年7月至1944年9月几度更名，几易其址。1942年1月称工业部化学一厂，1944年6月称工业部化学厂，1944年9月称工业部直属兵工生产管理处三厂；1943年6月迁至河北省阜平县齐家庄户村，1944年9月落户河北省平山县南苍蝇沟村。

大岸沟化学厂初建时有30～40人，因当地的男人多数参加了八路军，故该厂大部分人员为当地招收的女工。以后，工厂人员逐渐增加到100余人。1942年1月，工厂无烟药生产部划出，成立工业部化学二厂，二厂驻河北省唐县蟒栏村通天寺，生产酒精、乙醚、无烟药。留在大岸沟的部分改称化学一厂。1942年5月工业部第7连（第7连驻河北省曲阳县牛分岭，生产手榴弹）部分人员编入一厂。同年12月冀中军区供给部第10连（第10连驻河北省唐县虎峪村，生产雷银——雷银是由硝酸银、硝酸、酒精制成的起爆药）部分员工编入一厂。1943年7月工业部矿工队和化学三厂（1942年9月晋察冀边区工矿管理局与工业部合并后，其七一化工厂改编为工业部化学三厂）部分人员并入一厂。

晋察冀军区兵工厂的工人正在装配手榴弹

1944年6月工业部化学二厂全部人员也编入一厂。这时的一厂人数为200余人。

该厂在大岸沟村时，黄锡川任厂长，设有3个股：第一股又称原料股，有硫酸班、硝酸班、蒸酸班；第二股又称半成品股，有硝化班、脱脂班、提硝班、甘油班等；第三股又称成品股，有乙醚班、无烟药班、炸药班等。

该厂在齐家庄户村时设有4个股：第一股为原料股，制造浓缩硫酸、硝酸；第二股为半成品股，配制硫、硝混酸和制造硝化棉、硝化甘油、雷汞、雷银；第三股为甘油和机修股，进行甘油提取与浓缩，机器维修与制造等；第四股为无烟药股，生产单、双基无烟药，精馏酒精及制造雷管。

化学厂的产品结构和生产工艺大致可按大岸沟阶段（1940年7月至1943年6月）和齐家庄户阶段（1943年6月至1944年9月）划分。

大岸沟时期为摸索生产阶段，这一时期生产工艺还不够成熟完善，产品产量与质量也不够稳定，主要以生产硫酸、硝酸、酒精、乙醚等原料为主，单基无烟药是其主要的成品。

齐家庄户时期为较成熟发展阶段，各种化工原料生产工艺日趋完善，产品质量与产量大大提高，除生产单、双基无烟药外，还生产甘油、硝化甘油、雷汞、雷银。

硫酸是化学工业之母，是制造火药、炸药必须解决的关键原料。硫酸的研制是1940年在工业部驻地神南镇完成的，当时工业部政委杨成与技术研究室的技术人员采用土办法，用大水缸代替铅室，叠成一个个塔状的循环室，经过数日试验，成功地制造出硫酸，"缸塔法"制酸工艺由此产生。大岸沟化学厂成立后，沿用这种制酸工艺生产硫酸，并不断改进装置，使"缸塔法"制酸工艺得到了进一步完善。

硝酸是硫酸加上硝经过加热脱水产生的，一般浓度达到98%以上才能用于火药制造。生产工艺也是用土办法，盆盆罐罐为主要生产工具，大缸作反应釜和冷凝器。除此之外，乙醚也是利用大缸作设备，上部开两个口，一个用于滴入酒精，一个连接冷凝器，硝酸经加热后滴入酒精，再经高温蒸馏，即得到乙醚。1941年，在每日三班连续生产的情况下，日产硫酸稀酸50多千克(浓度40%左右)，浓酸35千克左右（浓度为98%左右）。1942年由于改进工艺，硫酸、硝酸的日产量分别达到1.5吨和0.5吨。

有了基础化工原料以后，化学厂开始研制单基无烟药（单基无

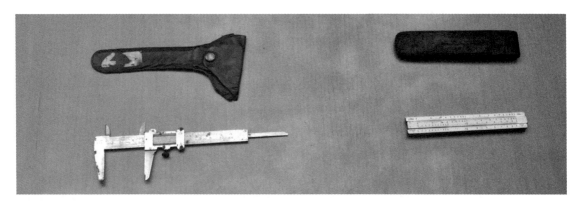

晋察冀军区工业部兵工厂的工人使用过的游标卡尺和计算尺（现存于北京卢沟桥附近的中国人民抗日战争纪念馆内）

烟药是指只含一种高分子爆炸剂的发射药。其主要成分是硝化棉，也称硝化棉单基药，多制成单孔、多孔粒状和小尺寸管状药，爆温低，对武器烧蚀小，广泛用作枪弹和中小口径炮弹的发射药），于1941年获得成功。同年5月，晋察冀军区工业部在河北省完县神南镇召开庆祝五一节大会，大岸沟化学厂展出了自制的硫酸和单基无烟药。该厂制造单基无烟药的过程是先将棉花脱脂，再用硝硫混酸硝化，然后将硝化棉用乙醚胶化、成形，最后烘干并用石墨进行表面处理制成。

在制成单基无烟药以后，化学厂开始研制甘油与硝化甘油，以便生产双基无烟药和高能炸药。甘油是通过对植物油的提取获得。提取时，先将油脂制成钙皂，再从钙皂中洗出甘油，最后经过过滤和浓缩，制出合格的甘油。工厂的油脂皂化设备以民间煮饭的铁锅为主，制造硝化甘油的主要设备是瓷盆，这种瓷盆式生产方式被称为"盆式硝化法"。硝化甘油（化学名称为三硝酸甘油酯）是由甘油与混酸发生作用而制成的，制造过程是将硝酸、硫酸混合置入盆中，然后用铝棒搅拌使其均匀混合。硝化过程需控制温度不超过23°，如果温度上升到25°，产生大量棕烟，就有引起爆炸的危险。

化学厂于1943年使用这种方法制造硝化甘油成功。硝化甘油在制造过程中还要进行分离、洗涤等工序。分离工序是将带酸的硝化甘油放到瓷盆中静止分离，用U形玻璃管吸出下部的废酸。洗涤是在分离处理后进行的一道工序。因为酸性的硝化甘油极不稳定，保存期间易分解，所以在分离后必须将硝化甘油所带的残酸用碱液和水洗掉。洗涤工序完成即得到成品硝化甘油。硝化甘油的研制成功，对发展双基无烟发射药和炸药生产有着重要意义。

化学厂将硝化甘油和硝化棉混合胶化，再经成形、烘干等工艺

制成双基无烟药（双基无烟药是指由高分子炸药和爆炸性溶剂组成的发射药，即将硝化棉溶解于硝化甘油中，再混入少量附加物制成球形、片状或圆柱形火药，其爆炸能量高于单基无烟药，但爆温较高，对武器烧蚀较大）。双基无烟药的研制成功，使根据地制造火药技术上了一个新台阶，开创了根据地制造高能火药的先河。

该厂为制造单基、双基无烟药，自行设计制造了胶化机、轧片机、滚切机、球磨机等专用设备。

1940年，工业部技术研究室为配合百团大战在正太铁路发动破袭战，曾利用氯酸钾和TNT制造过混合炸药。1941年，化学厂用干馏兽骨的办法提取氨，将其与硫酸反应生成硫酸铵，又一次成功地制造了硝铵炸药（硝铵炸药用于制造迫击炮弹）。1943年，硝化甘油研制成功以后，化学厂又以其为主要原料，成功制造出含硝化甘油的仿周迪生炸药（周迪生是根据地著名的火药研制者，他创造了用谷糠粉、硝化甘油、火硝、硫磺粉、二硝基萘等为原料的新型炸药，可作为手榴弹、地雷、炸药包与爆破筒的装药，被称为"周迪生炸药"。装入36克"周迪生炸药"的手榴弹，可将

弹壳炸成130～150块碎片；装入1千克"周迪生炸药"的地雷，可将铁轨炸毁；装入15千克"周迪生炸药"的地雷，可将火车炸翻）。

雷银、雷汞是起爆药的重要原料（雷汞又称"雷酸汞"，是一种起爆药，呈灰色或白色结晶粉末。由汞与硝酸反应生成硝酸汞，再与酒精作用而制成。可单独或与猛性炸药、氯酸钾、硫化锑等混和使用，常用于制造雷管）。1944年，工业部技术研究室为彻底解决缺乏起爆药的问题，派技师到化学厂进行研制。由于当时根据地缺少汞金属，技师就用银元、银元宝制成雷银（雷银比雷汞还要敏感，稍受摩擦或者撞击即发生爆炸。两者的制造过程基本相同，均是先用硫酸溶解银［或汞］，制成硝酸银［或硝酸汞］和硝酸的混合液，然后加入酒精反应，最后得到的沉淀物即为雷银［雷汞］），代替雷汞作起爆药原料并取得了成功，为自行制造起爆药开辟了途径。雷银研制成功后，技术研究室驻厂技师很快又研制出纸壳雷银雷管，解决了自制炸药的起爆问题。

化学厂科研产品的形成，使该厂成为综合性的军事化工生产厂，有力推动了根据地军用化学工业的发展。该厂研制的单基无烟药、双基无烟药及硝胺炸药、硝化甘油炸药等高能火炸药，标志着根据地不仅能制造枪弹、迫击炮弹配用的高能发射药，而且也能制造地雷、手榴弹、迫击炮弹配用的高能炸药，开创了根据地制造高能发射药、高能炸药的先河。1944年9月，工厂先后派出4批人员到冀晋、冀察、冀中和冀热辽分区，帮助那里的兵工生产管理部门建设化学工厂，在晋察冀全区发展了化学工业。据统计，1944年，工厂平均月产浓硫酸7200千克、浓硝酸2400千克、无烟药360千克、硝化甘油炸药7900千克。

大官亭修械所

大官亭修械所即冀中军区供给部修械所，于1938年5月在河北省饶阳县成立。它是冀中军区供给部最早建立的一个综合性兵工厂，是敌后各根据地规模最大、生产武器品种最多的修械所，主要修理枪械并制造步枪、掷弹筒、手榴弹、地雷及82毫米迫击炮弹。该修械所起初主要由四个方面的力量构成。

一是人民自卫军（1937年10月，中共地下党员吕正操率东北军53军691团回师北上抗日，改691团为"人民自卫军"，后接受八路军的改编）在河北省安平县北黄城村的修械所。1938年2月，人民自卫军司令部进驻安平县城后，正式成立人民自卫军修械所。3月因日机轰炸安平县城，修械所迁至城西北黄城村，此时人员约有400余人，月产手榴弹近10000枚。同年5月，人民自卫军修械所与另外2个修械所合并，并被改编为冀中军区修械所，由冀中军区供给部领导，所址迁到河北省饶阳县大官亭村。

二是人民自卫军2团赵承金所属部队的修械所。1938年1月人民自卫军2团消灭土匪徐二黑之后，接收了他的一部分工人，并另招收了一些工人建立该所。1938年5月该所合并到大官亭修械所。

三是孟庆山领导的抗日地方武装"河北游击军"在河北省肃宁县后堤上村建立的修械所，其也是于1938年5月合并到大官亭修械所的。

四是吕正操收编的土匪武装高顺成部的一个迫击炮弹制造部，共100余人并入大官亭修械所。

大官亭修械所发展到鼎盛时期，职工约有1000人，拥有各种机床70余台，柴油机3台。

大官亭修械所起初由刘国桢任所长，设有所部和生产部两大部分。其中生产部下设修枪科、刺刀科、大刀科、木工科、皮件科、烘炉科、翻砂科、新枪科、手榴弹科、迫击炮弹科。

修械所每月除修枪外，还生产手榴弹3～5万枚，新枪50支，大刀、刺刀各900把，迫击炮弹1500发。

该所生产手榴弹始于1938年上半年。当时生产的是一种黑火药、木柄、拉绳式手榴弹。弹壳是由白口铁铸造的，发火药用氯酸钾和雄黄配制,采用摩擦式发火。导火索是自制的,导爆药也采用黑火药,只不过其粒度更细,燃烧速度稍高一些。这种手榴弹与黄色炸药(TNT炸药的俗称,其威力较大且比较安全,主要成分是三硝基甲苯)手榴弹相比,破片少、威力小,但在高级炸药没有生产出来之前,仍不失为成本低廉、携带方便、具有一定威力的武器。后来该手榴弹在尺寸造型上略有改变:拉火装置由用刀在铅丝上划出花纹改为在拉火绳上粘上一层玻璃粉,以节省铅丝,增大摩擦发火的可靠性;导火索由原来的卷制改为先做出纸管,再向纸管里压装导爆药粉,保证了装药量、密实度的一致性和延时的准确性。

在高顺成的迫击炮弹制造部合并到该所之前,迫击炮弹的制造工作就已经开始了,当时生产82毫米迫击炮弹的弹体是用灰生铁(灰口生铁的简称,这种铸铁内的碳主要以片状石墨形式存在,因断口呈灰色而得名)铸造的,灰生铁的来源主要是收集被称为"湖北铁"、"机器铁"的废机器零件;引信是击针式的;尾管是用猎枪弹改装而成的;炸药是在黑火药中混合了一定比例的氯酸钾。

修械所在短短几个月时间里制造出多种军火产品,主要充分利用了两个有利条件:一是收集了山西军阀阎锡山散落在滹沱河两岸的数百吨军火器材。这批器材中有圆钢、方钢、钢板、钢管、碳素工具钢、高速钢以及其他规格的钢材;有氯酸钾、柴油、润滑油、油漆等化工原料及猎枪弹、各种木螺丝等制品;还有锉刀、锯条、各种钻头、砂轮等工具;二是通过各种渠道汇集了大批技术人员和生产技术骨干,这些人分别来自京、津、保定和冀中各县城的工厂,如北京永增铁工厂、天津德利兴铁工厂、保定育德翻砂厂、高阳新明铁工厂的工人和东北沈阳兵工厂、南京金陵兵工厂、山西太原兵工厂的工人,以及民间打铁匠、小炉匠、旋木匠、爆竹匠、皮匠等手工作业者。

1938年11月,日军对冀中开始进行疯狂的扫荡,修械所被迫转移。此时,所长刘国桢调走,高志杰、赵连壁分别担任正、副所长。12月末修械所离开驻地开始反扫荡,1939年2月转移到平汉铁路西,1939年4月划归晋察冀军区工业部。

由于冀中距离冀西山区较远,隔有平汉铁路,而且铁路两侧有日军控制的3米多深的沟壑,给冀中的军火供应带来很大困难。1939年秋,冀中军区决定派供给部军械科科长田呈祥在冀中地区重新建所,发展军工生产。

重建的修械所含有大官亭修械所移交工业部之前留下的一个

20余人的随军修械组;另外还有未转移到平汉铁路西的原大官亭修械所炮弹科的大部分工人及炮弹科科长陈子修在任丘县黄庄组织的一个有120名工人、8英尺车床1台的修械所。他们构成了冀中军事工业发展的基础力量。

重新组建的修械所称修械总所由3部分组成:第一修械分所在饶阳县徐庄,所长霍景中(原大官亭修械所材料科科长),有职工140余人,主要铸造手榴弹、82毫米迫击炮弹壳和总装手榴弹、地雷;第二修械分所建在蠡县七器村,其以任丘县黄庄的修械所为基础,所长陈子修,主要生产82毫米迫击炮弹;修械总所和修械股设在饶阳县河头村,所长田呈祥,有干部、工人80余人。

1940年春,冀中修械总所及所属两个分所迁至易县八亩台村,合编为一个修械所,霍景中任所长,有职工约200人。1941年10月,修械所又一分为二:一是冀中供给部9连,驻八亩台,所长李景田,有职工100余人,修理枪械、制造掷弹筒;二是冀中供给部10连,驻木兰沟,所长任涛,有职工100余人,生产硫酸、硝酸、雷汞。1942年日军再次对冀中地区进行"大扫荡",冀中主力部队撤离冀中地区。12月底冀中供给部9连并入晋绥军区,10连并入晋察冀军区工业部。

晋察冀根据地的军事工业起步早,发展快,逐步形成了一个独立自主、系统完整的兵工生产体系,为彻底战胜日寇做出了巨大贡献。当时这些成果代表了晋察冀根据地甚至八路军军事工业的最高水平,在中国兵工史上具有里程碑意义。

吕梁山高 蔚汾水长
——晋绥军区军事工业

□ 更云

1937 年 7 月，抗日战争全面爆发后，八路军 120 师在贺龙等人的领导下东渡黄河，挺进抗日前线，进入晋西北管涔山脉（汾水河源于管涔山麓）及吕梁山脉北部地区，开辟了晋绥抗日根据地。晋绥抗日根据地军民多次粉碎日伪军的扫荡，坚决反击了阎锡山武装的反共事变，在陕甘宁边区竖起一道难以逾越的屏障，保卫了延安和党中央，并确保党中央与敌后各根据地的联系。同时，根据地的军事工业也得到了巩固和发展——

晋绥抗日根据地的前身是八路军 120 师挺进山西后创建的晋西北抗日根据地。120 师于 1940 年 11 月 7 日奉命成立晋西北军区，贺龙任司令员，关向应任政委，周士第任参谋长，甘泗淇任政治部主任。该军区组建有供给部、卫生部等后勤保障管理机关，其中供给部负责军区的武器弹药以及其他军用物资的协调工作，陈希云任供给部部长。1941 年成立后勤部（下辖供给部、卫生部），陈希云改任后勤部部长。1942 年 5 月，陕甘宁晋绥联防军成立，贺龙任联防军司令员，关向应任政委，晋西北军区改由陕甘宁晋绥联防军管辖。1942 年 10 月，晋西北军区改称晋绥军区，主要领导的任职不变。1944 年 10 月，晋绥军区后勤部工业部成立，王逢原任部长兼政委，蒋崇璟、杨开林任副部长。1945 年王逢原奉命调东北工作，蒋崇璟接任晋绥军区后勤部工业部部长。1948 年 2 月 6 日，陕甘宁晋绥联防军改称陕甘宁晋绥联防军区。1949 年 2 月 1 日，陕甘宁晋绥联防军区整编为西北军区，后勤部工业部改称西北军区后勤部兵工部，蒋崇璟任部长，杨开林任副部长。至此，晋绥军区结束了其光荣的历史使命。

晋绥军区的军事工业主要是在原 120 师修械所的基础上发展起来的。1944 年 10 月，晋绥军区后勤部工业部成立后，主要组建了 4 个兵工厂；至 1947 年 12 月，发展成 9 个兵工厂。至 1948 年 6 月，又增加 5 个兵工厂，全军区的兵工厂增加到 14 个（资料来源：解放军档案馆 24 宗 1947 年 28 卷 2 号）。

120 师修械所

起初，120 师修械所是随军修械，活动在晋西北一带。1938 年 12 月，120 师奉命挺进冀中平原，开展游击战，修械所除留部分人员在晋西北外，大部分人员在所长杨开林的率领下随军在河北省阜平、灵丘一带修理枪械。

1939 年 12 月，国民党掀起第一次反共高潮，发动了"十二月事变"，阎锡山部在晋西北与日军遥相呼应，向八路军发动疯狂进攻。为了回击敌人的挑衅，120 师奉命于 1940 年 2 月 8 日返回晋西北，粉碎了敌人的进攻，赶走赵承绶的部队，建立了晋西北民主政权。修械所也随军返回，主要任务是修理和仿制枪械。职工们用铁轨作原料，用炉火和大锤打锻成零部件毛坯，用人工钻枪管孔并加工出膛线，并于 1939 年 8 月成功仿制出 2 挺哈其开斯机枪。

120 师部旧址

工卫旅修械所

1938 年 4 月，山西青年抗敌决死队工人武装自卫旅修械所（简称工卫旅修械所）在山西省静乐县米峪镇成立。建所时只有 4 人，逐渐发展到 145 人，拥有 6 部机器。郭耀卿、任学坎先后任所长。为了适应战争形势的变化，该所 4 次搬迁，先后迁到交城县吴家沟、静乐县圪徐沟、保德县扒楼沟等地，"十二月事变"后，奉命迁到牸牛沟与 120 师修械所合并。

工卫旅修械所的主要任务是修理枪械和制造手榴弹。修械所里

晋西北军区后勤部修械厂制造的手榴弹（现存于北京卢沟桥附近的中国人民抗日战争纪念馆）

图为"四六式"步枪的枪身铭文

有一批从太原兵工厂来的能工巧匠，他们以铁轨为原料，所用工具大部分自己制造。1939 年 7 月，该所仿制出 7 支中正式 7.9 毫米步枪，加装折叠式三棱刺刀。1940 年，为庆贺 120 师师长贺龙 46 岁诞辰，该枪取名为"四六式"步枪。

牸牛沟修械厂

1940 年 5 月，根据贺龙的指示，120 师修械所与工卫旅修械所合并，人员与机器设备集中到陕西省葭县（今佳县）牸牛沟，扩建成 120 师修械厂（因地名亦称牸牛沟修械厂）。同年 5 月 1 日为建厂纪念日，标志着晋绥根据地第一座兵工厂由此诞生。120 师修械厂后称晋西北军区后勤部修械厂、晋绥军区后勤部修械厂、晋绥军区工业部一厂。

120 师修械厂成立后，杨开林任厂长，有职工约 200 人，工厂下设工程科、总务科。工程科分管机工股、铁工股、钳工股、木工股、材料股、炸弹股、检验股。总务科分管总务股、管理股、财务股和运输队。

修械厂起初只有 6 部机器和 2 台动力

设备。此后，八路军从敌人手中缴获了16部机器送给修械厂，另外还有中央军委军工局一厂和修械厂自己制造的机器设备。1944年，各种机器设备达到45部。

修械厂所用的原材料来源多种多样。钢——晋绥边区原存旧钢一部分，其余主要是派工人及动员群众随部队破坏铁路，搬回铁轨，用以制造锉刀、机器和枪械的零件等；铁——修械厂购买群众炼的一些熟铁，并在群众中收购一些废旧铁；煤——生活用煤来自清涧、瓦窑堡，生产用煤主要靠晋绥边区3个煤井提供，煤井年产6500吨，足以保证工厂使用；火硝——由晋绥边区政府发动群众提炼土硝；硫磺——

晋绥边区革命纪念馆位于山西省兴县蔡家崖村，地处晋西高原，吕梁山西麓，蔚汾河北岸。抗日战争和解放战争时期，该地曾是晋绥军区司令部及晋绥政府所在地

部队攻占太原双交镇硫磺厂时，缴获硫磺85吨。

抗日战争时期，手榴弹是杀敌的有效武器。为了发展手榴弹的生产，1940年10月，后勤部决定以位于葭县李家坪的工卫旅炸弹厂为基础，将修械厂的炸弹股并入，建成炸弹厂，作为修械厂的分厂。该分厂建筑面积1200平方米，设有锻工房、机工房、铸工房、仓库、检验室等，由陈亚藩兼任分厂厂长。修械厂与分厂的分工是：修械厂负责生产掷弹筒、掷榴弹、步枪、机枪和机器等；分厂负责生产手榴弹、地雷，并负责翻砂等。

1940～1944年，修械厂与分厂共生产手榴弹245051枚、地雷7768个、掷弹筒563门、掷榴弹85177发、步枪272支、机枪20挺，有力支援了前线部队的军火供应。

掷弹筒的制造在晋绥边区的军工生产中是一件大事。1941年，修械厂根据前线战士的反映，认为日造50毫米掷弹筒体积小、质量轻、威力大，操作和携带方便，决定仿制，于年内仿制成功且成批生产。1944年3～4月，温承鼎和吴奎龙在此基础上进行改进，将手拉式发火机构改为按钮式发火机构，减少了发射时的摆动，同时还增设了一个简易瞄准器（也叫分度表）。这两项改进，提高了掷弹筒的射击精度，使命中率达到94%，此外还提高了射速，增强了战斗力。这种掷弹筒经过实战检验，深受部队指战员的欢迎。修械厂根据晋绥军区司令员吕正操"谁发明的，就用谁的名字命名"的指示，决定用他们两人名字的最后一个字，取名为"鼎龙式"掷弹筒。

1944年10月，晋绥军区后勤部工业部在牸牛沟成立。修械厂改编为工业部一厂，工业部副部长杨开林兼任厂长，1945年6月，

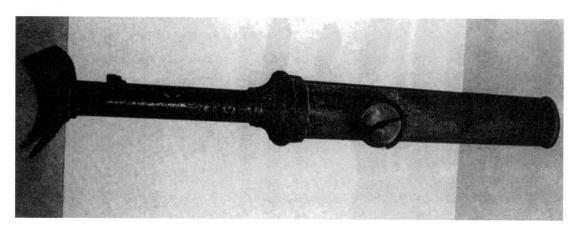

图为"鼎龙式"掷弹筒

1937年10月18日，八路军第120师在山西雁门关以南伏击日军运输队，毙伤日军300余人。图为第120师领导人在晋西北前线观察地形（右起：贺龙、周士第、关向应、甘泗淇）。

The 12th Division of the Eighth Route Army ambushed Japanese troops south of Yanmenguan, Shanxi Province in October 1937. This picture shows that the commanders of the 120th Division at the northwestern front line in Shanxi.

1937年10月、八路军第120师団は山西省雁門関以南で日本軍に待ち伏せ攻撃を仕掛けた。写真は山西省北西部の前線に臨んだ第120師団の指導者。

1937年10月19日，图为阳明堡一角。

In October 1937, the Eighth Roc of the Yangmingpu Airport.

1937年10月、八路军は山西省

八路军120师领导人在晋西北前线观察地形，自右至左：师长贺龙、参谋长周士第、政委关向应、政治部主任甘泗淇

梁松方接任厂长，主要生产掷弹筒、掷榴弹和机器。1945年9月间，中央军委发出《关于加强炮兵建设的指示》，晋绥军区后勤部工业部决定将李家坪分厂扩建为炮弹厂，编为工业部二厂。

1944年底，温承鼎和武元章、刘万祥等人开始研究试制半自动步枪。他们用废枪管制出采用导气式原理的样枪，即在枪的右侧增加活塞杆、活塞筒等部件，活塞杆与拉机柄根部相连。为了防止发射时枪口跳动，他们又在枪口增设了一个防跳器。经实弹射击，该样枪达到了实战的要求。1946年7月21日，晋绥军区政委关向应在延安病逝，该厂职工为表达对他的怀念，决定将仿制成功的步枪命名为"向应式"半自动步枪。

该厂不仅积极研制新产品，还注重改进原有的生产机器及工具，陕吉泰和张学志两人研制出的一部切爆发管机，提高了工效13.5倍，范明瑞创造的铣火帽的改锥槽刀等工具，不仅节省了原料，而且节省了时间；武斌创造的铣引信丝扣机，工作效率比过去提高了1.5倍；田佩闵创造的分盘机，可以铣任何齿轮；李成其研制出划火帽保险套；李焕创造的引信重锤划钻，节省人工1.5倍；赵举进在刀架压板上改进刀具，既节约了时间，又提高了产品质量；张六义利用废弹尾翼改造成一个铣火帽改锥槽的铣刀，等等。这些发明创造充分显示了工人们的聪明才智。1944～1947年，工业部一厂共生产掷弹筒755门，掷榴弹120478发，半自动步枪9支，各种机器42部。

1947年3月，胡宗南军进攻陕甘宁

"向应式"半自动步枪采用导气式原理，在步枪的右侧增设有活塞杆、活塞筒等部件，活塞杆与拉机柄相连（该枪现存于中国人民革命军事博物馆）

边区，危及晋绥根据地后方的安全。为保护军工生产力量，一厂、二厂迁至黄河以东重新建厂。

晋绥火药厂

晋绥火药厂又称晋绥军区工业部四厂，成立于1945年3月，是一个主要生产火药、炸药、火工品和总装炮弹、手榴弹以及复装枪弹的工厂。

抗日战争进入反攻阶段后，弹药的需求量大增，特别是需要爆破敌人碉堡和攻城用的炸药。为此，晋绥军区后勤部工业部决定成立生产火药的工厂，编为工业部四厂。

建设火药厂首先要学习工艺生产技术，调集人员。当时，职工们不知道用什么工艺及设备制造炸药。1944年8月，蒋崇璟奉晋绥军区司令员吕正操之命，带领寇润圻、康百川等人到晋察冀军区工业部，用了3个月时间学习制酸、硝化、配药的工艺、技术、设备制造及炸药配方，并带回4名制酸和硝化工人。

工厂筹备初期，从工业部一厂和二厂调配了修理组的干部和工人；从学校和地方调配和招收了学生和青年徒工共156人。厂内实行厂长负责制，冯直任厂长，周明

任副厂长，下设生产股、总务股、修理股、一股（制酸）、二股（硝化配药）、三股（皮革）。厂址选在陕西省葭县李家坪。由于建厂初期资金少，无原料，地方政府和人民群众给予了很多支持，由当地工匠打石头，职工当小工，将砖、瓦、木料从几千米以外的地方背回来，建起了硫酸厂房、危险品工房和仓库。

生产炸药从原料提纯、制酸、做酒精、提炼甘油、硝化，到最终产品等全过程都是在四厂完成的。在生产中，制造硫酸的工艺是中心环节，铅室法（制造硫酸的工业生产方法之一，因以铅制的方形空室为主要设备而得名）在当时的条件下是不可能的。于是，四厂采取了以陶瓷代替铅室生产硫酸的方法。

在机器设备及测量工具方面，一厂和二厂调给四厂几台小型皮带车床和简单工具，所用动力是从前方缴获敌人的汽车头，以木炭瓦斯发生器开动的。另外，还在敌占区购买到制酸和硝化用的波美表、温度计以及化验用的器皿和药品，成立了一个能做定性定量实验的分析室。

四厂在创业阶段突破了两项重要技术难关，即制造硫酸和硝化技术。硫酸是生产火炸药的基础，它的主要原料硫磺矿是发动群众开采并向群众收购的，可以直接投入焚烧炉，产生二氧化硫气体，与催化剂二氧化氮混合进入陶瓷塔，经反应生成三氧化硫，再与水蒸汽化合生成稀硫酸，最后经陶瓷坩锅蒸浓，成为浓硫酸。有了硫酸，就可以把它与硝酸钠或硝酸钾反应，生成硝酸。硝化工作是1945年9月开始的。1946年6月，四厂以收购的卫生球为原料，经过粉碎硝化，生产出了黄色炸药，即硝基萘炸药。这两项技术难关的突破为工业部生产火炸药奠定了基础。

四厂利用瓷盆法生产出硝化甘油，配制出以硝酸钾吸收硝化甘油为主要成份的炸药，装入手榴弹后，有效破片达80～100片。以后，用硝化甘油和硝基萘按不同比例配成炸药，分别装在手榴弹、

1948 年 11 月 7 日，为纪念在战争年代奋不顾身、忘我工作、不幸牺牲的兵工烈士们，西北军工烈士塔在山西省临县林家坪落成。毛泽东、贺龙等老一辈无产阶级革命家为该塔题词。毛泽东的题词为："为人民而死，虽死犹荣！"。贺龙的题词见图片右侧

82 毫米迫击炮弹、地雷等内部，都达到了部队的使用要求，从根本上解决了弹药威力不足的问题。

四厂的生产、工作、生活条件极其艰苦，但职工们却奋不顾身、日以继夜地工作，保证了产品的质量和生产任务的完成，为抗日战争和革命胜利谱写了许多可歌可泣的壮丽诗篇。

1946 年第二季度，工业部二厂组划归四厂，主要是扩充完成股，设在山西省临县碛口镇，负责手榴弹、炮弹及引信的总装任务。李家坪时期，四厂共生产炸药 45 吨多，发射药 250 千克，复装枪弹50367 发。

1947 年 3 月，国民党军队重点进攻陕甘宁边区，四厂迁至黄河东岸的山西省林县薛家圪台村，并以此为主要厂址。此处距碛口镇和招贤镇较近，距工业部和二厂只有几千米；完成股迁到距薛家圪台村约2 千米的中庄；制造肥皂及黄磷的生产部分位于距薛家圪台 1 千米的郝家塔村。为了及时为前方供应弹药，四厂留下一部分人在李家坪坚持生产。

为了扩大产量并进一步提高产品质量，职工们在建设新厂时，研究并采取了许多改进措施。他们自办磁窑，改进陶瓷选料，采取加压成形措施，改进装窑方式，提高炉温，以减少陶瓷的杂质和提高质量；加大硫酸反应塔的容积和增加塔数，即两套装置共28塔、每天可产硫酸2吨，每月最大产量可达50吨，稀硫酸浓缩设备为蒸发皿式4排，每排34个，每天可得浓硫酸500千克；还改进了反应效率和通风效果；建成酒精蒸馏塔，增加动力设备和锅炉，安装发电机，用上了电，挖了山洞，可以在洞内近似恒温的环境中储存和净化硝化甘油；加强化验能力，建立了定期定量分析制度和产品质量检验制度等。新厂于1947年8月全面开工，各项生产及发电都是一次投产成功，达到了预期的生产效果。

1947年8月，薛家垢台新厂址开工以后，李家坪的人员和设备搬迁到新厂址，到10月全厂共有职工575名。此时该厂的内部组织机构有所调整，成立了厂党委，由厂长冯直兼任书记，由陕甘宁边区军工局调来陈希文任副厂长。厂内新增设了工艺股和总务股。一股的任务是制酸；二股的任务是制造酒精、乙醚、甘油、雷汞、雷管、导火索、底火壳、发射药、炸药；三股的任务是制皮件；修理股的任务是动力供应、自制设备和修理、复装枪弹、制造电池；完成股的任务是总装手榴弹、掷榴弹、75毫米及82毫米迫击炮弹、75毫米山炮弹；肥皂股的任务是制造肥皂和黄磷；陶瓷股的任务是制造陶瓷、玻璃。

1947年9月，陕甘宁边区紫芳沟化学厂的机器工具、原材料、成品、半成品以及化验药品、化验仪器等共592种并入四厂，工业部一厂又帮助造了打浆机、胶化机、碾片机、切药机等。有了这些设备，1947年10月，四厂开始研制发射药，为了节约原材料，充分利用收集来的轧制棉花后剩下的棉籽绒，成功地生产出单基药和双基药，月产量350千克左右。从此，晋绥边区有了自己生产的发射药。

薛家垢台时期，该厂生产各种炸药9.145吨，发射药9.25吨，炮鞍528副，枪炮衣7341件，这些产品为解放战争的胜利作出了重要贡献。

1949年8～11月，四厂与九厂职工一起编为第四职工大队，寇润圻任大队长，裴亚东任政治协理员，除年龄太小的徒工由地方安排外，全部职工奉命奔赴西北，接受新的任务。

解放战争时期的晋绥兵工厂

1947年3月，国民党进犯延安，中共中央为了保存和发展军工生产，将陕北的兵工厂全部转移到黄河以东的临县、兴县、离石等地。同年4月，在山西省兴县车家庄建立机械厂，称为工业部一厂。在兴县张家沟建立二厂，生产迫击炮弹。同年，宁武县馒头山炮弹厂初步建成，称工业部三厂，厂长郝继唐。四厂由陕西省佳县李家坪迁至山西省临县薛家垢台，继续生产火炸药。1947年5月1日，六厂在兴县城关镇后发达村建成发电。1947年7月，在山西省临县招贤镇水源村建成七厂，主要任务是炼铁、炼铜和提锌，黄沙任厂长。1947年9月，在山西省离石县柳林镇（今柳林县）锄沟村成立八厂，生产手榴弹。1947年9月，陕甘宁工艺实习三厂迁至临县后编为晋绥十厂，生产手榴弹、迫击炮弹。1948年5月，九厂在山西省临县中庄成立，总装手榴弹、75毫米山炮弹、75毫米及82毫米迫击炮弹。十一厂在山西省河津县固镇成立，生产手榴弹。十二厂在山西省方山县关帝山和糜家塔成立。陕西省延长石油厂改称工业部十三厂。工业部五厂、十四厂的成立时间、地址及生产的产品未查到有关资料记载。

齐鲁大地 烽火连天
——山东根据地的军事工业

□ 更云

　　1937 年 10 月，日军侵入山东。在共产党的领导下，山东各地的抗日武装起义风起云涌。罗荣桓率领八路军 115 师主力一部挺进山东，与地方武装并肩作战，建立和发展了鲁西、鲁中、胶东、清河等抗日根据地。这些抗日根据地的军事工业在抗日烽火中不断成长壮大，不仅为消灭日寇做出了巨大贡献，也为解放战争的胜利建立了不朽功勋——

　　1937 年冬，山东省党的地方组织先后在鲁中徂徕山、胶东天福山、清河黑铁山等 10 多个地区发动抗日武装起义，组建了许多抗日武装部队。到 1938 年秋，中共山东分局将称谓繁杂的抗日武装部队整编为八路军山东纵队，下设 9 个支队。同时，为使山东成为八路军在华北的重要战略基地和联系华中新四军的战略枢纽，中共中央于 1939 年 3 月委派罗荣桓等人率八路军 115 师师部及第 343 旅 686 团进入鲁西地区，先后在樊坝、陆房、古梁山泊等地重创日伪军，逐步在山东建立和发展了冀鲁边、湖西、鲁西、鲁中、胶东、清河等抗日根据地。

　　罗荣桓领导山东抗日军民，采用他提出的"敌人打过来，我们就打过去"的"翻边战术"，多次挫败日伪军的扫荡。到抗日战争胜利时，罗荣桓麾下已经拥有 27 万正规军，是中国共产党在全国最强大的军事集团，毛泽东曾赞誉"换上一个罗荣桓，山东全局的棋就下活了"。

　　在山东根据地建立及发展过程中，山东军民在鲁西、鲁中、鲁南、胶东、清河、

共和国十大元帅之——罗荣桓

七律·吊罗荣桓同志

记得当年草上飞，

红军队里每相违。

长征不是难堪日，

战锦方为大问题。

斥鷃每闻欺大鸟，

昆鸡长笑老鹰非。

君今不幸离人世，

国有疑难可问谁？

　　这是毛泽东所作唯一悼念元帅的吊唁诗。1963 年 12 月 16 日，罗荣桓在北京不幸逝世。当噩耗传来时，中共中央政治局常委正在开会，毛泽东带头起立默哀。会议结束后，毛泽东亲自到医院向罗荣桓遗体告别。在随后的几天里，毛泽东怀着沉重的心情写下此诗。

图中左下方的大刀为 1937 年 12 月天福山武装起义时，起义人员使用的武器之一；图中右侧的土枪、匕首、梭镖是 1938 年 1 月徂徕山武装起义时，起义人员使用的武器，这些武器均陈列在中国人民革命军事博物馆内

滨海、渤海等地区成立了许多随军修械所及兵工厂。

鲁西金山兵工厂

金山兵工厂的前身是八路军 115 师独立旅供给部在鲁西根据地成立的金山修械所。1939 年 7 月，115 师成立独立旅，该旅设有供给部，供给部于 1939 年冬在鲁西东平湖西畔大金山村、小金山村（今戴庙乡东金山村、西金山村）创建金山修械所。1940 年 8 月，鲁西军区成立时，金山修械所与冀鲁边区随军修械所合并，组成金山兵工厂。

金山兵工厂初建时期，下设修械所、机器排、迫击炮弹装配班、复装子弹班、刺刀班、翻砂制造手榴弹班。兵工厂分布在 3 个村的群众家里，修械所驻大金山村，

机器排驻郭楼（今属银山镇），其他单位驻小金山村。

该厂主要任务是修理枪支，复装枪弹，制造手榴弹和刺刀。初期，工厂使用沿湖一带农民扫盐土熬制小盐过程中附带产生的芒硝、青麻杆灰配制火药（旧时老百姓吃不起大盐，便自制小盐吃。自制小盐的过程称为"扫盐土"，盐土就是盐碱地或土屋老墙根处晒起的白色"粉末"。盐土淋晒、熬制成盐时，也产生芒硝）。

1940 年初，开始生产地雷、枪榴弹，每月分别生产 300 多枚。同年秋，试制成功 82 毫米迫击炮弹，月产 60 多发。

1941 年 7 月，为打通鲁西根据地与冀鲁豫根据地的联系，鲁西军区与冀鲁豫军区合并，组成新的冀鲁豫军区，金山兵工厂随即西迁到河南省范县根据地，此时工厂分为炸弹所、修械所、电料所 3 部分。

1942 年春，该厂开始试制九二式 70 毫米步兵炮弹，11 月试制成功。1944 年夏，经反复试验，成功制出雷汞，为大批生产 60 毫米、82 毫米迫击炮弹和九二式 70 毫米步兵炮弹提供了原料。

1944 年，根据抗日形势和军事上的需要，上级决定将修械所一分为二，成立炮弹所，赵慕三任所长。同年，炮弹所试制成功 75 毫米山炮弹。

胶东第一兵工厂

胶东第一兵工厂的前身是山东抗日救国军第3军第3大队于1938年4月在山东黄县（今龙口市）圈杨家村筹办的兵工厂，因地名亦称圈杨家兵工厂。

1937年12月，中共胶东特委发动文登县天福山抗日武装起义，成立山东人民抗日救国军第3军。1938年4月，第3军西进到蓬莱、黄县、掖县（今莱州市）地区，与鲁东抗日游击队第7、8支队和胶东抗日游击队第3支队一起，创建了莱黄掖抗日根据地，并开始筹办兵工厂。

起初，厂址选在黄县县城内，后改在黄县南部山区文基镇的圈杨家村，因为这里比黄县县城要隐蔽、安全。周吉隆任厂长。第3大队队长范心然向私人借了500元法币做流动基金，并向私营工厂借用26部机床等设备，同时还没收了一批敌伪财产。1938年5月，第3军军部修械所和第3军2路部队的修械所并入圈杨家兵工厂。到同年秋天，工厂已发展到500多人。由于人员增加，8月，工厂在附近的下院村设分厂，称为南厂，原圈杨家兵工厂称为北厂。

1939年1月，伪军在日军飞机配合下，疯狂进攻蓬黄掖抗日根据地，工厂奉命迁至平度县涧里村，部分设备和人员散失，人员减至200余人。7月，圈杨家兵工厂改名为山东纵队5支队第一兵工厂，亦称胶东第一兵工厂。8月，工厂迁至隆疃（也称老庙后）。10月，又迁至蓬莱县黄泥沟。11月，在栖霞县北路家沟村成立的蓬黄战区指挥部兵器厂并入该厂。

1941年12月，工厂遭敌人3次袭击，厂房烧毁，人员和机器被迫迁至栖霞县沙家村、夼（gǎ）玉庄、杨家一带。此时5支队第五兵工厂并入，全厂职工又增至500人。从这时起至1944年，该厂主要复装枪弹，修造枪械，生产手榴弹、地雷、81毫米迫击炮及其配用的炮弹、掷弹筒和掷榴弹、75毫米炮弹等。兵工厂曾仿制出汉阳造7.9毫米步枪。1941年4月仿制成功2挺捷克式机枪。1942年开始试制仿捷克式机枪，1943年月产量5～6挺。

工厂从1943年开始研究试制掷弹筒和掷榴弹。掷弹筒和掷榴弹试验成功后，在1944年11月长沙铺战斗中试射了200发，随后，工厂针对存在的问题进行改进，开始大批量生产。长沙铺战斗后，工厂迁至乳山县眉豆夼、稍村、地口一带，主要任务是生产掷弹筒

山东纵队第一兵工厂旧址之一——位于山东省沂源县的织女洞，现已成为著名的牛郎织女风景区

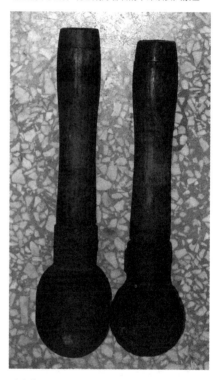

胶东第一兵工厂生产的采用木质后盖的手榴弹

和掷榴弹。1944年12月，胶东军区后勤部召开生产会议，决定以生产弹药为主，要求提高高级炸药的生产能力，加强专业化生产和科学分工，并对胶东各兵工厂进行调整，将胶东第一兵工厂的子弹部并入胶东第三兵工厂，第三兵工厂机工部并入第一兵工厂。调整后的第一兵工厂专门生产掷弹筒和掷榴弹，并将厂属3个部改为掷弹筒和掷榴弹两个部。

到 1947 年，在支援孟良崮战役中，全厂职工 7 天 7 夜不休息，突击生产，支援前线，月产掷榴弹 36507 发。1948 年全年生产掷弹筒 2553 门，掷榴弹 504780 发。1949 年全年生产掷榴弹 506770 发。这时胶东第一兵工厂职工达 886 人，机器设备达 170 多台。

该厂在生产武器产品时进行了许多创新和改进，提高了产品质量和生产效率。

手榴弹的革新 最初的手榴弹爆炸破片只有 5 ~ 6 片，经过多次试验改进，破片大幅增加，提高了杀伤力。为解决出手早炸的问题，1942 年冬，孙宪义等人研究出在拉火管周围用棉花蘸上蜂蜡塞紧的方法，解决了拉火帽发火后火焰从木柄与壳体接缝处泄出引爆的问题。改进后，未再出现出手早炸事故。

复装枪弹的革新 为了复装枪弹，由孔宪义等人试制出模具；于鸿春等人设计并制出各种压力机 10 多台；无烟药是用旧电影片或照相胶卷脱胶制成的。

地雷的改进 1942 年，为了提高地雷在运输和布雷过程中的安全性，采用将地雷拉火装置装在一个木塞内，木塞插入雷体的分装方式。在埋设地雷时，再将拉火装置放入雷体内。地雷的引爆方式也在不断创新，先是生产电引火雷，采用电灯泡钨丝为发火头，后因钨丝、电线、电池缺乏，逐步研制出拉火雷和绊线雷。

掷弹筒和掷榴弹的革新 1944 年长沙铺战斗后，根据战斗实践，将掷榴弹延期药柱的燃烧时间由 7.5 秒延长到 8.5 秒，解决了在最大射程出现空炸、早爆问题。刘凤山等人改进了钻掷弹筒泄气孔的工具，由一次钻 1 个孔改为一次钻 6 个孔。他们

还改进了车引信管的专用工具，由每班车 30 个，提高到每班车 800 个。另外，还解决了掷弹筒淬火的难关。

迫击炮及其炮弹的研制 起初，迫击炮的炮筒由玲珑金矿的旧机器大轴加工而成。第一门迫击炮打靶试验成功后就开始生产，1938 年下半年每月生产 2 ~ 5 门。1942 年，为了保证炮弹的运输安全，每个炮弹配有一个无撞针的安全帽和一个有撞针的撞针帽，运输时安装上安全帽，发射时再换上撞针帽。

1949 年 7 月，根据中央减产会议精神，该厂部分人员和设备转入烟台机床附件厂，其余转入徐州兵工三厂。至此，胶东第一兵工厂建制撤销。

胶东第二兵工厂

1938 年 12 月，山东抗日救国军第 3 军和胶东抗日游击队第 3 支队合编为山东纵队第 5 支队。1939 年 7 月，第 5 支队在掖县李家庄、连儿夼一带组建胶东第二兵工厂，又称八路军山东纵队第 5 支队兵工厂。1941 年 2 月，该厂奉命迁驻栖霞西部喇叭沟，1942 年初迁到牙山腹地，牙山抗日根据地军民习惯称其为牙山兵工厂。

1942 年初，该厂有职工 200 余人，各种机器设备车床 18 部，这些机械设备大多是缴获国民党蔡晋康部队的。工厂除生产地雷、手榴弹、枪弹外，还制造 82 毫米迫击炮及其配用的炮弹、75 毫米山炮炮弹。

1944 年，胶东的日军依仗坚固的碉堡、工事垂死挣扎。为解决八路军的攻坚武器问题，时任胶东军区司令员的许世友向军区各兵工厂发出了研制平射炮（平射炮是当时对弹道低伸火炮的统称）的命令。该厂于同年 6 月开始研制平射炮，但当时可供参考的只有从画报上剪下来的一张平射炮图片，以及从敌人手里缴获的十几发八八式穿甲炮弹。

造炮时没有炮筒钢材，就用拆城隍庙时留下的一根钢柱；搞不到用于减小后坐力的弹簧，就用汽车弹簧来代替；车床长度不够，就加长中心支架进行加工；没有大型冲压机，就用车床加工铸钢制造炮弹壳；炮弹头用内挖外车的方法加工，弹头前部的引信造出了瞬发和延发两种。全厂职工经过 3 个月的昼夜奋战，第一门平射炮和十几发炮弹试制成功。

1944 年 8 月中旬，胶东军区司令部决定，调这门炮参加拔除水

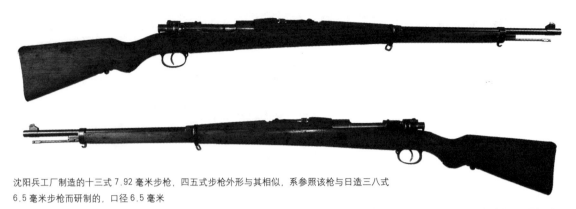

沈阳兵工厂制造的十三式 7.92 毫米步枪，四五式步枪外形与其相似，系参照该枪与日造三八式 6.5 毫米步枪而研制的，口径 6.5 毫米

"四五式"步枪枪机与机匣特写，机匣上方刻有五角星及四五式铭文

道据点的战斗。

1945 年春，该厂又改进了平射炮的助推器，许世友司令员亲自到广饶县鞠家庄（弹药部驻地）观看改进后的平射炮实弹演习。3 声炮响，3 个目标连连开花，许司令员拍手叫好，并当场将平射炮命名为"牙山炮"。

1945 年春节，八路军攻打国民党投降派赵保原的老巢——万第据点。胶东军区司令部调用"牙山炮"、重型迫击炮等 10 多门，将城墙炸开两三个大口子，城墙上的岗楼也被炸塌。攻城部队迅速冲进突破口，万第据点被攻克。自此，"牙山炮"的威名更加远扬。

胶东第三～第七兵工厂

1941 年 1 月，山东纵队第 5 旅后勤部在昆嵛山辛庄成立第三兵工厂，在栖霞县牙山成立第四兵工厂。9 月，胶东军区东海军分区工业研究室成立。1943 年 7 月，东海军分区工业研究室秦月斋等人从钙皂中成功提取出甘油，先后试制成功硝化棉、硝化甘油、乙醚、丙酮等，年底生产出单基和双基发射药，并投入生产。

1945 年 8 月，胶东军区后勤部成立胶东军区兵工总厂，胶东

立第六、七兵工厂。六厂生产步枪和手榴弹，七厂生产九二式步兵炮和重型迫击炮。

从 1947 年 3 月开始，胶东军区要求六厂生产四五式步枪，4 月即生产出 100 支，1947 年全年共生产了 3188 支。该枪参照沈阳兵工厂制造的十三式 7.92 毫米步枪和日本三八式 6.5 毫米步枪而研制，口径为 6.5 毫米。因是 1945 年研制成功的，故命名为四五式 6.5 毫米步枪。现存于中国人民军事博物馆的四五式步枪有两种款式，一种设有阅兵钩（阅兵钩用于在阅兵时固定枪背带），另一种取消了阅兵钩。

1947 年 5 月，胶东军区兵工总厂改编为胶东军区军工部，仍辖 7 个工厂和一个研究室。同年 9 月，胶东战役开始，胶东军区军工部化学总厂成立，扩大硫酸、硝酸、硝化甘油、硝化棉和炸药的生产。

1948 年 7 月，华东财办工矿部在鲁中博山召开兵工会议，决定设 3 个局。其中第二局由胶东军区军工部所属工厂整编，辖 7 个工厂，局长范心然。

在胶东的地方抗日武装中，也成立有许多兵工厂。如 1938 年 2 月，蓬莱人民抗日武装起义后，在蓬莱南部艾崮山区组建山东人民抗日救国军第 3 军第 2 路部队，2 路部队在大埝子皇姑庵创立"八路兵器厂"，

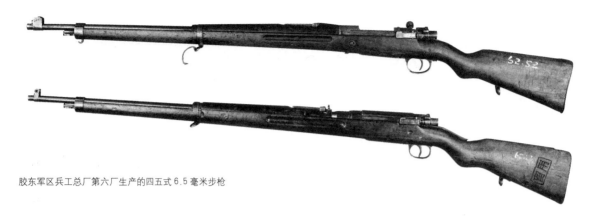

胶东军区兵工总厂第六厂生产的四五式 6.5 毫米步枪

制造地雷、弹药等。1944 年春，海阳县武委会在牛岭山建立海阳兵工厂，职工 80 人。起初主要修理枪械，后来开始制造枪弹、手榴弹、枪榴弹和"单打一"步枪、"土压五"步枪。

山东纵队第一兵工厂

1938 年 1 月，中共山东省委发动在鲁中徂徕山起义，成立八路军山东人民抗日游击队第 4 支队。随后，第 7、第 8 支队和第 5 支队一部分由清河地区和胶东地区进入鲁中地区，山东纵队领导机关也由泰山地区进入鲁中山区。从此，鲁中成为山东抗战的中心地区。

1938 年 7 月，山东抗日游击队第 4 支队修械所在鲁中地区益都县（现青州市）石匣峪成立，该修械所又称石匣峪兵工厂。修械所曾迁往博山县刘家南峪、蒙阴县千人洞、沂源县织女洞。1938 年 12 月，山东纵队成立，山东抗日游击队第 4 支队改编为山东纵队第 4 支队。同时，该支队在织女洞的兵工厂改称山东纵队第一兵工厂，又称山东纵队第 4 支队兵工厂。

该厂主要生产手榴弹、82 毫米迫击炮弹及刺刀，设有机修、翻砂、红炉、弹药装配、木工等生产班组，生产设备有 4 部车床、1 部钻床。为了保卫兵工厂的安全，山东纵队司令部调来 100 多人的回民连担任警卫。

1939 年 6 月，日军"大扫荡"到达兵工厂附近的鲁村，厂领导决定将全厂 100 余人和警卫连分两路转移：第一路向南，由厂长孙世铭带领技工队伍经桐峪、柳枝峪到达胡家庄，分散隐蔽；第二路向东，由政委杨兴忠、指导员郑香山带领回民警卫连向沂山一带转移。当回民连队行至沂水绳庄时，与 1000 多名日本兵遭遇。激战中，杨政委、郑指导员、丁排长和十多名战士壮烈牺牲。

日军"大扫荡"给兵工厂造成巨大损失，加之国民党山东吴化文的部队与八路军摩擦日益加剧，兵工厂在织女洞已无法进行正常生产。山东纵队第一兵工厂随即结束。

山东纵队第二兵工厂

山东纵队第二兵工厂的前身是八路军鲁中抗日游击队第 7、8 支队兵工局，地点在黄县城内城隍庙。局长张善德，指导员何凤鸣。

起初，兵工局只有一些简单的机加工设备，后动员私人铸造厂

山东纵队第一兵工厂旧址之———沂源织女洞外景。洞外的沂河美景如画，势若游龙

厂主李奎星带着柴油机、化铁炉、化铜炉及全套翻砂设备和7名工人参加了兵工局。1938年5月，兵工局转移到掖县郑家庄，职工增至200余人，拥有车床10部，钻床2部，烘炉4座，虎钳50余把，柴油机2部。生产组织比较配套，划分为车工组、烘炉组、修械组、铸工组、木工组、制药组、装配组等。

1938年7月，兵工局向鲁中迁移。在搬迁中，抢修了一批枪支，生产了75毫米炮弹近100发，还制造了许多地雷、手榴弹。同年12月，何凤鸣任局长。1939年1月，兵工局越过胶济路，经益都至临朐，再到沂水县西部桃峪。

1939年2月，兵工局仿制成功捷克式轻机枪，至年底生产出4挺。此后，每月生产2挺，直至1940年3月。

1939年3月，以该兵工局为基础，合并了其他几个支队的兵工局，成立山东纵队第二兵工厂。该厂先后驻沂水县桃峪、公家庄子等地。从这时起直到抗日战争胜利，该厂修理各种枪械、复装和制造枪弹，制造刺刀、地雷、手榴弹、75毫米迫击炮弹等。

1940年初，山东纵队后勤部在山东纵队第二兵工厂基础上成立山东纵队兵工总厂（亦称鲁中兵工总厂），驻沂水县南瓦庄村，辖3个分厂，1个修械所和1个子弹组。4月，一分厂技师曹日岚等人试制出日本歪把子轻机枪。

抗战胜利后，山东纵队兵工总厂进行了较大调整，成为生产手榴弹的专业厂，驻莱芜县苍山观。

1946年冬，国民党李仙洲部进驻莱芜城，工厂迁至蒙阴县贾庄。1947年5月，国民党军进占孟良崮山区，工厂奉命停产备战，并开始向渤海区转移。1949年2月，工厂改编为华东财办第一军工局直属厂。这时职工有400余名，主要任务是为军工局各厂修理车床、制造机器设备及各种工具。1950年1月，该厂划归山东省人民政府工矿部兵工局管辖。

鲁南兵工厂

1939年10月，115师师部及主力686团进入鲁南费县抱犊崮山区，与在枣庄、微山湖地区的鲁南人民抗日义勇队第一总队会师。同时，115师供给部生产社在鲁南费县抱犊崮黄山口村成立，主要任务是修理枪械，复装枪弹，生产手榴弹，缝制军服及枪弹袋。1940年10月，鲁南军区成立，115师供给部生产社与鲁南人民抗日

义勇队第1总队修械所合并，改编为该军区军工科，设有子弹厂和炸弹厂，子弹厂月复装枪弹500～600发，炸弹厂月产手榴弹200多枚。

1945年春，鲁南军区又在费县建立无烟药厂，鲁南各军分区也建有制造手榴弹的兵工厂。1946年10月，鲁南军区后勤部撤销军工科，成立鲁南军区军工部，分设兵工厂有：葛家峪兵工厂，生产手榴弹；大邵庄兵工厂，生产火炸药、枪榴弹及修械；九女山兵工厂，生产地雷、刺刀等。1947年1月19日，华中军区军工部一部与鲁南军区军工部合并，组成新的鲁南军区军工部，设5个厂，共1800人。同年冬，鲁南军区军工部改为鲁南军区后勤部军工处，辖4个工厂。1948年7月，鲁南军区后勤部军工处所属厂整编，归华东财办工矿部第一局管辖。

清河军区后勤部兵工总厂

1938年2月，临淄抗日游击第3大队（后编为山东纵队第3支队10团，隶属清河军区）在临淄县訾家郭村（今淄博市临淄区皇城镇訾李村）建立修械所，又称临淄兵工厂。修械所分红炉、木工、装配、修械4个组。

红炉组将生铁熔化后，倒在沙模里，制造出手榴弹弹体。铸成的弹体表面带有铁刺，工人们就用手拿着弹体在砂石上磨掉铁刺。后来，工人们开动脑筋，在水磨盘的中心孔内穿上木轴，然后将磨盘架起来，用手把摇着转动，做成土砂轮，提高了磨铁刺的工效。

木工组将刀具安装在简易镟床上，将

木料镟成手榴弹木柄，再钻出中心孔，然后装配。

装配组将火药装在弹体内，将导火索装入木柄内，再用一个大型木杠杆进行弹体和木柄的装配。杠杆的一端用人力拉动，另一端往弹体内压入木柄。为了防止装配时出现手榴弹爆炸伤人事故，在装配手榴弹的杠杆端部附近设有一眼水井，旁边一人注目而视。一旦发现手榴弹要爆炸，用木棍将手榴弹立刻打入井内，以免伤人。弹体与木柄装配好后，旋上木柄后盖，制造就完成了。当时每天能造手榴弹100多枚。

1938年夏天，郑家辛庄发现了"韩阎大战"（1930年冯玉祥、阎锡山联合反蒋时，韩复榘部与阎锡山部之间的山东之战）时遗落的50多枚迫击炮弹。上级指示试制迫击炮，修械组群策群力，用水车流水管外套铁箍加固做成炮筒，并想方设法加工出膛线。1938年8月，在10团围歼国民党顽固派陈瑞符部时，该迫击炮显示了巨大威力。

1939年初，修械所成立复装枪弹组。工人们用改制的铁管收缩旧弹壳；用铁片卷起来焊成弹头，再灌上铅；用废电影片子剪碎制成发射药；用雄黄和灰锰氧（高锰酸钾的俗称）制成底火药。

1939年6月，清河根据地遭受日伪军严重破坏。随后，修械所与广饶县琚高、张谈一带的工厂合编为3支队兵工厂，下设手榴弹厂（也制造地雷）、炮弹厂和修械厂，厂长訾梅村。訾梅村等人曾将许多闲置的旧迫击炮弹改制成拉火式地雷。如1938年5月下旬，3大队在淄河店车站至普通车站间，展开铁路"破袭战"。訾梅村改制的地雷发挥了极大威力——掀翻钢轨，炸毁车辆，阻绝了敌人的运输。

清河军区后勤部兵工总厂的工人们正在制造迫击炮弹

1940年9月，3支队改编成山东纵队3旅，兵工总厂隶属3旅领导。1941年春，兵工总厂转移到广饶北部王家岗一带。1942年3月，山东纵队3旅兵工总厂整编为清河军区后勤部兵工总厂，驻博兴县康家坊，1942年秋，转移到垦利县八大组（现地名永安镇）。

1943年夏季，总厂仿制成功捷克式7.9毫米轻机枪、日式50毫米掷弹筒，还自制出82毫米迫击炮并将迫击炮改造成平射炮。自制的手榴弹弹壳上铸有"山纵三旅"字样。该厂还用铁轨制成枪榴弹，战士们用枪榴弹专打敌人碉堡的观察孔。根据实战需要，还将步枪上的片状枪刺改制成锥形枪刺，因锥形枪刺有利于拼杀，受到前线战士的欢迎。

1943年11月，日军对山东清河根据地进行大规模"扫荡"，清河军区后勤部兵工总厂工具、材料损失80%，被迫停产。

其他兵工厂

1942年3月，山东纵队滨海独立军分区成立。山东纵队2旅手榴弹厂改属滨海军分区，除生产手榴弹外，增加地雷和枪榴弹的生产。1943年3月，滨海军区成立。4月，原滨海独立军分区手榴弹厂与115师供给部军工科及所属工厂合并成立滨海军区兵工总厂，隶属军区后勤部。1943年秋，总厂驻莒南县峤山区高家柳沟，职工约1000人，设有机器厂、炮弹厂、炸弹厂和修械所。

1944年1月，山东清河军区与冀鲁边军区合并组成渤海军区。清河军区兵工后勤部总厂所属4个生产部改编为渤海军区后勤部军工科炸弹厂、炮弹厂、子弹厂和铁工厂。

大江南北　热血铸英魂

——新四军军事工业

□ 更云　浑忠民

1937年抗日战争爆发后，国共两党达成协议，于10月将在湘、赣、闽、粤、浙、鄂、豫、皖8省的红军游击队和红军第28军改编为新四军，叶挺任军长，项英任副军长。1941年1月，国民党制造震惊中外的皖南事变，叶挺被扣，项英遇害，新四军6000余名将士壮烈牺牲。皖南事变后，陈毅受命于危难之际，出任新四军代军长，部队整编为7个师和1个独立旅。此后，华中的抗日力量迅速发展，新四军的军事工业也在抗日烽火中不断发展壮大，涌现出吴运铎、秦永祥等一批兵工英模，他们在艰苦环境中利用仅有的条件或自力更生创造条件，研制生产新四军需要的各种武器弹药，在人民兵工史上写下了彪炳千秋的恢弘篇章 ——

图为周恩来（中）与新四军军长叶挺（右）及副军长项英（左）在1939年的合影

新四军初创时期，全军1万多人，只有6千多支枪，弹药奇缺。加之国民党当局对新四军武器弹药的补充采取限制政策，使新四军处于"军装不备，弹药不充，枪械不补"的困难境地。但新四军在华中抗日根据地人民的支持下，从1938年4月创办皖南军部修械所开始起步，其所属部队在江苏、安徽、湖北、河南和浙江等省陆续建立了几十个修械所和兵工厂。到1945年抗日战争胜利时，新四军的兵工人员已达上万人之多，建成了自己独特的军事工业体系。

新四军军事工业的发展历程，可分为皖南军部及所属部队修械所时期、盐城军部军工部时期、各师各旅的军工生产时期及黄花塘会议之后军工生产大发展时期。

皖南军部及所属部队修械所时期

皖南事变之前，新四军创办了近20个修械所和兵工厂，其中主要有皖南军部修械所及一、二、四、五、六支队修械所、江南指挥部修械所、江北指挥部修械所及其修械厂、豫鄂独立游击支队修械所、浙东游击纵队修械所等。

这一时期，新四军修械所和兵工厂共生产手榴弹数千枚、刺刀4000余把、步枪400余支、改装手提式机关枪（旧时对冲锋枪的称谓）4支，还修理了大批枪械。

皖南军部修械所

1938年4月，新四军军部在安徽省歙（音shè）县岩寺上渡桥畔江家祠堂组建军部修械所，史称"皖南新四军修械所"，所长朱遵三（后为李友生），副所长贾冠军，全所约30人。该所在修理枪械的同时，还试造了少量汉阳式步枪。叶挺军长曾多次视察该修械所，赞扬工人们自力更生，克服困难试造步枪的精神，并参加生产劳动。8月，军部机关迁驻安徽省泾县云岭罗里村，修械所也随军部搬到泾县小河口的麻岭坑关圣殿内，人员增加到50多人，以修理枪械、制作刺刀为主。

1938年9月，新四军副军长项英视察军部修械所，要求修械所自力更生修建厂房，坚持生产。随后，该所在麻岭坑兴建了1000余平方米的简易厂房。11月，美国记者史沫特莱在叶挺及其夫人陪同下，参观军部修械所，观看了修械所自制步枪的打靶试验，并进行采访拍照。

1939年2月，周恩来到皖南新四军军部传达中共中央关于向敌后发展的指示，与新四军领导商定新四军的战略方针是"向南巩固、向东作战、向北发展"。同时，在叶挺军长陪同下视察了军部修械所。

1940年12月，为了顾全团结抗日的大局，中共中央决定将皖南新四军调驻长江以北。军部修械所的人员从皖南向苏北转移途中，在江苏省句容县被日军包围，40余人壮烈牺牲，其余人员先后到达盐城县。

1939年11月7日，新四军第1、2支队领导机关合并，成立新四军江南指挥部。陈毅（右）、粟裕（左）分任正副指挥。统一领导第二团、第四团、新三团、新六团、江南人民抗日义勇军、丹阳游击队以及全区的地方武装，共14000余人

位于安徽省泾县小河口的麻岭坑的皖南军部修械所旧址

狸头桥正式成立修械所，焦立德任所长。

一支队修械所

1938年3月，陈毅领导的新四军第一支队以原豫、鄂、皖、赣红军游击队修械所为基础，在安徽省泾县黄村组建修械所，全所15人。4月，该所并入军部修械所。

二支队修械所

1939年5月，军部修械所派焦立德等10余人到张鼎丞、粟裕领导的新四军第二支队筹建修械所。8月，在安徽省宣城县

三支队修械所

张云逸、谭震林领导的新四军第三支队因在皖南事件中损失较大，其建立的修械所档案无记载。

四支队修械所

1938年1月，高敬亭、戴季英领导的新四军第四支队在皖中舒城建立修械所，所长汤跃武，全所10余人。

五支队修械所

1939年8月，罗炳辉领导的新四军第五支队在皖东来安县半

塔集建立修械所，所长王茂林，全所 10 余人。

六支队修械所

1939 年底，彭雪枫领导的新四军第六支队在安徽省涡阳县的白庙、小宋庄先后成立了手榴弹制造所和枪械修理所，李仲麟任手榴弹制造所所长。

江南指挥部修械所

1939 年 11 月，新四军第一、二支队领导机关合并，成立江南指挥部，该部在苏南溧阳水西村建立修械所，二支队修械所并入江南指挥部修械所。1940 年 7 月，江南指挥部迁驻苏中紫石县（今海安县）改为苏北指挥部，其修械所随之改为苏北指挥部修械所。

江北指挥部修械所及其修械厂

1940 年 6 月，江北指挥部在来安县大刘郢建立修械所，所长路德胜，全所 30 余人。8 月，新四军第五支队修械所并入江北指挥部修械所，在江苏省盱眙县杨家洼合编为新四军江北指挥部修械厂，厂长王茂林，指导员李庆林，有 40 余人。12 月，成立江北指挥部后勤总厂，厂长刘叔行，辖修械、被服两厂。

豫鄂独立游击支队修械所

1939 年夏，李先念、陈少敏领导的新四军豫鄂独立游击支队在鄂中丁家冲组建修械所，所长严春山。1940 年秋，独立游击支队扩编为豫鄂挺进纵队，以该修械所为基础建立纵队修械处，共有 50

新四军第 2 师军工厂生产的轻型迫击炮与迫击炮弹

多人。修械处成立不久，纵队司令部决定在平汉路西侧的赵家棚成立后勤部，变修械处为后勤部兵工厂。此时，陈鹏任厂长，全厂有 60～70 人。

浙东游击纵队修械所

1941 年 1 月，苏鲁战区淞沪游击队暂编第三纵队修械组改为修械所。8 月，改为第 3 战区三北游击司令部修械所（"三北"即余姚、慈溪、镇海三县北部地区）。1944 年 1 月，改为新四军浙东游击纵队修械所。

其他修械所

1939 年秋，叶飞领导的江南抗日义勇军在常熟东塘市一带组建修械所。1940 年 10 月，八路军第五纵队（皖南事变后改编为新四军第 3 师）第一支队解放阜宁县东坎镇以后，缴获国民党顽固派 1 个修械所，有近百名工人和一些设备，并以此为基础建立第一支队修械所，田汝孚任所长。

这一时期，新四军的修械所和兵工厂以修理枪械、制造大刀、手榴弹等武器弹药为主。由于军工人员无固定厂房，加之材料短缺，主要用钳子、锉刀、钻头等工具在百姓家中、渔船上以及野外场地进行生产，行军转移时用骡马、毛驴驮上工具材料，到达驻地时修理枪械，所以新四军早期的军事工业被称为"家庭修械所"、"马背修械所"、"水上兵工厂"、"露天兵工厂"。

盐城军部军工部时期

皖南事变以后，新四军军部于 1941 年 1 月底在江苏省盐城县重建，军工部也

1941年重建新四军军部后，陈毅代军长、刘少奇政委与奥地利籍医生罗生特（中）在苏北盐城军部的合影

同时在该县岗门镇成立，史称"盐城军部军工部"。韩振纪任部长，吴师孟、孙象涵任副部长，军工部设立4个科：工务科、材料科、总务科、人事科。军工部下辖7个工厂：1厂为机工厂，2厂为手榴弹厂，3厂为枪弹厂，4厂为铸造厂，5厂为引信底火厂，6厂为木工厂，7厂为修械厂。到1941年7月盐阜根据地反"扫荡"前，军工部所属工厂职工增加到400人左右，每月可生产枪弹2500余发、迫击炮弹60多枚、手榴弹600枚。

军工部成立不久，日本飞机轰炸岗门镇，军工部迁往盐城以东的大佑棉垦三区继续组织生产。驻盐城南洋岸的3师7旅修械所遭日军飞机轰炸后，也迁往大佑棉垦三区，并入军工部。1941年5月，军工部又因日机轰炸迁往盐城西部小阜庄一带。军工部各厂在小阜庄时期生产了大批地雷、手榴弹和82毫米迫击炮弹，并着手铜制弹头的研制工作，专门成立了铜弹头加工车间；工务科增设火药组，火药组在组长马步青的带领下，在配制雷汞、改进黑火药及研制硝化棉等方面，做了大量工作。7月，日伪军17000余人，对以盐城为中心的盐阜根据地发动大规模"扫荡"，军工部所属工厂无法继续集中生产，遂将笨重的机床设备沉入湖塘水底或埋入地下。经过1个月的反"扫荡"后，军工部奉命迁往阜宁西南的小陈集、董家舍一带集结待命。

1941年8月5日，陈毅、刘少奇指示：敌人扫荡后，根据地缩小，工厂不宜集中生产。军工部随后撤销，设备、人员就近分配到1师、2师和1师。各师各旅开始自行开办兵工厂。

军工部从成立到撤销，虽然只有8个月的时间，但其培养了吴运铎、马步青、李仲麟等一批军工技术骨干，这些骨干对以后各师发展军工生产起了重要作用，如研制成功枪榴筒及枪榴弹，用雷汞起爆、装黄色炸药的82毫米迫击炮弹，以及解决枪弹铜制弹头壳的冲制技术等问题。

各师各旅的军工生产时期

军工部撤销后，军工生产由各师各旅独立组织，这是新四军军工事业的一大特色。同时，军工生产由以往的修理为主转为以制造为主，并进入生产和研制相结合的新阶段。

1师军工部

1942年4月，新四军1师在启东县海复镇成立军工部，罗湘涛任部长，后程望任部长。军工部设立工务科、材料科和总务科。生产部门设有修械所、子弹厂和榴弹车间，职工约100人。军工部成立不久，便从海复镇迁往东台县枯树洋。同年9～10月间，日伪军"扫荡"苏中地区，军工部被迫转战兴化、如皋、盐城、阜宁一带，先后在姜家碾米厂、老黄河口大淤尖和苴镇、三乐仓等地进行军工生产。

1943年6月，部队缴获日军一门37毫米平射炮和数十发炮弹壳，师部要求军工部制造弹头，与炮弹壳配装成炮弹。当时没有适合加工弹头的圆钢，就用钢轨经镦粗制造出一部分钢弹头；另外也用铸铁制造出铁弹头。装配成炮弹后，到师部驻地做射击试验，结果这两种弹头都能击穿一砖半厚的砖墙，而钢弹头的杀伤效果比铸铁弹头更好。

在此期间，地方政府在海滩发现一批漂来的日造水雷。军工部派人拆下10多枚水雷的触发装置，共得炸药2000多千克，解决了迫击炮弹炸药储备减少的难题，水雷的内外壳体也为以后自制轻型迫击炮提供了材料。

1943 年 7 月，粟裕指示军工部制造轻型迫击炮，用于摧毁敌人机枪火力点。为了完成这项任务，军工部派张渭清等人去上海，利用吴淞口"宝丰鱼行"的帮会关系采购军工物资，同时利用地下党组织的关系将 300 门迫击炮的炮尾、6 根炮管，在上海一家机器厂秘密加工后运回军工部。张渭清等人在 1942～1944 年共采购钻床、铣床、刨床 20 多台，无缝钢管 330 多米，白口铁管 3300 多米，还先后动员 150 多名技术工人来 1 师军工部工作。由于张渭清等人在上海采办的无缝钢管有两种规格，多数内径为 2 英寸（51 毫米），少数为 2.75 英寸（70 毫米），工厂研究决定生产口径为 52 毫米和73 毫米两种迫击炮。

电视剧《51 号兵站》中"小老大"梁宏的原型即是张渭清

两种迫击炮的口径确定以后，开始制造炮弹。因为当时缺乏 TNT 炸药，只能用自制的黑火药代替，其爆炸威力较小。炮弹的装药量和弹壁厚度，包括发射药量等，均通过试验确定。炮弹和炮的设计图纸出来以后，工厂召开有经验的技术干部和技术工人会议，讨论加工方法和制作刀具、模具、夹具、台架的设想。9 月，所有的

验证试制工作均胜利完成，正式投入生产。

10 月，军工部胜利完成粟裕师长的轻型迫击炮生产任务，共生产 73 毫米迫击炮 70 多门，52 毫米迫击炮 270 多门以及一批炮弹。

工厂在生产上述迫击炮及炮弹的同

新四军第 1 师军工部生产的 73 毫米迫击炮，左 5 为该师军工部部长罗湘涛

时，继续生产82毫米迫击炮弹和20多套82毫米迫击炮的平射击发扳机，使该炮可以平射曲射两用；还自制了5台小钻床和数台专用车床。工人们在车床上改进刀架，使用多把车刀，研究完善夹具，缩短停车和辅助工作时间，想方设法提高工效。当年12月，工厂生产了1万余发迫击炮弹，供粟裕率部南下浙西开辟新区。

1944年1月，军工部从枯树洋搬迁到宝应县林上庄。这时军工生产迅速扩大，开始以柴油机为动力，用电灯照明生产，并生产了大量轻型迫击炮和炮弹，创造了1师军工生产的全盛时期。此时，冷纫兰技师制造成功一台研磨机，取代手工粉碎硝石、木炭、硫磺和TNT炸药；刘志祥制成一台落锤重约50千克的剪板机，替代手工冲剪炮弹尾翅。由于生产条件的改善，使生产炮弹工效成倍提高。

1945年1月，工厂继续突击生产82毫米迫击炮弹6000发。为预防敌机轰炸，1945年4月军工部搬迁到林上庄北边的邱家墩。在邱家墩半年多时间，生产出一批52毫米、73毫米、81毫米、82毫米迫击炮弹。这时部队还缴获了20发无引信的75毫米山炮弹，徐厚梓等人试制成功离心保险引信，使这批山炮弹能发挥作用。

9月，1师攻下兴化城，军工部接收伪军刘湘图1个修械所并收集大批军工物资，得到20余台设备和一批可制造炮弹尾翅用的柴油桶，以及大量白铁瓦顶、房架、梁柱、砖瓦等建房材料，还接收了一部分技术工人，此时职工约570余人。10月，为了解放盐城和沿河的敌人据点，军工部用19天时间，完成7000多发82毫米迫击炮弹的生产任务。

1945年12月，程望、罗湘涛等骨干调往山东。1946年4月，1师军工部并入山东军区军工部。

2 师军工部

1941年8月，吴师孟率朱遵三、吴运铎、马步青等200余名职工到2师组织军工生产。同年9月下旬，在江苏省盱眙县旧铺乡翟庄成立2师军工部，吴师孟任部长，军工部下辖一厂（子弹厂）、二厂（榴弹厂）和三厂（修械厂），吴运铎任子弹厂厂长，郭浩然任榴弹厂厂长，朱遵三任修械厂厂长。

1943年2月，2师军工部实行精简整编，撤销军工部，3个工厂划归路东军分区（淮南苏皖边区津浦路东军分区的简称）。军分区成立军工科，吴运铎任该科科长，秦永祥任子弹厂厂长。这一时期，除复装枪弹，生产地雷、手榴弹以外，吴运铎、秦永祥等人还研制成功枪榴筒和枪榴弹。1943年4月，路西军分区也成立军工科，科长为程远，下辖子弹厂、炮弹厂和榴弹厂3个工厂。

1943年8月，遵照谭震林、罗炳辉的指示，在江苏省盱眙县费庄又重建2师军工部，王新民任部长，同时撤销路东军分区军工科，将路东各厂划归军工部领导。军工部下设工务科和材料科。吴运铎任工务科科长，程远任材料科科长。此时，2师军工部修械厂试制成功60毫米迫击炮，榴弹厂与子弹厂合作研制成功60毫米迫击炮弹。

1944年4月，军工部下辖4个工厂：一厂负责生产枪榴筒、枪榴弹、迫击炮弹、平射炮弹，厂长秦永祥；二厂负责生产地雷、水雷、手榴弹，铸造各种弹壳，厂长郭浩然；三厂负责生产掷弹筒、60毫米迫击炮和炮弹，并复装各种枪弹，厂长朱遵三；四厂负责生产平射炮，厂长洪泽。同年8月，四厂试制出2门37毫米平射炮。

2师军工部所属工厂规模比较大，产品比较多，质量比较好。1944年末到1945年上半年是生产的鼎盛时期，曾生产手榴弹、地雷、7.9毫米步枪弹、6.5毫米步枪弹、驳壳枪弹、信号弹、82毫米迫击炮弹、45毫米枪榴筒及其枪榴弹、50毫米掷弹筒、60毫米轻型迫击炮及其炮弹、平射炮及其炮弹以及刺刀、大刀等武器。

1945年9月，王文值任2师军工部长，吴运铎任副部长。12月，路西军分区军工科及所属工厂并入2师军工部。

值得重提的是，被誉为中国的"保尔·柯察金"——兵工楷模吴运铎及他所创办的新四军第2师军工部第一厂（子弹厂）。不仅吴运铎的个人事迹催人奋进，而且该厂的业绩卓著，是人民兵工奋

吴运铎撰写的《把一切献给党》一书

发图强、忘我献身的一个典范。

2 师军工部第一厂

该厂亦称淮南仙墩庙子弹厂，成立于 1942 年 2 月，初建时只有 20～30 人，后增至 200 多人。该厂从创建到 1946 年 6 月北撤山东，历时 4 年多，在敌后险恶环境和极其困难的条件下，生产了数十万发枪弹和枪榴弹。

1941 年 10 月，2 师军工部调修械厂子弹股股长吴运铎，带领 2 名钳工、1 名锻工、2 名车工及 2 名勤杂工，到江苏省高邮县一带勘察建厂地点，师领导给他的任务是创建一个年产 60 万发枪弹的兵工厂。经过实地调查，选定高邮县闵塔区平安乡（今江苏省金湖县金沟区）的仙墩庙作为厂址，并于 1942 年 2 月正式建厂，由吴运铎代理厂长，洪泽任指导员。

仙墩庙周围百余里无日伪军据点，是发展兵工生产的好场所。但建厂初期，由于人员缺乏，设备严重不足，一时不能进行生产。后师部陆续调入 70 多名青年战士，并由上海地下党组织介绍来几名技术工人，生产技术力量得以加强。与此同时，师军工部又调给工厂 3 台旧设备，其中有 6 英尺皮带车床 1 台、12 英寸牛头刨床 1 台、立式小钻床 1 台。

职工们以这 3 台旧设备为基础，开始自制工具和设备。图纸由吴运铎设计绘制，材料大部分是从蒋坝镇附近的南三河中打捞出来的钢材（当时，国民党官员治理淮河，准备在高良涧一带建水闸，从南京等地运来一批钢材。但在新四军到来前夕，他们将全部钢材

沉入蒋坝镇附近的南三河）。吴运铎等人组成打捞队，捞出一根根圆钢，成为工厂宝贵的原材料。

在加工子弹冲床的立柱丝杆时，因没有拉床、铣床，吴运铎等人用土办法先将丝杆螺纹绘成展开图贴在圆钢上，用圆冲冲出廓线，再用錾子錾、锉刀修，硬是将丝杆做成了。经过半年的努力，他们先后自制出手扳大冲床 3 台，小冲床、装药机、紧口机等加工枪弹的专用设备 10 多台，为复装枪弹创造了条件。

随着人员的增多和生产的开展，1942 年 6 月，工厂健全了组织机构，厂部下设车工、钳工、子弹 3 个股，厂部还配备有会计、材料管理等行政业务人员。当年上半年的任务主要是制造工具，下半年开始复装枪弹。动力是靠民工摇动大木轮带动机器生产，劳动强度大，生产效率低。

1942 年初夏，该厂试制复装枪弹成功。起初参照日本三八式友坂圆头枪弹，弹头制成圆头形状，使用效果不好。经吴运铎、吴昆等人研究，重新设计弹头模具，8 月即生产出合乎标准的尖头流线型弹头。在敌人的重重封锁下，发射药原料找不到，吴运铎等人想方设法寻找代用品。他们将火柴头刮下来，用酒精泡开，制成火药。没有酒精，就用老烧酒蒸馏后，代替酒精使用。后来红头火柴用量大，根据地供应不上，就从药店里买来雄黄和洋硝，混合配制。9 月，复装枪弹全面投产，当月产量便达到 1 万发。

1942 年 10 月，工厂接受了军工部下达的生产地雷和修复一批迫击炮弹的任务。由于没有加工地雷壳和炮弹壳的专用设备，由吴运铎绘制图样，工厂又自制出手摇钻

1944年5月，新四军第2师军工部研制成功37毫米平射炮。该师军工部长王新民与兵工模范吴运铎（左）合影留念

床2台和2英尺小车床4台，充实了生产能力。同年，吴运铎等人还研制出定时地雷、脚踏地雷、拉发雷，并投入批量生产。

在修复前方急需的旧炮弹时，吴运铎从报废的雷管中拆取雷汞做击发药，虽然事先用水浸过，但雷管还是在他手中突然爆炸，他的左手被炸掉4根手指，左腿膝盖被炸开，露出膝盖骨，左眼几近失明，昏迷15天。苏醒后，他躺在病床上不能下地，却坚持在床上画武器的设计草图，导致伤口迸裂，鲜血直流，但他浑然不觉，医生不得不没收了他的钢笔和小本子。

在吴运铎所著的自传体小说《把一切献给党》中，有关于他在2师军工部一厂时拆炮弹的心灵自白："如果我不拆，就得别的同志来拆，不是同样也会碰到危险吗？临阵脱逃，不仅是怯弱，而且卑鄙。即使是'死亡'又有什么可怕呢？任何工

作都要付出一定的代价，它不过是一种重大的代价就是了。许多同志因为战斗需要，英勇地献出了宝贵的生命，难道在这严重考验的时刻，我竟迟疑不前吗？"

1942年冬和1943年春，日伪军对淮南抗日根据地进行两次大规模的"扫荡"，兵工厂是敌人进攻的主要目标之一。工人们在对敌斗争中坚持生产，一有敌情，便化整为零，迅速掩埋好机器设备，分散成几人一组，进入附近农村打游击。一旦敌情解除，便马上恢复生产。1942年11～12月，工厂紧急疏散便有5次。

到1942年底，该厂共计生产枪弹3万多发，修复迫击炮弹300多发，还制造了一批定时地雷。70多名青年工人经过老师傅的传、帮、带，技术上有所提高，基本上都能独立操作，为工厂的发展打下了基础。

1943年2月，2师军工部撤销，工厂划归路东军分区领导，吴运铎调任路东军工科科长，秦永祥任厂长。3月，2师师长罗炳辉要求军工科尽快研制一种新式武器——枪榴弹，吴运铎随即到该厂主持研制。厂长秦永祥带领参加试制的职工，积极配合吴运铎，克服设计、材料上的困难，当年5月，碰炸枪榴弹和枪榴筒试制成功。枪榴筒与枪口相连，并固装在步枪刺刀座上。枪榴筒内装枪榴弹，利用步枪击发空包弹实施发射。由于其射程只有220米，吴运铎不满意，重新设计出弹体弧形加大的枪榴弹，减小飞行时的空气阻力，同时配制了燃速更快的无烟发射药，使射程达到450米。

枪榴筒和枪榴弹的研制成功，增强了部队的火力配备。罗炳辉、谭震林等师领导看了枪榴弹的实弹射击后，当即表扬了吴运铎、秦永祥等参加试制的职工，并要求尽快扩大生产，装备部队。1943年8月，日伪军1000余人，向淮南六合根据地"扫荡"。2师5旅奋起抵抗，在桂子山战斗中，首次使用枪榴弹，毙伤敌300多人，显示出枪榴弹的威力。为此，2师5旅成钧旅长将缴获的一支手枪奖励给吴运铎。

1943年8月，2师军工部重新建立，经过调整，仙墩庙子弹厂被命名为2师军工部第一厂，专门生产枪榴弹和枪榴筒，枪弹的生产交给军工部第三厂。

1943年底至1944年春，国际反法西斯战线形势好转，师部要求各厂把握时机，抓紧生产，支援部队，迎接反攻。一厂响应上级号召，从1944年初起，掀起了劳动竞赛高潮。1944年1～6月，共生产出枪榴筒197具，枪榴弹44499发，枪榴弹半成品64191个。9月，

枪榴弹的月产量达到 7500 发，比 1943 年下半年的月产量提高 6.2 倍，枪榴筒月产量达到 30 具，比 1943 年月产量提高 77%。

在产量大幅度提高的同时，一厂还根据部队的反馈意见，在碰炸枪榴弹的基础上，又造出空炸榴弹（对付沙地、沼泽地目标）和燃烧弹。枪榴弹改进后有两种规格：一种长 400 毫米，射程为 250～650 米；另一种长 250 毫米，射程为 200～450 米。两种规格的枪榴弹口径均为 45 毫米。

鉴于日伪军在淮南津浦路四处修筑碉堡群，步枪、手榴弹难以对付，1944 年 5 月，吴运铎等人又设计制造出专门攻坚用的简易 37 毫米平射炮。在 1944 年 11 月攻打占鸡岗（现为占岗）的战斗中，36 门平射炮一齐开火，碉堡即刻土崩瓦解。

1945 年 1 月，日军又在淮河至运河的两岸地区发动"扫荡"，为免遭敌人的破坏，一厂从仙墩庙迁到盱眙、来安两县交界的上何郢。此时一厂承接了军工部下达的试制平射炮弹钢制弹壳任务。5 月，秦永祥厂长等 3 人在研究拆卸一枚日式山炮弹引信时不幸引爆，英勇牺牲，由郭树森接任厂长。11 月，一厂迁到泥沛湾一带的姚庄，此时有职工 200 余人，约 40 台机器设备，是 2 师军工部实力最强的兵工厂。

1945 年 9 月 2 日，日寇无条件投降。按照师部部署，11 月，津浦路西军工科所属子弹厂并入一厂，由张忠望任厂长。此时工厂职工已达 200 多人，各种机器设备约 40 台。

抗战胜利后，根据中共中央"向北发展，向南防御"的战略方针，淮南根据地新四军部队开始向苏北和山东转移。1946 年 6 月，一厂在厂长张忠望带领下，转移到苏北阜宁县张家墩，与师军工部第五厂合并划归华中军区军工部领导。至此 2 师军工部第一厂结束。

2 师军工部第二厂

1941 年 7 月，新四军 2 师为解决部队弹药供应困难的问题，在津浦路东来安县东北的上何郢（yǐng）村组建榴弹厂，开始生产手榴弹。该厂初建时以新四军第 4 支队修械所为基础，从南京、淮阴等地聘请 14 名技术人员和工人，加上从师部警卫连抽调的 20 多名青年战士，全厂共有 50 多人。郭浩然任厂长，汤跃武、赵锡林任副厂长，常毅、任承康任正、副指导员。工厂下设 3 个股，翻砂股驻上何郢村，装制股和木柄股驻盱眙县旧铺乡。由于翻砂股与另两股之间相距近 20 千米，运输产品不方便，11 月，翻砂股也迁到旧铺乡。

建厂初期，技术力量非常薄弱，并缺少大型化机器设备，工厂只能用铁匠炉化铁水铸弹壳，因其容量小，速度慢，无法进行批量生产。后来用砖砌成一座冲天炉（3 节座式化铁炉），并改制出一个长 150 厘米、高 60 厘米、宽 50 厘米的大木风箱。但由于土高炉的炉膛过大，风箱的风量不足，铁水温度上不去，浇铸的弹壳废品率很高。后由汤跃武设计制造出一个小炉膛的铲炉（掀式化铁炉）和一台离心式手摇鼓风机取代风箱，经几次试验，取得成功。在改进化铁炉的同时，工厂对弹壳的铸模也进行改进。铸弹壳开始是用砂模，效率太低，每班只能生产十几个手榴弹壳，后来改用生铁硬模，弹壳产量提高十几倍。据统计，榴弹厂在成立后的 4 个月里，共生产手榴弹 16480 枚，月产量最高达 4000～6000 枚。

1942 年 4 月，为增加产量，2 师决定增强各兵工厂的生产能力。榴弹厂调入几十名青年战士，全厂职工人数增至近 100 人。为使这批新工人迅速掌握生产技术，榴弹厂采取短期培训的办法，由技术人员和有经验的工人任教师，使大部分新工人

1941 年 1 月，新四军 3 师师长兼政委黄克诚领导苏北军民多次粉碎日伪军"扫荡"和国民党顽军的进攻。图为抗日战争初期，黄克诚（左一）同邓小平（左二）等人在一起

在很短的时间内便能独立操作。6月，军工部向榴弹厂下达生产地雷壳和迫击炮弹壳的任务。榴弹厂和子弹厂、修械厂通力协作加工出地雷，在年底生产出一批地雷。最初铸造的迫击炮弹壳质量达不到要求，主要问题是浇铸的弹壳厚薄不均。后来郭浩然厂长和技术工人一起改进浇铸方法，将两层砂箱改为三层，终于生产出合格的迫击炮弹壳。在材料供应及时的情况下，日产迫击炮弹壳50多个。

1942年是淮南抗日根据地最艰苦的一年，为打破敌人的封锁，战胜严重的经济困难，根据地开展了"精兵简政"和大生产运动。为减轻负担，工厂精减部分非生产人员和临时工，人员虽然减少，但生产未受影响，截至9月份，榴弹厂共生产手榴弹50448枚。

1943年8月，榴弹厂改称军工部第二厂，除负责手榴弹和地雷的生产以外，还承担2师各兵工厂产品的翻砂任务。1944年4月，第二厂迁至盱眙县黄花塘赵庄，职工发展到100多人。

从1944年起，第二厂的生产进入大发展时期。经过几年的经验积累，其管理制度进一步完善，制订了生产、材料、技术培训、安全生产等一系列规章制度，特别是安全生产制度的订立，降低了伤亡事故发生率。

1944年，抗日战争进入战略反攻阶段。为配合部队扩大解放区，第二厂掀起生产高潮，产量猛增。上半年第二厂生产手榴弹48532枚，手榴弹壳74661个，各种地雷近千枚（含第一厂生产的）。与此同时，第二厂的技术人员还加强产品的改造和研究工作，他们将氯酸钾与麻油配制的高爆黑火药

新四军兵工厂制造的地雷

装入手榴弹，大大提高了手榴弹的杀伤力。此外，他们还研制出一种内装300克TNT的大威力手榴弹，这种手榴弹可震塌几寸厚的碉堡墙，可打击小型坦克。

1945年6月，第二厂的翻砂任务加重，军工部从厂内抽调一批工人，在旧铺乡杨家洼成立军工部第五厂，专门负责翻砂。年底，路西榴弹厂并入第二厂。1946年6月，解放战争爆发，第二厂全体职工由厂长鲁文炎带领撤往苏北涟水响水沟，与6师16旅兵工厂合并成为华中四厂，归华中军区军工部领导。

2师军工部第三厂

1940年8月，江北指挥部军需处按照指挥部的命令，在津浦路东盱眙县旧铺乡的杨家洼成立新四军江北指挥部修械厂，王茂林任厂长，李庆林任指导员。修械厂以新四军第5支队修械所人员为主，加上指挥部修械所部分人员和招聘的工人，共40多人，主要担负部队的枪械修理任务，并打制刺刀和大刀。皖南事变后，江北指挥部所属第4、5支队整编为新四军2师，修械厂归属2师领导。

1941年9月，2师按照军部指示，成立军工部，吴师孟任部长、方中立任政委，下辖修械、榴弹两个厂。同月，修械厂从杨家洼迁到天长县的小朱庄。当时，修械厂自制出铣床、钻床，并与榴弹厂、子弹厂互相协作，仿制出几部车床，使刺刀由手工生产转入半机械化生产。

1942年，朱遵三接任修械厂厂长。1943年9月，2师军工部对津浦路东兵工厂生产机构进行调整，子弹厂的枪弹生产转交修械厂。这时的修械厂已于8月由小朱庄迁驻盱眙县东的龙王墩，改

称军工部第三厂，以生产枪弹、60毫米迫击炮和炮弹为主，枪械修理任务转交津浦路西兵工厂。

1944年，第三厂工人杨如富改革枪弹的装配工具，使枪弹装底火、装弹头、紧弹口等工序实现了半机械化，大大提高了生产效率。为此，杨如富被2师授予"劳动模范"的光荣称号。

同年，随着对日寇反攻的逐步展开，国民党军队也加紧对2师根据地进攻。为适应战争形势的变化，军工部加强产品的开发研制和改进工作。第三厂试制出60毫米轻型迫击炮，曲射射程1200米，平射射程300米，共生产80门。此后，第三厂又试制出60毫米迫击炮曲射弹、平射弹、空炸燃烧弹，并在平射弹的基础上又制造出穿甲弹，还试制出拉发火平射、曲射两用掷弹筒。

1945年9月，厂长朱遵三率领部分工人北上山东临沂。1946年，第三厂余下人员由副厂长柴占泉带领到淮南军区。同年7月，国民党军队大举进攻淮南，工厂所有人员和机器设备安全转移到苏北淮阴。

2师军工部第四厂

2师攻打碉堡的主要武器是枪榴弹，而面对墙厚且坚固的碉堡，枪榴弹很难奏效。为此，2师首长命令军工部尽快研制出能摧毁敌

新四军兵工厂的工人正在生产枪支配件

人碉堡的武器。1944年4月，2师军工部在盱眙县翟庄建起平射炮厂，编为军工部第四厂，任命洪泽为厂长，江峡为指导员，吴运铎主持整个设计和制造工作。

4月5日，从第三厂抽调的部分设备运到翟庄，6日开始安装，10日开工生产。平射炮厂设有车工股、钳工股、锻工木工股3个股，全厂有100多工人。6月下旬，平射炮图纸送到厂内，试制工作正式全面展开。在试制平射炮的过程中，该厂技术人员克服材料、设备缺少的困难，炮架、炮管用钢轨、火车车轴做成，炮弹壳用生铁铸造。最困难的是加工炮管内的膛线，吴运铎想出一个办法，先做出一个橄榄形的钢柱，在钢柱上刻有凸凹线，利用这个钢柱挤出膛线。样炮做好后，经实弹试验效果很好。到1944年秋季，平射炮厂共生产了36门平射炮。在同年11月占鸡岗战斗中，这36门平射炮大显神威，将敌人的碉堡一举摧毁。

最初生产的平射炮射速为每分钟2发，有效射程为1000米。后来，炮厂技术人员听取修改意见，对后坐器、炮轮以及炮栓进行改进。改进后的平射炮射速提高到每分钟10发，有效射程提高到4000米，大大增强了杀伤力。

2师军工部路西兵工厂

该厂位于淮南抗日根据地的津浦路西地区，即津浦、淮南铁路之间，南临长江，北抵淮河。根据地初建时期，路西地区经常遭到日伪军的"扫荡"和国民党桂系军队的袭击，环境险恶，无法开展军工生产，路西地区部队的军火主要由路东兵工厂供应。

1942年夏季，2师军工部奉命从路东兵工厂抽调8名工人到路西成立榴弹厂。

榴弹厂成立后，发展很快。据2师军工部1942年9月工作报告中记载："只要材料供给得上，增加一些小工，每月最低可生产手榴弹1000颗，最高可达3000颗。"

1943年4月，为加强军工生产领导，路西部队成立军工科，设生产技术股、材料股及财务股。同年秋季，路西共建起榴弹、子弹、修械3个厂，有职工300余人。榴弹厂驻定远县藕塘集西南的龙王庙，主要生产手榴弹和制造迫击炮弹；子弹厂驻藕塘集北的大贾村，主要复装枪弹和加工迫击炮弹壳体；修械厂驻大贾村北的马家村，以修械为主，后期改为生产迫击炮弹。为了保密，这3个厂对外称一、二、三分队。

这3个兵工厂在创建初期，生产条件相当简陋，除从国民党工厂搜集来的几台破旧车床外，大部分是自己制造的土设备和工具，有小车床、小冲床、手摇钻、台虎钳、锉刀等。没有动力设备，车床、冲床都是靠手摇大木轮子来带动。生产的材料主要来自3个方面：一是在根据地内收购废铜烂铁；二是由部队收集枪弹壳、哑炮弹；三是拆卸铁路钢轨、火车车轴。

1943～1944年，路西各厂的主要产品有木柄手榴弹、7.9毫米复装枪弹、82毫米迫击炮弹等。手榴弹、炮弹的火药大部分用自制的黑火药，枪弹发射药则采用TNT。TNT无法自制，主要来源于拆卸的炮弹炸药。拆卸炮弹的危险性很大，稍有不慎，即会引起爆炸。1945年，修械厂厂长杨应森即因拆卸炮弹时引起爆炸而牺牲。

1943年冬，路西各厂生产的弹药便能基本上满足路西主力部队的需要。到1944年，3个兵工厂的产量成倍增长，子弹厂月复装7.9毫米枪弹1万余发、刺刀200把、大刀50把；修械厂月产81毫米、82毫米迫击炮弹200发，还能生产一部分枪榴弹；榴弹厂月产手榴弹近万枚、地雷300余枚。除此以外，各厂还承担了大量的修械任务。

抗日战争胜利前夕，路西根据地从事军工生产的职工已达400余人，拥有大小设备几十台。

抗日战争胜利后，路西主力部队和党政机关全部撤到路东，路西军工科及下属3个兵工厂于1945年12月与2师军工部及下属各工厂合并，军工科并入2师军工部，子弹厂与第一厂合并，榴弹厂

新四军兵工厂生产的60毫米迫击炮弹

新四军兵工厂制造的手榴弹壳及木柄手榴弹

与第二厂合并，修械厂与第四厂合并。

3 师军工部

1941 年 2 月，活动于苏北盐阜、淮海和皖东北地区的八路军第 5 纵队改编为新四军第 3 师，黄克诚任师长兼政委，彭雄任参谋长（后由洪学智担任）。同年 8 月，3 师军工部在苏北阜宁县大施庄成立，孙象涵任部长，职工有 200 余人，有 4 部老式皮带车床，2 部小钻床和 10 余台虎钳。3 师军工部机关设总务科、工务室、研究室、材料科，生产部门有 3 个厂：一厂为机工厂，焦立德任厂长；二厂为铸造厂，孙允三任厂长；三厂为子弹厂，朱培荣任厂长。

军工部在 1941 ~ 1942 年驻大施庄期间，除修理枪械，生产地雷、手榴弹以外，还干了几件大事：一是研制成功射程达 200 多米的碰炸式带尾翼枪榴弹；二是研制成功铜制弹头壳，为复装枪弹的纯铅弹头加装铜壳，克服了纯铅弹头发射时同枪膛粘连的缺点；三是改进黑火药，提高雷管的质量。

1943 年 2 月，日伪军 2 万余人对盐阜地区进行"扫荡"，军工部奉命转移到阜东县（现滨海县）老黄河口勾股甸一带，在此地研制出用枪榴筒发射的枪榴弹。在反"扫荡"的关键时刻，军工部准备从海上乘帆船转移到山东。但日本鬼子步步逼近，海上有日军舰船监视，天上有日军飞机，在这种情况下，军工部为避免海船、物资被敌方利用，决定炸毁船只，人员即行转移。工厂人员由孙象涵、田汝孚带领分别转移到射阳河以东地区和盐东地区打游击。

1943 年 4 月，反"扫荡"结束后，孙象涵部长率领的人员在

新四军兵工厂的工人们正在制造手榴弹

阜东县南湾集中，收集散失的设备，恢复生产；田汝孚、金岗等人在盐城东北部射阳县组建手榴弹厂。1943 年底奉师部命令，军工部由南湾迁到阜东县侉二庄（今滨海县振东乡夸二村）。在此地健全组织机构，扩充人员设备。

3 师军工部在侉二庄的近两年中，其军工生产进入全盛时期，生产方面有几项较大的工作：一是研制成功枪榴弹空炸引信，由此生产出空炸枪榴弹，并试制成功浇铸枪榴弹壳的钢模，开始大批量生产空炸枪榴弹；二是提高 82 毫米迫击炮弹质量；三是将 82 毫米迫击炮由曲射改平射，可直接命中敌人的碉堡，代替战士送炸药包，从而减少了部队伤亡，在攻坚战斗中发挥很大作用；四是研制出 37 毫米平射炮；五是制造出拉发、踏发两用地雷。这些新研制的武器弹药受到 3 师师长黄克诚和师参谋长洪学智的表扬。

3 师军工部在 1944 ~ 1945 年两年中共生产迫击炮弹 2 万余发，各种枪榴弹 4 万余发，手榴弹 30 ~ 40 万枚，37 毫米平射炮 12 门，此外还修理了大批枪械和部分火炮。

1945 年 5 月，孙象涵调淮北行署工作，田汝孚任军工部部长。1945 年 9 月，3 师奉命向东北进军，田汝孚率领挑选的 36 名军工技术骨干随军北上；其余留在苏北的 800 余人在军工部罗龙生政委领导下，继续组织生产，这一部分人员以后并入华中军区军工部。

1946 年 11 月，西满军区在齐齐哈尔市成立，黄克诚任司令员，李富春任政委，新四军 3 师军工部改编为西满军区军工部，田汝孚任部长。至此，新四军 3 师军工部

走完了自己的战斗历程，西满军工部则在东北地区迈出军工生产的新步伐。

4 师军工部

4 师军工部虽然成立的时间较晚，但4 师在组建前已有自己的修械所，后发展为 4 师直属兵工厂。

1941 年 3 月，新四军第 6 支队与在豫皖苏边区根据地的八路军第 4 纵队合编为新四军第 4 师，彭雪枫任师长兼政委（7 月，邓子恢任政委）。同时，6 支队的手榴弹制造所和枪械修理所合并，组建成 4 师直属兵工厂，李仲麟任厂长，政治指导员李云池。该厂下设修械、弹药、木工翻砂和材料 4 个股，月产手榴弹 1500 ～ 2000 枚，同时制造地雷和复装枪弹。

1941 年 5 月，工厂驻在安徽泗县大刘圩子，后迁至 2 师后方淮南根据地张楼、张夏庄一带。

1941 年 9 ～ 10 月，工厂开展纪念十月革命节生产大突击活动，日产手榴弹由原来的 20 ～ 30 枚猛增到 100 枚左右；复装枪弹 4000 余发。根据当时的统计，1941 年 1 ～ 10 月共生产手榴弹 10521 枚，大刀片 5675 把，刺刀 254 把，修理步枪 2660 支，驳壳枪 108 支，轻机枪 21 挺，重机枪 7 挺。

1942 年 3 月，工厂实行精兵简政，撤销厂部，所属 4 个股划归 4 师供给部留守处领导，李仲麟任副处长，继续负责兵工生产。4 月，材料股通过商人买来 6 尺车床 2 部、16 寸牛头刨床 1 部、钻床 1 部、3.5 匹马力柴油发动机 1 部以及皮带轮等。同时通过多种渠道，又从苏南招聘一批技术工人。

1942 年 5 月 30 日，留守处副处长李

新四军 4 师政委邓子恢（左三）视察 4 师直属兵工厂

江苏省泗洪县龙集镇的勒东村新貌。1943 年 1 月至 1944 年 10 月，新四军 4 师直属兵工厂驻在该村

仲麟在纪念五卅运动 17 周年大会上宣布："工厂已进入机器生产的新时期。在继续生产地雷、刺刀、手榴弹等武器的同时，要利用已有的技术人员、机器设备，研制攻击力强、杀伤力大的掷弹筒及掷榴弹。"到 11 月，工厂生产出掷弹筒 50 余门，掷榴弹 2000 多发。

1942 年 10 月，淮北军区成立，第 4 师师部兼淮北军区机关。军区下辖 3 个军分区，每个军分区都成立了军工股，主要生产手榴弹、地雷、刺刀和维修枪械。师直属工厂主要生产掷弹筒、掷弹筒弹、迫击炮弹、复装枪弹和修配山炮。

1943 年 1 月，留守处和师直属工厂由淮南张夏庄迁到淮北泗洪县龙集镇的勒东村以后，机器设备和材料供应都有较大改善。同年，3 个军分区月产手榴弹均在 2000 枚左右，修械能力也大大提高。

1943～1944年,生产掷弹筒150余门,全师每个连队装备1门掷弹筒,增强了部队战斗力。

师直属工厂在勒东村时期曾修配成功75毫米山炮。当时江南部队送来一根布满黄褐色锈斑的炮管(国民党军队溃逃时埋在镇江近郊,后被江南部队挖出),炮上的零部件大部分散失。师首长命令连夜将此炮送到工厂,要求用它配造出一门75毫米山炮,以适应部队攻坚作战的需要。同时,师部炮兵连送来一本山西阎锡山兵工厂印制的75毫米山炮《使用维修规程》。其虽然非设计图纸,然而其结构示意图为制造大炮提供了明确的式样。工厂职工奋战10多个昼夜,绘出75毫米山炮样图。经过3个月的奋战,兵工厂终于修配成一门75毫米山炮。1944年6月,这门山炮在4师9旅攻打张楼的战斗中大显神威。当时由伪军——"和平救国军"驻防的张楼位于泗县东北,明碉暗堡,鹿砦(zhài)铁网。在大汉奸张海生过50大寿的那天,4师9旅战士用这门山炮将敌碉堡炸得四分五裂。伪军失魂丧胆,纷纷缴械投降,张海生被活捉。

1945年夏,4师的攻坚作战任务日益加重,全师一门山炮难以满足需要,工厂又开展攻坚平射炮的研制。工厂参考兄弟单位的先进经验,将迫击炮改为平射炮。迫击炮装上击发机构,放平炮身,即可平射,复原后可曲射。同年冬,4师9旅26团在官庄河战斗中,用此平射炮发射3发炮弹,打塌敌人的炮楼,一连伪军缴械投降。

新炮的出现,虽然增强了部队的战斗力,但也暴露了弹药性能的相应滞后。迫击炮弹用黑火药作发射药,缺点是发射距离较近,命中目标率较差,发射后炮膛内残渣较多,影响连续发射,前方炮手迫切要求改成无烟发射药。

其实,研制无烟发射药早从1943年就已经开始了。这年秋天,李仲麟厂长拿着几个乒乓球来到装药班。他对大家说:"我想这玩意儿的原料也属硝化纤维,大伙想想,可不可以在这上边做做文章?"随即有人提出利用废电影胶片制作发射药的想法。李仲麟厂长立刻派警卫员骑马到大王庄师部,取来半卷废电影胶片进行试制。由于数量太少,李厂长又通过地下党组织的关系,将一批废电影胶片从敌占区运到工厂。试制工作开始时,职工们用火烧,电影胶片燃速很慢,有时还点不着,无法制成发射药。后经分析才弄清楚,电影胶片表面涂了一层胶和氧化银,这是燃速慢甚至烧不着的主要原因。问题找到后,工人们将电影胶片用碱水煮,表面的胶全部变成泡泡,

接着再拿旧布擦,晒干后基本符合要求。经过一个多月的试验,制成迫击炮弹配用的无烟药包。到1947年底,华中地区生产的60毫米和82毫米迫击炮弹,除了弹体尾管内使用黑火药外,其发射药包多是废电影胶片制成的。

为了提高弹药的爆炸威力,必须将黑色炸药改为TNT黄色炸药,可是工厂无法生产这种炸药。李仲麟厂长和装药工人研究后,决定从缴获的炮弹中挖取炸药。起初,工人们将哑弹引信轻轻拆下,再用小锤击打一根铁杆,一点一点向里挖,3个人一天才挖2～3发弹的炸药。但这种取药方法危险性大,速度慢,远远不能满足需要。正在焦急时刻,工人张玉兰、吴金铜两人提出一个想法——"开水煮弹"。他们将10多个炮弹放入水里煮,弹内炸药渐渐溶入水中,水面浮起一层麻油状液体,用勺子将液体舀到铁匣内,冷却下来,便结晶成粉状炸药。这种方法既安全,速度又快,不但能取出小口径炮弹的炸药,而且还能取出飞机投下来的大炸弹里的炸药。从此。工厂生产出一批批装上TNT炸药的炮弹,成倍提高了杀伤力。

1944年8月,4师师长彭雪枫、参谋长张震在西进战役准备会议后,视察了设在泗洪县龙集镇勒东村的师直属工厂,在李仲麟厂长的引领下,查看了修械部、弹药部、木工翻砂所、材料所,勉励工人们为取得西进战役的胜利,收复豫皖苏边区根据地,再掀一个生产运动高潮。

1944年10月,4师在江苏省泗洪县佃户圩子召开兵工生产会议,为检查产品质量,会上各军工股进行了手榴弹威力比赛,并正式成立4师军工部,李仲麟任副

部长，刘汶汇任副政委。军工部机关设立工务科、材料科和管理股，下辖一厂、二厂和1个修械所。11月，兵工厂迁往师部驻地半城以南临滩头附近的王沙村。

从1945年开始，各军分区军工股改为军工科。淮北根据地除军工部直属的一厂、二厂、修械所及各军分区所属的榴弹厂以外，12个县均建有榴弹厂、修械所，总人数达1000多人。4月，军工部及一厂、二厂、修械所迁驻泗洪县刘铁庄后，开始研制三棱枪刺，各厂除继续生产主要产品外，又开始生产三棱枪刺。这种三棱枪刺的设计方案是经张爱萍师长（4师师长彭雪枫在1944年9月西进战役中牺牲，由张爱萍任师长）审定后，投入批量生产，因为三棱枪刺长而锋利，在与敌人白刃格斗中占有明显优势。5月，军工部发动"红五月"生产竞赛，生产出迫击炮弹约4000发。

日军投降后，军工部迁驻淮北根据地中心地带青阳镇草塘庄一带，在组织领导生产的同时，筹办技工训练队，不久在技工训练队基础上创办了淮北工业学校，第一期招收学员70人。

1945年12月，华中军区军工部成立，4师军工部在青阳镇以北的大楼子与从苏南撤回苏北的6师军工科合编为华中军工部第二总厂，李仲麟兼任厂长，张心宜任副厂长。

4师军工部所属工厂从1939年底到1945年底，6年期间共生产手榴弹12.3万多枚，拉发地雷、电发雷、连环地雷、子母地雷及水雷共10万多枚，刺刀7000多把，迫击炮弹2.7万多发，掷弹筒300多具，掷榴弹2.3万多发。修配各种炮6门，

复装枪弹数万发。此外，还生产大批炸药，修复大批枪械，为夺取抗战胜利做出了重大贡献。

5师军工部

1941年4月，活动在江汉平原（江汉平原是由长江与汉江冲积而成的平原，位于长江中游、湖北省的中南部）的新四军豫鄂挺进纵队奉命整编为新四军第5师，李先念任师长兼政委。同年冬季，5师遵照中央军委关于兵工建设的指示，将豫鄂挺进纵队后勤部改为师后勤部，师后勤部下设军工科，同时成立师直属兵工厂，罗叔平任军工科科长兼师直属兵工厂厂长，全厂职工200余人。

师直属兵工厂厂部设有生产技术管理股、材料股和事务股。为使兵工厂能够单独活动，师部调拨部队成立警卫连，厂部还设有通讯班、侦察班和医务室。生产部门分为修枪、装弹和翻砂3个所，此时麻尾手榴弹已进入小批量生产阶段。除警卫连外，所有员工改穿便装，以便在群众的掩护下发展兵工生产。

师直属兵工厂成立后，决定试制日本碰火手榴弹和苏联弹簧手榴弹。经过对这两种手榴弹及麻尾手榴弹原材料和性能的比较，停止了麻尾手榴弹的生产，改为生产碰火手榴弹。

1941年末，5师在反顽战斗中缴获了几个国民党的二八式枪榴弹和枪榴筒，李先念师长指示兵工厂仿造。兵工厂随即从湖北省应城潘家集购得4尺皮带车床1台，招收40多名从武汉来的车工、钳工及学徒，着手试制枪榴弹和枪榴筒。

1941年12月至1942年2月，5师15旅开辟汉川、汉阳及沔

新四军第5师纪念馆位于湖北省大悟山南麓的白果树湾，5师军政首长住处、作战处、参谋处、军需处及兵工厂等28处旧址分布在以白果树湾为中心的11个自然村中

图中位于中间的国民党士兵手持的步枪枪口上装有二八式枪榴筒，用于发射二八式枪榴弹。1941年年末，新四军第5师在反顽战斗中缴获了这种枪榴筒，开始试制并获得成功

李先念于1941年4月任新四军第5师师长兼政委，1945年10月任中原军区司令员。1946年6月，他统帅中原部队约5万人成功实施中原突围战役，跳出国民党军队36余万人的包围圈，拉开了解放战争的序幕

阳地区，缴获伪军汪步青兵工厂的车床、刨床、铣床、钻床等10余部机床，马达2部，步枪毛坯件数千条，轻重机枪毛坯件数十条以及其他器材，迅即移至天汉湖区，将原来仅有几个人的天汉湖区修械所发展成为170余人的天汉湖区兵工厂，重点生产枪榴弹，并将一些急需的设备补充到师直属兵工厂。天汉湖区兵工厂利用缴获的器材，生产出捷克式轻机枪3挺，枪身上印有"新4、5、15兵工厂"铭文。

1942年初，各县地方武装也得到发展，应城、安陆等县相继设立"撅把子"手枪（又称"撅把子"、"独一撅"、"单打一"手枪）制造厂。4月，为适应对敌斗争需要，5师将第13旅作为师的机动部队，其余部队均作为地方部队，成立5个军分区。此时，5个军分区相继将修械所扩充为兵工厂，员工一般都有100～200人，大量生产枪榴弹和其他武器弹药，极大改善了部队的装备。1942年夏季，枪榴弹首先装备5师第13旅，由于其既能打到敌人的山头阵地或碉堡中，也可以掩护部队冲锋，指战员们非常喜爱。

1942年秋季，师直属兵工厂移至平汉铁路东小悟山以南之青

山口，环境比较安定，职工增加到300多人，生产也迅速扩大，日产枪榴弹由40枚左右增至100多枚。此外，还生产"十子连"手枪（"十子连"手枪最初是国内对仿造加大型勃朗宁M1900手枪的民间俗称，以后对弹匣容弹量为10发的手枪统称"十子连"），改制迫击炮为平射炮。

1943年秋季，师直属兵工厂壮大到近1000人，各旅以及各县地方武装的修枪、造枪工人人数也大量增加，此时5师的兵工生产达到鼎盛时期。

1945年1月，王震、王首道率八路军359旅南下支队到达鄂豫边区同5师并肩战斗，抗日战场已扩展到鄂豫皖湘赣5省边区。4月，5师在湖北省大、小悟山地区将师军工科扩编为师兵工部，各军分区兵

国民党兵工厂制造的二八式枪榴弹，杆径25毫米，全弹长250毫米，全弹质量525克。其既可手投，又可枪掷，因此又称二八式手投枪掷榴弹

位于北京卢沟桥附近的中国人民抗日战争纪念馆内展出的日本碰火手榴弹，新四军5师直属兵工厂曾生产这种手榴弹

工厂的生产技术划归兵工部领导，陈康伯任部长，甘元锦任副部长，邱静山任政委、罗叔平任技术主任。兵工部将原来的3个股改为3个科，3个所改为3个分厂，另外成立一个被服厂，该厂除生产被服外，还编织拉火手榴弹的导火索。1945年春，拉火手榴弹经试制改进后，与枪榴弹同时批量生产，直接装备各部队，极大提高了部队的士气。1945年"五一"劳动节，师首长在大悟山检阅部队的射击和投掷，枪无虚发，弹弹爆炸，首长们对兵工人员大加鼓励，在场观看的美军观察组人员也赞不绝口。

1945年8月，抗日战争结束后，蒋介石大举向鄂豫皖解放区进攻。为迎击国民党部队的进攻，5师主力组成野战军，从一些地区主动撤退。这时，兵工生产规模开始收缩。有的军分区兵工厂动员徒工回部队，将笨重机器隐蔽起来，只留技工携带轻便工具随部队行动。

1945年10月，李先念率新四军第5师与八路军南下支队（第359旅主力）、河南军区等部队合并，在河南省桐柏县组成中原军区，5师兵工部转移到湖北省随县天河口，在此地生产了一批手榴弹，并以钢板制成土坦克。12月，河南军区兵工厂来到湖北大悟县宣化店之后，5师兵工部奉命解散，主要领导干部编入干部队。至此，新四军第5师的兵工生产完成了其光荣的历史任务。

5师直属兵工厂、各军分区兵工厂及鄂豫皖湘赣边区的地方工厂，先后修理了数千支步枪、手枪和上千挺轻重机枪，同时，还陆续生产了许多种军工产品，如生产麻尾手榴弹、碰火手榴弹、拉火手榴弹、枪榴弹、迫击炮弹等15.5万余枚；复装枪弹5万发，制造"撤把子"手枪1500支，制造一批轻重机枪，自制数百支"十子连"手枪和步枪；生产大批各种地雷、刺刀、信号弹及其他军用武器；成功试制出"先念式步枪"、土坦克以及改制平射炮等。

6师军工部

6师军实科

1941年3月，新四军6师成立，其由江南指挥部所属部队及江南人民抗日救国军等部队合编而成，师长兼政委谭震林。6月，6师师部在无锡县张缪舍乡成立军实科，王新民任科长，李中任副科长，职工近100人。

军实科起初制造手榴弹时，由于铁水温度不稳定，浇铸的手榴弹弹壳质量总是不过关。后来，在当地找到从上海失业回乡的炉灶工祁阿金，动员他参加工作，解决了手榴弹弹壳质量问题，并组织浇铸工学习他的技术，开始大批量生产手榴弹。

8月，6师军实科随师部穿过无锡到江阴西部的丹阳、武进北部一带活动。在游击环境中，6师军实科为部队抢修枪支，同时由王新民、陈学勤等人成立研制生产手榴弹的突击组，使生产出来的手榴弹不仅具有相当大的杀伤力，还有较好的防潮性能，在下雨或过河后也不会失效。军实科采用牛皮纸卷成中空的导火索管，在中间充填缓燃黑火药，纸管外表涂上防潮的虫胶漆，做成燃速均匀、防潮性能良好的导火索。手榴弹的发火机构采用拉动发火，其由涂有红磷的铜丝和发火帽等组成。发火帽是在一个小铜管内装填硫化锑、氯酸钾等混合物，加上防潮漆压紧制成的。小铜管由收购民间的铜元压延冲制而成，手榴弹木柄是收购树材，用小作坊的木车床车制成的。手榴弹弹壳用灰口生铁铸造，开始时用化铜的紫土坩埚熔铸，熔化时间长，产量少，一个坩埚熔化不出多少生铁就坏了。后来用柴油空桶填上耐火土，做成小型焦炭化铁炉，用木风箱鼓风，产量、质量有所提高，成本也大为降低。

最缺乏的是手榴弹里面装填的 TNT 炸药。除缴获一些 TNT 炸药外，还多方设法收购伪军、国民党军队转手出来的 TNT 炸药，但数量有限，价格还很贵，不能满足批量生产手榴弹的需要，因此这些 TNT 炸药只能用来制造枪榴弹、轻型迫击炮弹以及对付敌人碉堡的手榴弹。成批生产的手榴弹以黑色炸药装填，通过爆竹作坊等多方收购土硝、硫磺，加以精制研细。柳木炭是自己烧制的，也有委托当地烧炭窑户烧制的。装填黑色炸药的手榴弹爆炸以后，形成的破片数量虽然比黄色炸药手榴弹少，但弹片质量大，动能也大。在军工科试验手榴弹破片杀伤威力时，装填黑色炸药的手榴弹起爆后，破片将周围设置的木板穿出许多孔洞，手榴弹研制组和主力部队派来参观爆炸威力的人都很兴奋。

1941 年 11 月，军实科全体人员随 6 师供给部转移到江都县小纪镇附近的水网地带。这时，6 师军实科进行扩充，成立以下部门：金工股，研制武器零件与生产工具；化工股，批量生产黑火药、导火索、雷汞等火工品和装配手榴弹；榴砂股，铸造手榴弹弹壳；总务股，负责后勤工作；还有 1 个警卫班，负责警戒保卫工作。

1941 年 12 月，军实科一分为二：一部分人留在苏中 18 旅继续军工生产，并筹建 18 旅军工科；另一部分人转移到苏南，在茅山、延陵、西阳一带筹建 16 旅军工科。

6 师 18 旅军工科

1942 年 1 月，6 师 18 旅军工科成立，陈学勤任科长。18 旅军工科在苏中的 4 年中，分为两个阶段：1943 年上半年以前是打基础时期；之后由于环境稳定，条件改善，开始大规模生产。该科从 6 师军实科留下的 60 余人发展为 7 个分厂、约 700 余人的一支军工队伍。7 个分厂生产了大批地雷、手榴弹及迫击炮弹，复装枪弹，制造 60 毫米和 82 毫米迫击炮、平射曲射两用炮、三棱刺刀及修理各种枪械等。

起初，军工科复装枪弹的弹头是用铜浇铸的实心弹头，采用有烟黑色火药发射，部队使用后，反映不太好。后来，军工科学习 3 师军工部制造枪弹的方法，采用冲制铜皮工艺生产出空心弹头壳和底火壳，并购进无烟发射药，开始大批量生产，使月产量提高到 1500 ~ 2000 发。同时，还学习了利用水压法去除弹壳底部的废底火工艺，提高了复装枪弹的效率。

1942 年 6 月，18 旅军工科开始研制 82 毫米迫击炮，经过 3 个月的努力，用无缝钢管作炮身，自制出撞针、底板和脚架，生产出第一批迫击炮。军工科还改进 82 毫米迫击炮，由只能曲射改成既可曲射，也

王新民，1941 年 6 月任新四军 6 师军实科科长，1942 年 1 月任 6 师 16 旅军工科科长，1942 年 10 月任 16 旅军工部副部长

茅山新四军纪念馆坐落在江苏省句容城东南的茅山镇

茅山新四军纪念馆展出的捷克式轻机枪（左上、右下）和布伦轻机枪（左下、右上）

可平射，在以后多次攻坚打碉堡战斗中，82毫米迫击炮准确命中目标。在研制迫击炮弹时，采用从1师军工部学来的水压法检验弹壳有无砂眼，保证了迫击炮弹的质量。

在试制刺刀的过程中先是仿制片状刺刀，因血槽工艺未解决，无法投入生产，后从苏军杂志刊登的《红军战士使用的三棱刺刀》一文中得到启发，经反复研究试制，终于制出三棱刺刀，得到部队肯定。

1943年初，日伪军在江都地区进行"扫荡"。6师18旅将军工科分成两部分，一部分随军行动，另一部分则利用与伪军李长江、颜秀伍的统战关系作掩护，以李明扬兵工厂的名义，隐蔽在伪军的据点江都县塘头镇内秘密生产手榴弹、炮弹、地雷以及炸药包，配合反"扫荡"斗争。李明扬领导的苏鲁皖游击纵队是一支抗日队伍，他与李长江关系密切。李长江原是李明扬的副总指挥，1941年2月，李长江率部投降日军，任和平军第1集团军总指挥。颜秀伍是该集团军副总指挥，其5师师部、旅部都驻扎在江都县塘头镇。

1943年3月初的一天深夜，18旅军工科挑选近30人，另派行政后勤人员40余人，组成一支特殊的军工队伍，携带车床、化铁炉、大风箱及生铁、木材、硝、硫、炭等原料及器材，乘坐6条民用船，从水路进入塘头镇，化装成伪军修械所。经过10天左右的筹备，就把全部设备安装就绪，筹备后的1个月内就为18旅生产和运送了400枚手榴弹。

1943年6月中旬，18旅旅部决定将驻在伪军据点的兵工人员和设备全部撤出。撤出那天晚上，伪枪所的工人欢送时说："现在才知道你们就是'四大爷'！"晚上9点，伪军师部派1个营护送兵工人员及设备乘船撤到根据地附近，全套人马胜利返回自己的部队。

1944年3月的车桥战役中，在新四军阻击部队的芦家滩阵地上，18旅军工科研制的触发地雷大显神威，将从淮安出援的日军炸得血肉横飞、丧魂失魄。虽然这是18旅第一次使用地雷，但极大增强了部队的士气。

1945年初，18旅军工科的高法根鉴于钢丝材料难采购、价格昂贵的情况，刻苦研究代用品，经与其他人共同努力，发明用缝衣针代替钢丝，用于打通弹壳底火部的传火孔，使修复弹壳的产量由原来每日不足100发，提高到200发。1945年2月6日的《苏中报》头版刊登这个消息，表扬高法根，并称赞一分区（当时18旅兼苏中第一军分区）军工科发挥了群众的创造热情。

1945年12月，18旅军工科奉命在东台县伍佑镇同苏中军区军工部合并。

6师16旅军工科

1942年1月，6师16旅军工科成立，王新民任科长，李中任副科长。军工科下设金工股、化工股、榴弹翻砂股，另有1个修械所。军工科驻茅山地区时，派出工人住在村里与群众一起建窑，

茅山新四军纪念馆展出的新四军、民兵使用的炮弹头（左）、手榴弹（中）及"撇把子"手枪（右后）

烧制黑火药用的木炭；派出工人住在酒坊里，与群众一起提炼造黑火药用的酒精。李忠和黄福林等人潜入上海，组织炮座加工和配制雷汞。

1942年10月，16旅军工科扩建为16旅后勤部，后又改名为16旅军工部，陈耀华任部长兼政委，王新民任副部长，下设工务、总务2个科，王新民兼任工务科科长，张心宜任总务科科长。16旅军工部生产人员逐步扩大，到1942年年底，人数超过220人。

从1942年下半年到1943年上半年，16旅军工部的主要工作有以下几方面：

一是增大手榴弹产量。1942年年底，每天可铸造200枚手榴弹弹壳，装配150～200枚手榴弹。为提高产量，改进了焦炭化铁炉，采用2座铁炉轮流作业，改进砂模制作工艺，还试铸成功62毫米迫击炮弹弹壳。为了利用来源广泛的白口铁以铸造手榴弹弹壳，军工部聘请了能用木炭化白口铁铸锻的技师，用木炭来化铁，这样榴弹翻砂股分成两个生产弹壳的组织：一组用焦炭熔化灰口铁制造弹壳；另一组用木炭化白口铁制造手榴弹弹壳，极大提高了弹壳的产量。

二是提高枪榴弹的射程与命中精度。最早的枪榴弹尾部有一段圆铁杆，铁杆插入步枪口发射，容易磨损膛线。后来改用尾部带稳定翼的枪榴弹，装在枪榴筒内，用空包弹发射。开始时无烟药片燃烧不好，枪榴弹的射程很近，经过不断改进，添加极少量的引燃药后，

发射药燃烧稳定，枪榴弹的最大射程可达200米。后又进一步努力，做到了弹壳不偏心，重量不超差，弹带车制精确，装配良好，空包弹装药量严格一致，使枪榴弹的射程提高到300米。另外，为保证枪榴弹发射时无大的振动，在发射枪榴弹的步枪上加装了两脚架。

三是研制62毫米迫击炮及炮弹。16旅军工部研制生产的62毫米迫击炮弹最大射程可达600米，后来又不断改进，提高了射速，每分钟可发射10余发。配用这种迫击炮的炮管是从上海买来的无缝钢管。从1942年下半年到1943年上半年，共制造迫击炮59门。

1943年6月，6师首长决定撤销16旅军工部，由王新民、程远等人带领16旅军工部部分生产技术骨干，北渡长江充实到2师军工部，扩充后生产的军工产品除2师自用和武装新四军军部警卫部队外，还供给16旅部队。留下的人组成16旅军工科，张心宜任科长，程铿任副科长。1944年2月以后，16旅军工科活动于江宁、郎溪、广德、长兴等苏、浙、皖3省交界处，日本投降后军工科迁驻宜兴县张渚镇，此时军工科有200多人。1945年12月，军工科同4师军工部合并，成为华中军区军工部第二厂。

7 师军工部

皖南事变后，活动于皖江地区（安徽省境内长江沿岸）的新四军第3支队挺进团、无为县游击纵队等部队，组成新四军第7师，张鼎丞任师长（因故未到职），曾希圣任政委。1941年5月，7师供给部在安徽省无为县大俞家岗成立修械所。同

新四军第 7 师政委曾希圣

装备在美国飞机上的 M3 12.7 毫米电控机枪（位于飞机左、右两侧），其由勃朗宁 M2 12.7 毫米大口径机枪改制而成。新四军第 7 师曾缴获国民党飞机上的 M3 12.7 毫米电控机枪，并将其改造成为地面用机枪

新四军兵工厂的工人们正在紧张工作

年 7 月，7 师政委曾希圣决定调 19 旅供给处副主任张昌龙等 5 人在巢县李家山洼筹建 7 师直属兵工厂。

1942 年 3 ～ 4 月，中共上海地下党组织动员一批技工来到李家山洼，部队也调来一批年轻战士。经过筹备，7 师直属兵工厂于同年 6 月成立，职工近 200 人，张昌龙任厂长。该厂设有管理科、材料科、枪弹科、炮弹科及研究室，主要任务是修理枪械和复装枪弹，同时协助各团部建立修械组。

起初，工厂成立"技术设计自力更生研究组"，发动全厂新老职工大搞土洋结合的技术革新，在自制机床设备、提高产品质量和数量，以及研究军工产品等方面，取得了显著成绩。例如，过去的弹头壳是靠手工敲打铜板制成的，后改用手摇轧机将铜板轧薄，再用手工扳冲机冲成弹头壳，然后灌注锡铅，使弹头达到使用标准。弹壳的收口、底火壳的冲制过去也是靠手工敲打，后改用模具进行弹壳收口，底火也改为用手工扳冲机压出。经过一系列改进，枪弹的质量和生产效率都有较大提高。另外，过去的手榴弹壳是用砂模浇制的，弹壳厚薄不均，爆炸时破片数量少，杀伤密度小，后来改用金属模浇制，弹壳厚薄均匀，爆炸时破片数量增多，威力得到一定提高。

在大搞技术革新中，朱兆卿等 12 名技术工人，用钢轨制成车床的台面，用手工锻打长螺丝杆、车轴等，经过几个月的艰苦奋斗，自行设计制造出长度分别为 2.5 英尺、5 英尺的车床各 1 部。有了这两部工作母机，各种土洋结合的设备，如轧钢片机、手冲机、装弹机及各种模具都陆续制造出来。

1942年夏，由于部队攻打敌人的碉堡，急需射程较远的枪榴弹，工厂开始学习兄弟单位的先进工艺和经验，研制和生产出这种比手榴弹复杂的武器，其形状像迫击炮弹，利用空包弹发射，命中率高，射程达200米左右。此时，地雷的研制也达到了使用标准，并投入小批量生产。到1943年春，工厂经过一年多的自力更生，已经发展成为一个半机械化的兵工厂。到同年6月底，工厂又自制出6英尺车床、4英尺车床各1部，装弹机1部，冲床6部，制造手榴弹1.2万多枚，复装枪弹7500发。

1943年3月，工厂从李家山洼迁至无为县东乡班家巷，扩编为7师军工部，对外称生产部或大队部。军工部成立时，下设政治、行政和生产3大系统，张昌龙任部长。

生产系统设有3个中队，后扩大为4个中队，还有1个警卫连。

新四军兵工厂的工人们正在复装枪弹

新四军第7师的兵工人员正在碾磨炸药原料

各中队下设若干生产组，其具体分工是：一中队负责引信、弹壳、迫击炮弹尾翼、刺刀的车床加工，驻大杨家、东吴村；二中队负责生产弹壳和装配枪弹，驻青苔村；三中队负责炸弹的翻砂、装配工作，驻李家山洼；四中队负责修理枪械，驻茅山庙村。

这一时期，新四军军部组织一批干部支援7师军工部，加上从上海、芜湖动员来的一批技术工人，使军工部的生产能力得到很大提高。军工部通过新四军7师皖江贸易总局（1945年2月，该局改为"大成贸易公司"）局长蔡辉与无为县汤家沟镇裕民商行的关系，设法购到电影胶片作为原料，研制成功无烟发射药，增强了攻坚能力。大成贸易公司规模较大，实际上是专门为7师采购物资、招收人员的兵站。蔡辉还与芜湖敌伪军粮统购委员会洽谈，达成以大米、山货调换军用物资和民用物品的协议，换购到一批标准设备、无缝钢管和其他钢材，设备计有大小车床、刨床、铣床、钻床等91部。此外，还有大量的焦炭、黄磷、赤磷及TNT炸药等。

军工部不断扩大生产品种，又新增制造50毫米掷弹筒及掷榴弹，改装迫击炮为平射炮以及自制少量7.9毫米步枪。其制造的50毫米掷弹筒与日造十年式50毫米掷弹筒不同，总质量3.5千克，比后者重0.8千克；全长500毫米，比后者短25毫米；增设两脚架；筒座由瓦形改为方盘形。其制造的掷榴弹形状与迫击炮弹相似，弹径50毫米（实际为49.75毫米），射程达600米。

据统计，1944年7师军工部的武器弹药产量超过1943年的若干倍，以枪弹为例，1944 年制造 38000 发，比 1943 年增加 4 倍多。产品质量也有明显提高，过去武器弹药的生产机械化程度不高，设计经验不足，技术不过关，如地雷、手榴弹的引发装置是利用擦划红磷火柴原理设计的，一旦受潮，往往就拉不响；枪弹的底火壳厚薄不均，造成部分瞎火；枪榴弹也有引信失灵的现象，有的打不响，有的出口炸。这些现象到 1944 年基本得到克服，各种弹药的灵敏度和准确度均极大提高，使部队的战斗力得到充分保证。同时，军工部还创造出许多生产工具，如一中队研制出加工枪管膛线的机床和各种模具；二中队创造出装弹机和底火、硝药的工艺方法；三中队的特种大炉可熔化大轮盘和犁头铁，并创造出切尾翼机及各种装引信的工艺方法；四中队创造出木铣床、钻眼机等。

1944 年底，军工部的建制由 4 个中队扩大到 3 个大队、6 个分队。此时军工部迁至巢湖县，日益向专业化方向发展。其中，一大队下辖 1、2、3 分队；二大队下辖 4、5、6 分队；三大队未设分队。各分队下设若干专业生产组，具体生产分工是：1 分队负责生产枪榴筒、掷弹筒等，驻宫家滩、贾庄、小官圩、大湾鲁家一带；2 分队负责迫击炮弹的加工，驻二房墩子、七房墩子一带；3 分队负责生产和改装平射炮，驻王家墩一带；4 分队负责各种武器的翻砂铸造；5分队负责枪榴弹、平射炮弹的加工；6 分队负责硝药研制和各种弹药的装配。4、5、6 队均驻二大队驻地东吴村、青苔村附近。三大队负责修械工作，驻茅王庙村。此时，整个军工队伍发展到 800 多人。

1944 年秋，7 师军工部从坠落的国民

1946 年，陈毅（前排左三）等新四军军部领导人到达山东临沂后，视察了位于傅家庄的 7 师兵工厂，并与 7 师部分领导人及机关干部合影

党飞机上拆下 4 挺美制 M3 12.7 毫米电控机枪，经过改造成为地面用机枪。由于缺乏机枪弹，7 师生产部二大队开始研制 12.7 毫米机枪弹。加工弹头时，先铸出铜棒，然后用车床将铜棒切削成弹头，使用量规检测加工精度，控制尺寸，每天可生产弹头 100 余个；加工弹壳时，在圆钢毛坯上钻孔，再以孔的中心定位，加工带有斜度的外径和底缘凹槽；用手动压力机通过模具挤缩弹壳口、钻底火孔，钻底火孔的难度最大，每天只能加工 10 余个；机枪弹的发射药由土硝和切碎的电影胶片配制而成，然后进行总装。机枪弹造出来后，经战场试验，效果不错，射程远，能压制敌人的轻机枪火力，封锁敌人的进攻。到日本投降前，7 师生产部二大队总共生产了 1099 发 12.7 毫米机枪弹。

1945 年 8 月，军工部已有 26 种产品，计生产各种炮弹 51624 发，各种复装枪弹 68839 发，60 毫米平射炮 15 门，枪榴筒 288 具，65 毫米迫击炮 15 门，刺刀 360 把，修枪 267 支等。这些武器弹药为 7 师打击日伪军发挥了强大威力。

抗战胜利后，根据国共两党达成的协议，中共中央决定将广东、浙江、苏南、皖南、皖中、湖南、湖北、河南（豫北除外）8 个解放区的部队撤到陇海路以北和苏北、皖北解放区。1945 年 9 月，7 师军工部分 3 路北撤。1946 年初，抵达山东临沂傅家庄。当时陈毅军长亲自来到傅家庄视察 7 师军工，参观了安装待产的兵工厂车间，听取军工部部长张昌龙、政委林立的汇报。1946 年 6 月，山东军区军工部与新四军各军工部合并，成立华东军区军工部。至此，7 师军工部胜利完成了光荣使命。

新四军浙东游击纵队兵工厂旧址之一——上虞市陈溪乡陈溪村祠堂。1945 年 1 ～ 9 月，新四军浙东游击纵队在此修造枪支弹药

浙东游击纵队政委谭启龙（中）和参谋长刘亨云（右）、政治部主任张文碧（左）在一起

浙东纵队军工股

　　浙东纵队军工股最初是在鲁苏战区淞沪游击队暂编第 3 纵队随军修械所的基础上建立发展起来的。鲁苏战区淞沪游击队暂编第 3 纵队是共产党领导下的一支抗日武装队伍，由于皖南事变后共产党领导的抗日武装力量在浙东地区比较薄弱，中共浦东工委通过统战关系，采取"灰色隐蔽"的办法取得了国民党鲁苏战区淞沪游击队暂编第 3 纵队的番号。这支部队是开辟浙东抗日根据地的骨干力量之一，也是后来组成新四军浙东游击纵队的基础。

　　1941 年 9 月，朱连根等人组成的修械小组，随鲁苏战区淞沪游击队暂编第 3 纵队从浦东南下到"三北"（即余姚、慈溪、镇海三县北部地区）一带。1942 年初，修械组更名为修械所，驻余姚县陆埠镇虹赤岭的吉祥寺。

　　1943 年 12 月，浙东的抗日游击武装队伍整编为新四军浙东游击纵队，何克希任司令员，谭启龙任政委。同时，修械所迁至余姚县四明山一带，扩建成浙东游击纵队兵工厂，此时已经开始试制手榴弹，制造迫击炮。

　　兵工厂在四明山期间，在余姚北部海边发现日军封锁杭州湾埋设的数枚水雷，一个水雷内装 100 ～ 150 千克炸药。在当地百姓的帮助下，工人们将水雷抬到修械所并从其内部取出全部炸药。

　　随着兵工生产规模的不断扩大，兵工厂的组织管理也逐渐加强。1944 年 11 月，浙东纵队军工股成立，朱连根任股长，将兵工厂扩建为榴弹厂、翻砂厂和修械所，有 100 多人。同年 12 月，军工股试制出 2 门 37 毫米平射炮。

　　1945 年 1 月，浙东纵队军工股迁至浙江省上虞市陈溪乡。同年春季，兵工厂开始自制 60 毫米炮弹和枪榴弹。当时，浙东纵队 5 支队机炮中队缴获一批 82 毫米迫击炮后，兵工厂在两周时间内将该炮改为平射、曲射两用的迫击炮。浙东纵队使用这种迫击炮进行平射，将伪军田岫山部队的碉堡一个个炸开，歼敌 1000 余人。

　　从 1941 年 9 月的随军修械小组开始，到 1945 年 8 月抗日战争胜利为止，4 年多的历程中，浙东纵队兵工人员从几个人发展到近 400 人，设备由十分简陋的手工修械工具发展到拥有车床、刨床、冲床等近10台机器的规模，并有了为机床提供动力的柴油机以及大批工具设备。兵工厂从仅能简单地修械到能够批量制造刺刀、手榴弹、地雷、枪弹、枪榴弹、60毫米迫击炮及其炮弹和各种引信、炸药等近20种武器弹药。

1945年9月下旬，浙东纵队根据上级指示开始北撤，掩埋了机器设备，就地疏散大部分兵工人员，只留下70余名骨干、技术人员组成工人大队，分别由朱连根、陈鸣治率领，于10月初分两批从海上撤到苏北，后由上级军工部门统一分到各兵工单位。

黄花塘会议促进军工大发展

1944年9月21日～10月初，新四军军部在淮南盱眙县黄花塘召开华中兵工厂生产会议。1师程望、2师王新民、3师田汝孚、4师李仲麟、6师程铿、浙东纵队朱连根分别代表各师（纵队）参加了会议，5师因路途遥远未派代表。

位于江苏省盱眙县黄花塘村的新四军军部纪念馆。从1943年1月初到1945年2月底，在全国抗日战争由相持阶段转入反攻阶段的关键时期，新四军军部移驻黄花塘，并于1944年9～10月在此地召开了著名的黄花塘会议——华中兵工厂生产会议

这次会议的主要议题是调动数千名兵工大军的积极性，努力生产武器弹药，保障抗日战争大反攻作战的需要。各师代表在会上交流了军工生产的经验教训，汇报了生产规模、主要产品的产量以及今后的设想。

会议展览室里摆满了各师、各旅生产的武器弹药：有经过修理的机枪、步枪、手枪；有工厂生产的刺刀、地雷、手榴弹等各式自制武器；有自行研制、仿制、改装的枪榴筒、掷弹筒、轻型迫击炮、平射炮、平曲射两用迫击炮，以及山炮等重型武器；还有炮弹、枪弹、信号弹、枪榴弹等各类弹药，品种繁多，琳琅满目，使参加会议的代表们大开眼界，信心倍增。会议期间，1师生产的轻型迫击炮，2师生产的37毫米平射炮、瞬发炮弹及延期炮弹，3师生产的枪榴筒及枪榴弹，4师生产的掷弹筒，6师改装的平射、曲射两用炮都在会上进行了实弹射击演示。

张云逸副军长、赖传珠参谋长自始至终参加了这次会议，张云逸副军长在会上作了形势与任务的报告，赖传珠参谋长作了总结报告。黄花塘会议的召开，对华中抗日根据地的军工生产是一个极大的推动。在会议精神的推动下，新四军各师各旅的军事工业进入大发展时期。到抗战胜利前后，出现了拥有100人以上、大设备在10台以上、并有固定厂房的兵工厂达50多个。

1945年10～11月，根据国共两党达成的双十协定，共产党领导的军队撤出江南地区。江南的新四军6师、7师、苏浙军区和浙东地区的军工部先后渡江北上。除7师军工部撤到山东以外，其余均在淮阴、淮安集结待命。12月，在淮安成立华中军区军工部，孙象涵任部长，李仲麟、王新民任副部长，罗龙生任政委，吴屏周任副政委。原1师军工部改为华中第一总厂，许斌任厂长，王季芬任政委。原4师军工部和6师军实科合并为华中第二总厂，李仲麟兼任厂长，张心宜任副厂长兼总支书记。原3师军工部，除田汝孚带领部分同志去东北外，留下的人员改为华中第三总厂，胡庆仁任厂长。原苏浙军区军工科改为军工部直属工厂，厂长魏锋。原苏中军区各军分区的军工部门合并成立苏中军区军工部（业务上属华中军区军工部领导），部长何衣，政委杨巩。

新四军和华中抗日根据地的军事工业经历了从无到有、从小到大、自力更生、团结奋斗的艰难而光荣的历程。兵工战线的各级领导和广大工作人员以惊人的毅力、杰出的智慧，乃至用鲜血和生命创造了武器生产制造的奇迹，为夺取抗日战争的胜利作出了杰出贡献。

黑色沃土书磅礴
——东北军区的军事工业

□ 更云

　　抗日战争胜利后，国民党向东北大举运兵，企图消灭共产党在东北的抗日武装。共产党为粉碎这一阴谋，从关内各解放区抽调一批部队进入东北。1945年10月，东北人民自治军成立，林彪任总司令，彭真、罗荣桓分别任第一、第二政委，到年底陆续成立了锦热、辽宁、辽东、辽西、辽北、吉林、松江、三江、嫩江、北安10个军区。1946年1月，东北人民自治军扩编为东北民主联军，将原来划分的军区先后合并为东满、西满、南满、北满4个二级军区。1948年1月，东北民主联军扩编为东北人民解放军，民主联军总部改称东北军区兼东北野战军领导机关，辖合江、龙江、嫩江、松江、牡丹江、吉林、辽吉、辽东、冀察热辽、内蒙军区和12个纵队。在东北解放武装力量不断扩大的同时，其军事工业也发展壮大起来——

　　1945年10月，东北人民自治军后勤部在沈阳组建军工部，韩振纪任部长兼政委。1947年，东北的军工生产初具规模，部队得到了源源不断的弹药补充。1947年2月，军工部从东北民主联军总部后勤部划出，改由总部直接领导，东北民主联军参谋长伍修权兼任军工部部长。同年5月，韩振纪任军工部部长，其领导的珲春军工生产基地为当时东北地区发展军工生产打下了基础。1947年8月，黄克诚任东北民主联军副司令员兼后勤司令员，总管后勤的供应、军工和军需工作。1947年9月，东北民主联军副政委罗荣桓、参谋长伍修权在哈尔滨主持召开东北各地军工负责人会议，决定重新成立东北民主联军军工部，何长工任部长，伍修权兼任政委，韩振纪、江泽民、王逢原任副部长；各军区、各纵队的军工部门统归军工部领导。从此，东北的军工生产告别了分散和小规模经营状态，进入大发展时期。

　　从1947年9月起，军工部统管东北9个军工办事处及军工部直属兵工厂，形成了比较完备的军工生产体系。东北解放区军工体系的建立，为解放战争的胜利奠定了坚实的物质基础。在1948年下半年的辽沈、淮海、平津三大战役中，解放军的炮火发挥了巨大威力。辽沈战役结束后，解放军又接管了位于沈阳、抚顺的国民政府兵工署第90工厂总厂及其4个分厂，并获得大批军火，生产能力大为增

1947年2月，东北民主联军参谋长伍修权兼任军工部部长。图为土地革命时期的伍修权

强。随着东北全境的解放和铁路线的贯通，满载物资和弹药的火车昼夜不停地运往关内，支援中原地区和渡江作战。如在淮海战役中，中原野战军将国民党黄维兵团包围，黄维凭借众多的美式火炮，收缩成一

个圈，用密集火力让解放军无法接近，他自称是个啃不动的"硬核桃"，而华东野战军调集重炮猛轰，终于敲碎了这个"硬核桃"。粟裕大将曾感慨地说："淮海战役的胜利，要感谢山东老乡的小推车和大连的大炮弹！"

军工部管辖的9个军工办事处分别是位于珲春的第一办事处、位于兴山的第二办事处、位于鸡西的第三办事处、位于北安的第四办事处、位于齐齐哈尔的第五办事处、位于牡丹江的第六办事处、位于吉林的第七办事处、位于哈尔滨的第八办事处以及位于大连的第九办事处。这9个军工办事处及其所属兵工厂的演变情况分述如下。

第一办事处

东北军区军工部第一办事处的前身是东北人民自治军军工部珲春办事处，亦称东北军区军工部珲春办事处。

1945年10月14日，东北人民自治军后勤部军工部在沈阳成立，立即接收原日

伪奉天造兵所、日本关东军"九一八"工厂和孤家子火药厂等。接收不久就修复3辆坦克，复装10余万发步枪弹和手枪弹，制造无烟药近10吨，还装配了一批枪支。11月28日，军工部奉命撤离沈阳，由于行动急，时间紧，只运出少量物资器材。12月初，军工部路经抚顺时又收集110余台设备和大约300吨五金材料。12月中旬，转移到通化二道江，接收伪军东边道开发株式会社修理工厂，在该厂址组建兵工厂，陈亚藩任厂长，马树良任政委。兵工厂下设枪械分厂、枪弹分厂和修理分厂。另外，军工部还设有化学厂和炼钢厂。化学厂由周明任厂长，李延林任副厂长，叶修青任政委；炼钢厂由苏维民任厂长，任克任政委。

1946年3月末，中共中央东北局书记、东北民主联军政委彭真在吉林省梅河口召开会议，研究军工生产基地建设问题，决定军工部从通化向吉东（1946年1月，中共吉辽省委成立，下设吉林、吉东、辽北、通化4个分省委及4个军区）转移；同时部署突击生产军火以供四平保卫战使用。4月，军工部王逢原副部长带领首批人员及设备、物资组成专列离开通化向图们进发，到达图们后，在合水坪木材加工厂和矿山修理厂旧址筹建枪械厂，在东盛涌枪弹所旧址筹建枪弹厂，在石岘造纸厂筹建化学厂（后改为手榴弹厂）。

1946年6月，国民党军进占新站、拉法，对吉东构成威胁。鉴于日趋严峻的形势，东北民主联军总部决定，手榴弹厂暂留石砚，其余工厂迁往珲春，月末全部迁完。在6月24～30日一周的时间内，300节车皮的设备器材及100节车皮的物资弹药全部运到珲春。珲

中共中央东北局书记、东北民主联军政委彭真

1946年7月，位于珲春的枪弹厂成立，莫文祥任该厂政委。图为1981年9月就任航空工业部部长、党组书记的莫文祥（右）向邓小平（左）汇报工作

春位于中朝苏三国交界的山间盆地，不仅隐蔽条件好，而且交通便利。图们江和珲春河在此地汇合，与朝鲜一江之隔，到朝鲜仅 5 千米，到苏联边境仅 15 千米，有水路、公路及铁路通行。军工部在此地设有枪弹厂、机械厂、炼钢厂、装药厂及木工厂，建起东北最早的大型军工生产基地。

枪弹厂设在珲春西北的关门嘴子矿山宿舍，有设备 123 台，职工 268 名，仍以复装枪弹为主，兼造雷管壳，孙景斌任厂长，莫文祥任政委。炼钢厂设在珲春英安东站，设备 14 台，职工 73 名，苏维民任厂长。机械厂设在珲春原煤矿仓库旧址，有设备 222 台，职工 340 名，主要生产 81 毫米、82 毫米迫击炮弹，并制造火炮及其零部件，并检修、改造、制造短缺设备，陈亚藩任厂长，张修竹任政委。

1946 年 8 月下旬，军工部决定在珲春北大营原日军医院旧址新建装药厂，赵引任厂长，叶青任政委。该厂有设备 10 台，职工 135 名，负责装配炮弹、引信及制造火工品。9 月，在机械厂附近新建木工厂，专门为各厂制造包装箱及供应木材成品，有圆锯机床 2 台，职工 38 名，王凤山任厂长。

1946 年底，军工部将枪弹厂、炼钢厂的设备及人员转移至朝鲜阿吾地，后分别转入吉林省通化、延边，这两个工厂以后发展成为军工部第二办事处管辖的企业，在珲春的装药厂、机械厂、木工厂以及在石岘的手榴弹厂以后发展成为军工部第一办事处管辖的企业。

自 1946 年 7 月～1947 年 9 月，军工部所属工厂共生产木柄手榴弹 88.3 万枚，81 毫米、82 毫米迫击炮弹 12.2 万发，6 号雷管 103 万个，修理和改造机床 60 台，修配变压器、电机等电器 247 台，还制造了 33 台设备和工装、工具、量具 3222 件以及机器零件 1073 个，自制铁钉 3000 千克。

1947 年 10 月召开的军工会议决定，军工部机关改驻哈尔滨，原在珲春的军工部机关改为军工部第一办事处，韩振纪兼任主任，马树良任政治部主任。第一办事处下辖的 4 个兵工厂以生产 81 毫米、82 毫米迫击炮和手榴弹为主，兼造迫击炮、九二式 70 毫米步兵炮、枪炮零部件及修理机床。

第一办事处成立时，有职工 1631 名，机器设备 243 台。为满足生产需要，后又修复和自制一部分专用机床和短缺设备，共有机器设备 387 台，变压器 32 台，电机 184 台。第一办事处成立后，一是继续解决手榴弹防潮问题，确保爆炸成功率；二是继续解决弹体

1947 年 10 月，东北民主联军军工部副部长韩振纪兼任军工部第一办事处主任。中华人民共和国成立后，他历任重工业部机械局局长、中国人民解放军总后勤部军械部部长等职，1955 年被授予中将军衔

铸造质量问题，不断提高良品率；三是不断完善工艺，提高雷管成品率，使原烘干温度由 40℃ 提高到 70℃，雷管成品率由原不到 80%，改进后达到 99%；四是加强技术教育，提高徒工的熟练操作能力。由于采取了一系列措施，提高了产品的产量和质量。

1948 年 5 月，第一办事处停止手榴弹的生产，集中力量生产 81 毫米迫击炮；不久又停止迫击炮的生产，开始试制日本九二式 70 毫米步兵炮。试制中，没有加工炮管膛线的拉丝床，就用龙门刨床配上齿轮旋转拉杆代替。1948 年 11 月，试制成功九二式 70 毫米步兵炮，开创了根据地兵工在东北制造后膛炮的先河。

第一办事处共生产木柄手榴弹 31.4 万枚，81 毫米迫击炮弹 98.6 万发，82 毫米迫击炮弹 3.1 万发，81 毫米迫击炮弹 214 发，81 毫米迫击炮 45 门，九二式 70

毫米步兵炮9门。

1949年初，马树良任第一办事处主任，韩文、赵引任副主任，铁冲任总支部书记。1949年7月，根据军工部的调整部署，第一办事处的机关干部、机械厂的全部人员、手榴弹厂的大部分人员及其全部设备，分别从珲春、石岘迁移到位于哈尔滨平房的军工部直属第三厂或北满其他厂；在机械厂旧址组成废弹处理厂，该厂以装药厂为主，加上从手榴弹厂抽调的从事火工品工作的人员，共400余人。

1949年9月，第一办事处撤销，废弹处理厂改为第43工厂，刘德林任厂长，主要任务是处理日伪时期和解放战争时期散落在各地的大约10万发废旧炮弹。对可以利用的炮弹，首先将炮弹引信拆卸下来，加热溶出炸药，加工成工程炸药，弹头则送往钢厂炼钢；对无法回收利用的炮弹，运到指定地点引爆销毁。这项工作比制造炮弹更危险、更繁重，处理毒气弹就更加困难了。第43厂在当地政府部门的支持下，先后处理销毁废弹1205.8吨，修复、改装炮弹1995.7吨，这些任务是与沈阳废弹处理厂共同完成的。

1949年底，废弹处理任务基本完成后，第43厂撤销，厂房移交地方政府，人员设备大部分调往第42厂，其余人员设备分配到沈阳等地的企业。

第二办事处

第二办事处的前身是军工部兴山（现黑龙江省鹤岗市）办事处，兴山办事处组建于1947年2月，所属工厂有手榴弹厂、炼钢厂及枪弹厂。

手榴弹厂建于1946年8月，主要由军工部派到佳木斯的王逢原、周鉴祥等人筹建，接收了原合江军区后勤部的炸弹厂（即"合江铁工厂"）及东北军政大学的一部分机器设备，并在佳木斯飞机场收集了几部车床，在佳木斯光复大街建立手榴弹厂。

1947年10月，兴山办事处编为军工部第二办事处，军工部副部长王逢原兼任主任，任忠浩任副主任，徐之仁任政治处主任。第二办事处机关设有5个科室，同时将佳木斯的手榴弹厂、通化的炼钢厂以及延边的枪弹厂都迁至兴山，依次编为第一、二、三厂。此外，还建立1个生产手榴弹木柄和枪弹包装箱的木材厂。

1948年，第二办事处将第三厂扩建为第三、四、五、六厂。这样，第二办事处所属兵工厂的具体分工为：第一厂生产手榴弹；第二厂炼钢；第三厂修造机器和制造生产枪弹的专用工具；第四厂生产枪弹壳；第五厂生产枪弹头；第六厂装配枪弹；木材厂生产手榴弹木柄和包装箱。此时第二办事处拥有大小生产设备300台，职工1763人。

随着东北解放战争的不断胜利，根据东北军区军工部的命令，从1949年开始，军工部第二办事处完成其历史使命，转产并逐步从兴山迁出。

第三办事处

第三办事处的前身是军工部鸡西办事处。鸡西办事处筹建于1946年6月，对外称"建安公司"，所属工厂主要生产手榴弹、爆

1947年10月，兴山办事处编为东北民主联军军工部第二办事处，军工部副部长王逢原兼任主任

破筒、81毫米迫击炮弹、50毫米掷榴弹、60毫米迫击炮弹、信号弹等军工产品。

1946年6月，军工部派叶林等人到鸡西筹建军工办事处。随后，乐少华、钱志道、郝希英等从延安抽调的30余人以及东北地区的80余名日籍技术人员和工人到达鸡西。1946年10月，手榴弹厂开始筹建。

为了加快手榴弹厂建设，第三办事处招收了一批技术人员和工人。为了解决设备和原材料问题，第三办事处将东北人民自治军从四平、长春撤退时转移到哈尔滨的一批弹药物资、驻哈尔滨办事处的机电设备以及采购的150多车皮的物资器材运到鸡西。后又组织一批干部冒着严寒分赴牡丹江、佳木斯等中小城市和工矿区收集采购物资器材。木材、煤炭极缺，采购不到，就自己组织力量生产。在冰雪里，硬是把150多台机械设备用人力拉到工房。到1947年初，手榴弹厂基本建成。2月中旬，日产手榴弹已达2500枚。

1947年2月1日，中共中央发出《迎接中国革命的新高潮》的指示，鸡西办事处筹备组根据中央指示，本着以地区配套为原则，在大批量生产手榴弹的同时，集中力量着手筹建炮弹装配厂、炮弹零部件机械加工厂、翻砂机械修理厂，扩大生产能力，增加弹药品种。1947年3月初，经东北民主联军后勤部批准，军工部鸡西办事处成立，乐少华任主任，钱志道、汤钦训任副主任，曾杰任政治处主任。

鸡西办事处下辖4个工厂。第一厂集中力量扩大手榴弹生产，边生产、边补充工装工具和机械设备，生产出的手榴弹随时装上火车发往前线。第二厂利用随时修好的厂房突击修理、安装机械设备，制作工具、工装，做好炮弹机械加工的准备工作，接着大批量机械加工炮弹零部件。第三厂修建旧房屋，一部分作为翻砂工房，生产炮弹壳和手榴弹壳；另一部分作为熔铜工房，铸造引信体。第四厂利用在第一厂厂区的3栋工房制作雷汞，生产手榴弹用的6号雷管和50毫米掷榴弹。

1947年4月初，东北民主联军参谋长伍修权到鸡西检查工作并主持召开军工会议，指示要加快珲春、兴山、鸡西、哈尔滨4个军工办事处的建设，决定从珲春调拨50台机器设备给鸡西，扩大手榴弹和迫击炮弹的生产能力。

根据4月会议确定的任务，鸡西办事处一方面加快第二、三、四厂厂房修建、改建与机电设备修理安装工作；另一方面加快50毫米掷榴弹和82毫米迫击炮弹复装试制工作。6月份开始生产掷榴弹，

1935年，钱志道毕业于浙江大学化学系，曾任陕甘宁边区军工局一厂化学工程师。1946年6月，他率领一部分人支援东北的军工建设。1947年2月，任军工部鸡西办事处副主任，后任东北兵工局副局长、一机部导弹部总局局长、中国科技大学副校长等职，1955年当选为中国科学院学部委员

1944年5月，在陕甘宁边区厂长暨职工代表会议上，钱志道被评为"特等劳动英雄"，受到毛泽东的接见并为他亲笔题词

当月生产出1200发。7月份开始82毫米迫击炮弹的试制工作，到12月末，生产出3万发。

1947年10月军工会议后，鸡西办事处编为军工部第三办事处，在继续抓好手

齐齐哈尔建华机械有限公司的炮弹加工生产线，该公司的前身是国民党的"嫩江省修械所"。1946年4月，该所被东北民主联军西满军区军工部接收，后发展成齐齐哈尔建华有限公司

东北军区军工部所属工厂生产的迫击炮（现存于辽沈战役纪念馆）

榴弹、50毫米掷榴弹、82毫米迫击炮弹以及雷管生产的同时，又重点抓了60毫米迫击炮弹的设计和试制工作。60毫米迫击炮弹是以缴获美制60毫米迫击炮弹为基础，结合81毫米、82毫米迫击炮弹的结构改型设计的，到1948年4月试制成功，并开始批量生产。

辽沈战役结束后，第三办事处于1948年10月下旬奉命调一大批干部南下。1949年2月，中央军委决定停止手榴弹生产。9月，第三办事处改称第23工厂，该厂的主要任务由生产前膛炮弹改为生产后膛炮弹，开始生产76.2毫米野战炮榴弹，孙云龙任厂长，梁富民任副厂长，林世超任党委书记。

第四办事处

第四办事处由吉林军区军工部与辽东军区军工部合并而成。1947年4月，吉林军区军工部成立，张汉杰任部长，姜开进任政委，下辖修械厂、手榴弹厂和枪弹复装厂。1948年1月，东北民主联军改称东北人民解放军，其军工部改称东北军区军工部。同时，东北军区军工部接管吉林军区军工部，将其迁往黑龙江省北安市，改编为军工部第四办事处，吴云清任主任，涂锡道任政委。4月，辽东军区军工部也划归东北军区军工部，编入第四办事处。第四办事处所属工厂主要有一厂、二厂、木材厂。一厂建在南大营，负责修械、弹体翻砂铸造、机械加工及冲压焊接等；二厂建在东大营，负责炮弹总装；木材厂负责生产枪托和炮弹包装箱。7月，第四办事处根据军工部下达的任务，开始试制和生产81毫米迫击炮弹。同年10月，第四办事处撤销，改为北安炮弹总厂，归第五办事处管辖。

第五办事处

第五办事处的前身是新四军第3师军工部。1946年4月，新四军第3师军工部30多人在部长田汝孚的率领下随军进入齐齐哈尔市，建立嫩江军区军工部，后改称西满军区军工部。该部接收了"嫩江省修械所"（现为齐齐哈尔建华机械有限公司），成立机械

位于牡丹江市西三条路的东北军区军工部第六办事处旧址，现为黑龙江北方工具有限公司厂址

厂和装配厂，生产迫击炮弹和手榴弹。同年6月，西满军区军工部奉命将这两个工厂迁至嫩江县，在齐齐哈尔市只留着几十人修理枪械。迁至嫩江县后，为了扩大生产能力，将讷河县民主联军某部修械所的设备和人员并入，扩建成3个分厂：一分厂为机械加工厂，二分厂为弹药厂，三分厂为铸造厂。

西满军区军工部在嫩江期间共生产81毫米迫击炮弹3300发、82毫米迫击炮弹4624发、手榴弹21730枚，还修复了一部分军械。1947年4月，着手试制60毫米迫击炮弹。7月，又由嫩江迁回齐齐哈尔市，接收了解放木工厂、氧气厂和汽车修理厂，组成机械加工、弹药、木工、修械、汽车修理和铸工6个分厂。9月，汽车修理厂移交给其他单位，铸工分厂并入机械加工分厂，只保留4个分厂。

1947年，西满军区军工部共生产81毫米迫击炮弹150054发、85毫米炮弹5160发、手榴弹62698枚、68毫米炮376门、68毫米炮弹13566发、爆破筒6000个。此外，还完成了各种军械的修理任务。

1948年4月，西满军区军工部划归东北军区军工部，编为第五办事处，驻齐齐哈尔市，田汝孚任主任兼政委。同年10月，接收洮南修械厂和北安炮弹总厂，此时职工达到近2000人，机器340多台，到年底共生产60毫米迫击炮弹151615发。1949年3月，东北军区后勤部军工部决定将北安炮弹总厂从第五办事处划出，列为直属六厂。

第六办事处

第六办事处的前身是牡丹江炮兵工程处。1946年初，牡丹江军区后勤部在牡丹江市西三条路成立修械所。1947年3月，该修械所改称炮兵工程处。同年10月，炮兵工程处改称东北军区军工部第六办事处，由炮兵司令部和军工部双重领导，主任沈毅，政委许兴，主要任务是修复火炮。同月，第六办事处在牡丹江市成立炮弹复装厂，该厂的主要任务是复装四一式山炮炮弹，因场地狭小，于1948年8月迁往敦化建厂。1948年2月，第六办事处接收哈尔滨道外十九道街由白俄罗斯经营的皮革厂，接收后该厂生产了大量炮车鞍架、挽具等各种皮件。

第六办事处从1947年10月成立到1948年9月，共修理各种火炮609门。1949年1月，东北军区后勤部军工部机关迁至沈阳市，并在哈尔滨市成立军工部北满分部，部长乐少华，政治委员王盛荣，负责管理北满、东满各办事处和直属厂。同时，第六办事处撤销，所属修炮厂改为军工部北满分部直属四厂，敦化炮弹复装厂改为军工部北满分部直属五厂，哈尔滨皮革厂交地方政府管理。

1946～1949年期间，第六办事处修理82毫米迫击炮、重型迫击炮、九二式步兵炮、战防炮、榴弹炮、高射炮、加农炮等共17911门，这些炮装备了7个炮兵师和野战纵队的炮兵团。

第七办事处

1948年8月，东北军区军工部在吉林市成立第七办事处，军工部副部长韩振纪兼任办事处主任，张广才任政委。第七办事处所属工厂的档案资料现只有吉林三厂的一些介绍，其他工厂的情况无档案记载。

吉林三厂的前身是吉林机器局。吉林

机器局始建于 1881 年，是清朝政府于末期在东北建立的第一个兵工厂，现址在吉林市昌邑区，最初曾生产抬枪、骑铳、雷管、鸟铳、地雷、水雷等。辛亥革命后，东北军阀张作霖将其改为吉林军械支厂，主要生产马鞍、背带、军用水壶等。1948 年 3 月，吉林市解放，吉林机器局由东北军工部第七办事处接管，组建成吉林三厂，此时该厂有职工 1150 人，机器 330 余台，主要生产 82 毫米迫击炮及炮弹、60 毫米迫击炮等。

1949 年 7 月，东北的军工生产任务减少，第四办事处的几个工厂和辽南军区后勤部直属十二厂并入吉林三厂，新址选定在吉林市江北区原日本关东军特钢所旧址处。1949 年 9 月，东北军区军工部将吉林三厂改名为第 41 厂，吴云清任厂长。

1950 年 6 月，抗美援朝战争爆发，第 41 厂加紧试制生产手榴弹、爆破筒拉火具、五一式引信、五三式引信。1951～1952 年期间，该厂为志愿军提供 5119 型手榴弹 199.7 万枚，五一式引信 48.3 万个、五三式引信 29.6 万个，并形成了年产五一式引信 200 万发、五三式引信 100 万发、76.2 毫米炮弹底火 300 万发的生产能力。

该厂为抗美援朝做出了巨大贡献，得到了党中央领导的高度赞扬。1952 年 8 月 15 日，中央人民政府副主席、中国人民解放军总司令朱德亲自来到第 41 厂一车间和工具车间，慰问辛勤工作的一线工人。

1952 年底，第 41 厂隶属中央兵工总局领导，更名为国营江北机械厂。

第八办事处

第八办事处的前身是东北军区军工部

吉林机器局大门旧址。1948 年 3 月，吉林市解放，吉林机器局由东北军工部第七办事处接管，组建成吉林三厂

驻哈尔滨办事处，于 1946 年 6 月成立。当时，哈尔滨办事处了解到前线部队急需能够摧毁敌人坦克、装甲车辆的武器，立即组织反坦克武器的研制生产工作。以乐少华、钱志道、汤钦训等几十名干部为骨干，设计并制造出反坦克燃烧瓶，共计 47161 枚。紧接着又制造出第二种产品——雷管，先后共生产出 6 万个雷管，及时供给前线部队使用。

1947 年 4 月，军工部要求哈尔滨办事处在 3 个月内生产出 200 具掷弹筒和 5 万发掷榴弹。为完成这一任务，经办事处与市政府领导研究决定，动员私营和公营工厂进行生产。到 1947 年底，参加军工生产的私营企业已达 300 余家，不仅制造出掷弹筒、掷榴弹，还制造出 60 毫米迫击炮及炮弹、82 毫米迫击炮弹、马刀、信号枪等武器装备。各私营工厂生产出的炮弹零件最终由办事处技术室进行装配。

1947 年 10 月，哈尔滨办事处撤销，成立实验总厂，划归东北军区军工部直接领导，负责安排私营工厂的加工定货、结算付款、技术指导，安排为其提供图纸、工具及材料，并负责各种武器弹药的总装配、靶场试验和交付部队。实验总厂设有 8 个附属工厂：直属厂设有机加工车间、工具车间、检验车间和总装车间，公营和私营工厂加工成的零部件送直属厂验收、组装成品；东厂原是东北民主联军第六纵队设在南岔的修械厂，1948 年 3 月迁到哈尔滨归属实验总厂，承担 60 毫米、82 毫米迫击炮弹弹体、尾翼的加工；正记翻砂厂由实验总厂派人筹建，主要负责翻砂铸造 60 毫米、82 毫米迫击炮的弹体；星记工厂由哈尔滨办事处技术室扩建而成，主要负责各种炮弹的总装；胶木厂是 1948 年 3 月由一家化工厂改建的，主要生产胶木引信、扩爆管等；联合一厂于 1947 年 11 月建立，主要生产迫击炮弹尾管、尾翼、扩爆管等；联合二厂于 1947 年 10 月建立，主要生产炮弹引信、底火座及各种铜件；联合三厂于 1947 年 10 月建立，主要生产弹体。3 个联合工厂是实验总厂在市总工会的支持下和资本家自愿的原则下，把私营工厂中一部分较好的设备和熟练的工人集中起来建立的。集中起来的设备不是没收，也不是征用，而是入股，利润按私营方股金和提供的设备多少来分红，实验总厂派军代表任公方厂长，工厂工资由联合工厂支付。这种军工动员生产形式是一个创造，在当时是行之有效的。

1947 年初，军工部先后派刘正栋、夏光伟、边成增等人到三十六棚铁道工厂（1898 年，沙皇俄国侵入中国，在东北修筑铁路时，在哈尔滨建有"哈尔滨临时总工厂"，由于该厂的工人们都居住在哈尔滨最大的贫民窟"三十六棚"，故该厂亦有"三十六棚铁道工厂"之称）组织军工生产。在不到 2 个月的时间里就完成了上级下达的生产 1000 支信号枪的任务。接着又生产出 1000 具 50 毫米掷弹筒。其铸造分厂承担了 60 毫米迫击炮弹和 82 毫米迫击炮弹的弹体铸造，日产量 3000 个，成品率达 80% ~ 90%。锻造分厂还负责锻造带血槽的马刀，用于装备骑兵部队。此外，1947 年秋季攻势之前，三十六棚铁道工厂还根据前线作战的需要，设计出有 4 个小车轮的土坦克，其 1 米多宽、1.7 米长，前后有射击孔，用 13 毫米厚的钢板焊成，外壳呈流线形，能乘坐 1 人，安装 1 挺机枪，人力推行可前进、后退、左右转弯，共生产出 18 辆送往前线，在秋季攻势中发挥了很大作用。

1948 年，实验总厂对私营工厂进行整顿，承担军工生产的工厂由 1947 年的 300 多家减少到 56 家。整顿后，专业化生产程度提高，产量大大增加。

1948 年 10 月，军工部决定在哈尔滨实验总厂的基础上成立军工部第八办事处，辖有实验总厂、星记工厂、联合一厂、联合二厂、联合三厂和被动员进行军工生产的私营各厂。1949 年 3 月，哈尔滨第八办事处撤销，将其所属哈尔滨星记工厂、实验总厂分别列为直属七厂、八厂。同年 5 月以后，3 个联合工厂撤销，设备和工人退回到私营工厂。同年 9 月，哈尔滨市的军工动员生产结束。

第九办事处

第九办事处又称大连建新工业公司。从 1947 年成立至 1950 年

东北军区军工部所属工厂生产的信号枪（现存于辽沈战役纪念馆）

末结束的 4 年期间，共生产 75 毫米山炮弹 53.58 万发，炮弹引信 82.8 万个，炮弹底火 60.9 万个，各种型号的无烟药 453 吨，60 毫米迫击炮 1430 门，苏式冲锋枪 563 支，还制造了一批用于军工生产的机器设备以及多种民用产品。

1946 年 8 ~ 9 月，东北民主联军副司令员肖劲光到达大连，其调查研究后，向中共中央建议充分利用大连的优越条件组织军工生产。1946 年 11 月，中共中央军委通知山东、晋冀鲁豫、华中、晋察冀军区速派干部并携带资金到大连筹办兵工厂。

胶东军区接到通知后，即派刘振等 10 余人到大连。中共旅大地委大力支持，当即成立了军工生产委员会，由公安总局局长边章伍任主任，胡俊、刘振任副主任，以公安总局工业科的名义开展工作。1946 年 11 月，公安总局接管了大连机械厂，当时，大连机械厂已遭破坏，精密设备被运走，只剩下几台难以拆卸的水压机和百十台破烂不堪的皮带车床。工人们紧急修复机床，利用工厂库存的火车轴为原料，试制出 75

毫米山炮弹弹体。从 1946 年末至 1947 年
4 月，生产出 7000 多个弹体运往胶东。随
后，晋察冀、辽东、辽南等地也相继派人
到大连。由于这些人员及其派出机构的隶
属关系还属于原所在单位，管理上并不顺
畅。1947 年 3 月，中共中央华东局财委副
主任朱毅率领 60 余名干部到达大连，成立
了以朱毅为书记的华东局财委驻大连工作
委员会，统一管理华东各个地区派往大连
的人员和机构。同时，中共旅大地委调整
了军工生产委员会，边章五任主任，朱毅、
周光任副主任。不久，朱毅任主任。

　　1947 年 5 月，军工生产委员会派吴屏
周、刘振等人在大连郊区甘井子胶合板厂
旧址筹建弹体加工和炮弹总装厂，将大连
机械厂弹体生产线的人员、设备全部迁入，
定名为裕华工厂。同年 7 月，派吴运铎、
杨成忠等人到采石场旧址筹建炮弹引信生
产厂，定名为宏昌工厂。与此同时，旅大
地委一面将各地来的干部陆续派进苏军从
日军手中接管的大连化学、大华、进和、
制罐等工厂熟悉情况；一面与苏军联系，
办理上述工厂移交给中方的事宜。1947 年
7 月 1 日，这些厂正式移交军工生产委员会，
军工生产委员会同时改组为大连建新工业
公司，朱毅任总经理，江泽民任副总经理，
谭光廷任政委（后李一氓兼任政委），负
责领导大连各兵工厂的工作。建新工业公
司隶属华东局，经费由华东局提供。

　　建新工业公司下设 8 个工厂，裕华厂、
宏昌厂为军工专业厂；大连机械厂、铸造厂、
制罐厂负责制造军工生产需要的机器及工
具，化学厂生产发射药及其原料，炼钢厂（原
名大华炼钢厂）、金属制品厂（原名进和厂）
生产炮弹钢、工具钢。

大连建新工业公司军工生产使用过的车床（现存于辽沈战役纪念馆）

　　1947 年 9 月末，建新工业公司共有职工 2334 人。同年下半年，
国民党军队重点进攻山东解放区，致使大连与华东的往来受阻，建新
工业公司在经济上发生严重困难。中共中央东北局获悉后，当即决定
建新工业公司的经费从 1948 年起由东北局负责。

　　1948 年初，中共中央军委决定，大连建新工业公司由中共中
央东北局代管。同年 3 月，东北军区军工部将其编为第九办事处（对
外仍称建新工业公司）。同时，华东局财委驻大连工作委员会奉命
撤销，改设华东局财委驻大连办事处，主要负责军品运输工作。

　　1948 年 10 月以前，又有 51 厂、裕民厂、长兴厂等企业陆续并
入建新工业公司。建新工业公司对下属工厂进行了调整，将大连铸
造厂、裕民、长兴 3 个厂并入大连机械厂；将金属制品厂并入炼钢厂，
改名为大连钢铁厂；将 51 厂并入裕华厂。同时，中华医药公司和原
属通讯系统的光华电器公司并入建新工业公司（1949 年 4 月两个公
司又划出），光华电器公司经理段子俊兼任建新工业公司总副经理。
此时，全公司职工达 8000 人。

　　随着新解放区的迅速扩大，各地区迫切需要大批专业人员。建
新工业公司从 1949 年起，陆续抽调各类专业人员和部分生产设备支
援新解放区生产建设。

　　1949 年 10 月，建新工业公司改为东北军区军工部第 81 厂。
81 厂逐步由战时生产转向和平生产，先后生产了镀锌铁丝、铁钉、
木螺丝、锉刀、耐酸泵和耐酸器材、硬质合金、锅炉等民用产品。
1949 年的公司总产值中，民品产值占 53.3%。

　　建新工业公司是以生产后膛炮弹，即仿制日式 75 毫米炮弹为

主的兵工大型联合企业，该公司生产75毫米炮弹的技术工作突出表现在以下五个方面：

一是生产发射药。该公司接收大连化学厂以后，立即着手研究生产发射药。首先修复硫酸、硝酸生产线，建乙醚车间、硝化棉生产线，在金家屯建发射药成品厂。1947年末，发射药生产线形成；翌年1月投入生产。从1948年至1950年5月，大连生产的发射药，除供应本地军队外，约有三分之二支援了其他解放区。

二是冶炼、轧制弹体用钢。裕华厂利用原存的火车轴生产弹体维持了一段时间，但存量有限，必须自己冶炼炮弹钢。冶炼炮弹钢不能没有炭精棒，遂由工程部组织设计，大连机械厂制造专用设备，建成炭精棒生产车间，在短期内生产出炭精棒。接着又由炼钢厂设计，大连机械厂协助，制造出轧钢机，轧制出合格的炮弹钢。

三是弹体加工的改进。为了测试弹体的爆炸力和破片数，1947年9月，裕华厂厂长吴屏周、副厂长刘振和、宏昌厂厂长吴运铎亲自进行爆炸试验。当试到第7发炮弹时，炮弹未爆炸。为了弄清原因，吴屏周与吴运铎争相赶上前去检查，不料刚接近炮弹，炮弹爆炸了。年仅32岁的吴屏周在试验中不幸牺牲，吴运铎也身负重伤。此后采取了必要的安全措施，又经多次试验，获得宝贵的技术参数，制定出产品的质量标准。

裕华厂在大连机械厂的协作下，在弹体加工方面，采用水压机热压挤伸的办法，代替了用车床钻孔和切削的工艺，使钢材利用率

位于沈阳市的东北军工部工业专门学校旧址

由原来的30%提高到60%，2台水压机可代替125台车床的工作量，生产效率显著提高，质量也好于过去，月产量由过去的1万发提高到3万发。

四是自制引信。该公司试制的75毫米炮弹引信是测绘仿制日本八八式野山加农炮弹的引信。测绘中，技术人员对这种引信的结构和作用原理及关键零件的受力数据，进行了透彻的分析研究和计算，制定出科学的动态试验方法；在生产中严格工艺操作和检验，因而试制的引信完全符合设计要求。

五是炮弹壳的压制。炮弹壳材料是铜锌合金，因此生产炮弹首先要解决优质黄铜的问题。炼钢厂开始使用坩埚冶炼，但坩埚的使用寿命短、耗量大，冶炼的质量也不易保证。后来自行研制出一台低周波冶炼电炉，既节省坩埚和焦炭，又减少热量损失和锌的氧化物产生，保证了优质黄铜的供应。

随后，裕华厂对炮弹壳压制中的裂口、掉底等问题进行技术攻关，使这些问题得以顺利解决。再就是集中力量解决炮弹壳底部凸缘的压制问题。根据资料计算，压制凸缘需要670吨的压力机，但裕华厂只有200吨的压力机，经过集思广益，自制了专用模具，采取了类似缩口的办法，问题终于得到解决。经过多次实弹射击试验证明，75毫米山炮弹的杀伤力和各项技术性能符合设计要求，质量良好。

1948年1月24日，大连建新工业公司试制成功75毫米山炮弹。为纪念这一欣喜的日子，该公司将试制成功的炮弹命名为一·二四炮弹，并随即开始投入批量生产。

东北军区的其他军工单位

在军工史料的记载中，除了东北军区军工部的9个办事处及其所属各兵工厂外，东北军区军工部还有一些直属兵工厂及军事工业院校，现简要选录如下：

1947年春，东北军区参谋长兼军工部长伍修权率化工专家钱志道等老兵工干部，到当时合江省（黑龙江省东北部）管辖的东安（现名密山市）一带选取建设发射药厂的厂址，最终决定在距东安市西9千米的连珠山区新发村创建发射药厂。1947年4月，钱志道任厂长兼政委，江涛任副政委，周明、魏祖冶任副厂长，率领近200人的队伍，开始了艰难的创业建厂。该厂边建设边生产，生产装配了大批弹药，为解放战争的胜利做出了巨大贡献。1947年7月，该厂被命名为东北军区军工部直属一厂。1951年7月，厂名为"国营第475厂"。1969年10～12月，第475厂从密山迁往辽西。

1946年8月，东北军区军工部决定在当时合江省管辖的东安筹建"通信联络处后方工厂"，1947年1月开始正式生产，对内称东北军区军工部滨江部，对外称东安电器工厂。该厂为部队师级建制，东北军区军工部副部长程明升兼任厂长。1946年11月，早年毕业于上海交大电机制造专业的周建南和夫人扬维哲调入该厂，周建南任总工程师，1947年6月任厂长，扬维哲任分厂厂长。这时该厂命名为东北军区军工部直属二厂。东安电器厂从建厂到1949年5月迁往沈阳的近3年时间里，先后为前线部队研制生产出15W手摇发电机911部，15W发报机316部，超短波电话机32部，电话单机836部，总机233部，单节1号干电池10.3万节和一大批信号弹，为东北乃至全国解放战争胜利做出了重大贡献。

1948年8月，东北军区军工部直属三厂成立，厂址位于哈尔滨平房区，其是在日军8372部队航空队专用飞机场机库及小型飞机修理厂的废墟上建立起来的。1949年初改为东北军区军工部北满分部直属三厂。同年1～10月，先后有佳木斯大华铁工厂、哈尔滨实验总厂、哈尔滨星记工厂、石岘兵工厂、兴山兵工厂、牡丹江兵工厂、长春修械所、北安兵工厂等12个工厂的部分或全部迁入哈尔滨平房区与直属三厂合并。1949年10月1日，直属三厂改为军工第21厂。1951年5月1日，其划归航空工业局领导，改为121厂。从此，这个厂成为活塞式航空发动机和飞机的联合修理厂。

1949年1月，第六办事处撤销，所属修炮厂改为军工部北满

图为大连建新公司当时试制成功的一·二四炮弹

1948 年 4 月，中国人民解放军东北军区军工部工业专门学校成立，时任东北军区军工部部长的何长工兼任校长

1949 年 12 月 19 日，大连建新工业公司引信厂的工人赵桂兰在运送 100 克雷汞的途中，突然眩晕倒地。为了工厂的安全，她将雷汞压在身下，因此她左下臂被炸断，身体多处受重伤。1950 年，她被评为全国劳动模范，受到毛泽东主席的接见。图为毛泽东为赵桂兰（右）题词"党的好女儿"

分部直属四厂，敦化炮弹复装厂改为军工部北满分部直属五厂。1949 年 3 月，东北军区后勤部军工部决定将北安炮弹总厂从第五办事处划出，列为直属六厂。1949 年 3 月，哈尔滨第八办事处撤销，军工部将其所属哈尔滨星记工厂、实验总厂分别列为直属七厂、八厂。直属九厂、十厂查无史料记载。1948 年冬季，军工部接收国民党军队的 10 个修械所和车辆修理所，组成军工部沈阳修械所，后成为军工部直属十一厂。

1948 年 11 月，沈阳解放。东北军区军工部接收国民政府兵工署第 90 工厂总厂及其 3 个分厂，改为沈阳兵工总厂。同月，辽宁省抚顺市军管会接收国民政府兵工署第 90 工厂第 4 分厂，改为抚顺火工品厂。这些军工厂在接收后不久就恢复了战车、枪械及枪弹、火炮及炮弹的生产及修复工作。1949 年 7 月，沈阳兵工总厂撤销，其所属第一、二、三分厂分别改为沈阳兵工一、二、三厂，由东北军区军工部直接领导。

1949 年 9 月，东北军区军工部决定，从同年 10 月 1 日起，各办事处撤销，改称工厂，并做出如下调整：直属三厂、第二办事处、第三办事处、直属一厂分别称第 21、第 22、第 23 和第 24 工厂，第五办事处改称第 31 工厂，吉林三厂、直属五厂、珲春废弹处理厂分别称第 41、第 42 和第 43 工厂，沈阳兵工一、二、三厂和沈阳修械厂、

炮兵装备厂、抚顺火工品厂、辽阳化学厂、第四办事处所属二厂分别改称第 51 至第 58 工厂；第九办事处改称第 81 工厂。

1948 年 4 月，中共中央东北局、东北军区军工部决定在哈尔滨建立一所军事工业学校，定名为中国人民解放军东北军区军工部工业专门学校（简称东北兵工专），由东北军区军工部部长何长工兼任校长。同年 11 月，何长工亲自到沈阳为学校选址，学校由哈尔滨迁至沈阳。1949 年 3 月，学校分为预科和本科，预科学制 1 年，本科 4 年。1949 年 12 月改名称为沈阳兵工学院。1950 年 6 月改为军工局工业专门学校。1950 年 10 月扩充为东北兵工专门学校。1953 年 2 月东北兵工专门学校建制撤销，学校的人员和设备分配到北京、沈阳及武汉等地，成为如今北京理工大学、沈阳建筑大学、武汉理工大学、沈阳理工大学的一部分。

驰骋千里
——晋冀鲁豫军区的军事工业

□ 更云

1945 年 9 月，根据中共中央的决定，以八路军总部暨第 129 师机关为基础，成立晋冀鲁豫军区，刘伯承任司令员，邓小平任政委。1946 年 6 月，以晋冀鲁豫军区野战军第三、六、七纵队和冀鲁豫军区主力一部，组成晋冀鲁豫野战军。1947 年 6 月，刘伯承、邓小平率领晋冀鲁豫野战军主力 12 万大军，从山东阳谷以东 150 余公里的 8 个地段上强渡黄河，突破国民党军的层层防线，千里挺进大别山，由此拉开了解放战争战略反攻的序幕。在这一阶段，刘邓大军所属的军事工业也在不断发展壮大——

晋冀鲁豫军区在解放战争时期下辖太岳、太行、冀南、冀鲁豫、豫皖苏 5 个军分区，其所属的兵工厂分别由晋冀鲁豫军区和 5 个军分区领导。1947 年 2 月，晋冀鲁豫军区所属的兵工厂有 19 个。

南石槽兵工二厂

南石槽兵工二厂的正式名称为晋冀鲁豫军区兵工二厂，位于山西省长治市东南郊南石槽村，主要任务是生产迫击炮弹。

时任晋冀鲁豫军区司令员的刘伯承（右）和政委邓小平（左）

该厂在争创"刘伯承工厂"的立功竞赛运动中成绩突出，于 1948 年 4 月被晋冀鲁豫边区政府授予"刘伯承工厂"的荣誉称号。

该厂由抗日战争时期八路军总部军工部一所 2 分厂演变而成。1943 年 9 月，八路军收复了晋东南广大地区，为扩大炮弹生产，军工部决定将一所 2 分厂迁往山西省平顺县西安里村（原军工部二所旧址）组成新二所。1944 年 9 月，改编为军工部兵工二厂，生产 50 毫米掷榴弹和 82 毫米迫击炮弹。

1945 年 11 月，上党战役胜利后，解放区扩大，晋冀鲁豫军区决定将原来分散在山沟里的兵工生产单位搬迁到长治、武乡、涉县、武安、晋城、陵川等交通方便的地方。在这种形势下，军工部兵工二厂于 1945 年 11 月由山西省平顺县的西安里村搬迁到距离长治市区只有 3 千米的南石槽村。

该厂迁往南石槽村后，仍称军工部兵工二厂，同时将位于长治西关原日军留下的聚丰铁厂扩建成翻砂部，铸造迫击炮弹弹体。此后，厂名和隶属关系虽多次变更，但厂址仍在南石槽村一带，并经过扩建，厂区扩大到五马村、北石槽村。南石槽村有白晋公路通过，交通比较方便，且地势较开阔，颇有发展的条件。

1946 年，先后在南石槽村建起了机械加工、钳工、装配、机修等工房，建筑面积达 6034 平方米。锻工、木工房利用北石槽村的庙宇和民房，办公室和工人宿舍则是征用政府没收的房屋或租用民房。工厂的管理机构设工务、管理、检验 3 个股；生产部门按工种划分为翻砂部、机加部、钳工部、铁工部、木工部、修理部、完成部。

工厂迁至南石槽村后，因地名又称南石槽兵工二厂，赖荣光任厂长（后齐宣威接任），齐宣威、韩忠武任副厂长，贾晓东任教导员，张汉英任副教导员，初期有职工450多人，机械设备24台。1946年春，合并左权县云头底六厂，加上招收的一部分工人，到同年6月职工增加到1700多人，机械设备达80多台，是当时华北最大的兵工厂之一。

根据国共两党重庆谈判达成的停战协议，1946年3月晋冀鲁豫军区军工部改组为"军工清理指导委员会"，又称"太行铁业促进会"，南石槽兵工二厂改为聚丰铁厂，开始试生产民用产品。同年7月，国民党反动派撕毁停战协议，发动了全面内战。1947年初，太行铁业促进会又改组为晋冀鲁豫军区军工处，南石槽兵工二厂恢复了原名，继续生产迫击炮弹。

这一阶段，该厂各方面都发生了很大变化。生产上淘汰了手摇磨盘、人拉风箱和点油灯照明等落后的生产方式，用蒸汽机、电力提供动力；通用车床代替了一部分由道轨制作的机床；产品检验和生产用的量具，由卡尺、千分尺、样板、样柱等取代了皮尺、钢卷尺；刀具以锋钢、合金钢代替了道轨钢；炭化砂轮代替了砂石磨刀。由此，产品的产量和质量得到了提高。

1946年6月，该厂月产82毫米迫击炮弹3000发。1947年初，人民解放军开始战略反攻，为把战争推向国民党统治区，刘邓大军挺进中原，要求各工厂多生产优质产品供应前线部队。晋冀鲁豫军区军工处在太行地区各兵工厂中开展争创"刘伯承工厂"的立功竞赛运动，这次生产竞赛运动从1947年2月开始至1948年4月结束，历时1年零2个月。

在生产竞赛运动中，南石槽兵工二厂表现优异，在多方面取得了突出成绩。

一是产量高。该厂1947年2月月产82毫米迫击炮弹13000发，1948年4月增加到34000发，1948年共生产82毫米迫击炮弹650000发。

二是质量好。前线部队普遍评价该厂生产的迫击炮弹"命中率高、杀伤力大、携带方便"。

三是技术革新成果大。该厂在立功竞赛中进行了117项技术改造，如车制弹带原来一刀车制一条，改为组合刀具后，一刀车制

1948年5月，由华北军区副司令员滕代远写的"刘伯承工厂"厂牌挂在南石槽兵工二厂的大门上

两条；弹体头部的螺纹加工，由车床加工改为丝锥加工；引信的螺纹由手工加工改为机械加工。此外，改进烧焊炉，部分火工品零件由明火烘干，改为空壁暖墙加温干燥等，既提高了工效，又保证了质量和安全。

四是竞赛运动的开展掀起一片新气象。全厂职工每天工作均在12小时以上，有的吃住在工房，昼夜加班；竞赛内容包括产量、质量、工时定额、尊师爱徒、思想政治工作等；评比时逐项对照打分，各班组竞争激烈，生产指标月月上升，全厂有80%的职工立功受奖。

经晋冀鲁豫军工处组织评比，南石槽兵工二厂被评为"刘伯承工厂"。1948年4月，该厂被授予刘伯承司令员亲笔题写的"提高兵工质量 增大歼灭战的实效"锦旗一面，奖金冀币100万元。同时，该厂的许多职工获得了"刘伯承工厂"立功竞赛运动一等、二等奖章及功劳薄。此后不久，各军区的领导人陈毅、邓子恢、滕代远、王世英等先后来厂视察和祝贺，给全厂职工很大鼓励。同年5月1日，华北军区副司令员滕代远来厂视察时，亲笔题写"刘伯承工厂"五个大字的厂牌，挂在工厂大门上。该厂是全国唯一

1947年8月1日，刘伯承为勉励兵工诸同志题写"提高兵工质量 增大歼灭战的实效"几个大字，晋冀鲁豫军工处将这一指示制作成锦旗，授予在"刘伯承工厂"立功竞赛运动中表现优异的南石槽兵工二厂

图为"刘伯承工厂"立功竞赛运动一等奖章。其为圆形蓝底，上边印有"刘伯承工厂运动纪念"、"军工处赠"字样，中间是五角星，并有一匹奔腾的骏马

图为"刘伯承工厂"立功竞赛运动二等奖章。其与一等奖章的区别：中间的图案为地球上插有一面红旗，红旗上设有金黄色铁锤、镰刀及五角星

以领导人姓名命名的工厂。

1948年春，南石槽兵工二厂得知西北战场炮弹紧缺，提出了"每人加4个义务工，生产10万发炮弹，支援西北战场"的口号，经过大家努力，不到两个月，圆满完成了任务。

1948年下半年，南石槽兵工二厂职工发展到2200人，机械设备增加到110多台，韩忠武任厂长，李守文、张汉英任副厂长，工厂管理机构由过去的股改成科。这一年，晋冀鲁豫军区政府工业厅把南石槽兵工二厂作为推行民主管理的试点单位，工厂认真贯彻华北兵工会议精神，生产和技术管理更趋完善。完善的主要内容是：以生产为中心，建立健全规章制度，加强成品、半成品的收发、保管以及产品的质量检验工作，使生产又有新的发展。

1949年春，华北兵工局成立。同年6月，南石槽兵工二厂改编为华北兵工局第一兵工厂第1分厂，继续生产迫击炮弹。这时，全国解放战争势如破竹，国民党军队节节败退，华北大片土地已经解放。该厂职工为了支援前线，积极响应上级号召，又开展了"红五月"生产竞赛，82毫米迫击炮弹的生产继续成倍增长，到年底共生产1018727发。10月1日，全厂职工以无比喜悦的心情，迎来了中华人民共和国的诞生。

西达炮弹厂

西达炮弹厂位于河南省涉县西达镇（今属河北省），成立于1945年秋，是解放战争时期一个生产75毫米山炮弹的工厂。

西达炮弹厂是由晋冀鲁豫军区兵工七厂和冀鲁豫军区兵工三厂合并而成的。前者系八路军总部军工部技术实验室，始建于1944年7月，地点在山西省辽县，有科技人员和技术工人约40人，主要承担军工专用设备的试验和制造任务。1945年秋，该室迁至涉县西达镇，开始研制75毫米山炮弹，年底被命名为晋冀鲁豫军区军工部兵工七厂。刘职珍任厂长，李玉盛任副厂长，李薪任教导员，职工140余人，设备约30台，大部分是皮带车床。

冀鲁豫军区兵工三厂是由1939年秋八路军343旅组建的金山修械所演变而来的，初期有职工40余人。1940年5月，鲁西军区成立，该修械所改属鲁西军区领导，主要任务是修械、制造手榴弹和迫击炮弹，地址在山东省东平县小金山。后因战争影响，该修械所多次迁移，并且逐步发展壮大。1944年5月，修械所分出一部分人员和

位于河北省邯郸市涉县城东南 25 千米的晋冀鲁豫军区西达炮弹厂旧址

长治附城兵工厂生产的 120 毫米迫击炮。1949 年 6 月，西达炮弹厂的部分人员和设备并入该厂

刘邓大军 1947 年 6 月强渡黄河的情景之一

设备组成炮弹所（又称四所），赵慕三任所长、庞维良任政委。

1944 年 8 月，炮弹所迁至山东省范县高菜园，扩建为炮弹厂，划归冀鲁豫军区军工部领导，命名为冀鲁豫军区兵工三厂，职工发展到 470 多人，设备有车床 25 台，钻床 1 台，铣床 3 台，赵慕三任厂长，孙洪任副厂长，齐新华任政委。厂部下设工务、质量检查、材料、行政管理 4 个职能股。生产部门划分为机器所、炮弹完成所两个所。机器所共有职工 220 多人，其下又设 3 个排，即翻砂排、机器一排、机器二排。炮弹完成所共有职工 100 多人。

1946 年 4 月，冀鲁豫军区兵工三厂奉命迁往涉县西达镇，与晋冀鲁豫军区兵工七厂合并组成晋冀鲁豫军区兵工三厂，对外称"福利工厂"，当地人称其为"刘伯承工厂"，也称西达炮弹厂，其主要任务是生产 75 毫米山炮弹。

冀鲁豫兵工三厂搬迁时，从山东省范县到西达，行程数百里，且多系山路，笨重设备难以通过。工厂在当地政府协助下，动员了 100 多辆机动车，将机器设备拆卸下来，再装车拉运。当行至河北省彭城附近时，山高路窄，机动车无法通行，又雇用了几百头毛驴，用人抬驴驮的办法，翻越高山峻岭，将设备运到西达镇。

在搬迁前后，工厂雇用 300 多民工，历时半年在西达镇先后建起了铸造、木工、机工、钳工等工房以及办公室、宿舍共 280 余间，并在离厂区不远的清漳河上筑起了一道拦河坝，用渠道引水安装水轮机提供动力带动机器生产。1947 年 7 月，工厂连续 3 次遭国民党飞机轰炸，生产受到极大威胁。根据上级指示，工厂在坚持生产的

位于河北省武安市冶陶镇的晋冀鲁豫中央局旧址，1945 年 8 月，中共中央决定撤销北方局和冀鲁豫分局，成立晋冀鲁豫中央局和冀冀鲁豫军区，邓小平任晋冀鲁豫中央局书记，薄一波任副书记

同时，又修建了一个山洞，并于当年竣工，主要生产改在山洞里进行。

两厂合并后，隶属晋冀鲁豫军区军工部，赵嘉三任厂长，刘先惠、马文郁、李玉盛任副厂长，齐新华任政委，职工发展到 1075 人。管理机构由原来的股改为科，增设工务科、经营管理科。生产机构设有翻砂工部、木工工部、钳工工部、机工一工部、机工二工部、完成工部等 6 个部门，有铣床 3 台、刨床 2 台、普通皮带车床 30 台，专用设备 25 台，三节式锅炉 1 台。1946 年 10 月，工厂改属晋冀鲁豫军区军政联合财经办事处军工处领导。

1948 年 1 月，晋冀鲁豫军区政府工业厅成立，西达炮弹厂划归该工业厅领导。同年 3 月，河北省武安县和村兵工五厂并入，成为西达炮弹厂的一个分厂。这时工厂的名称改为晋冀鲁豫军区工业厅兵工三厂，徐璜智任厂长，武振常任副厂长，齐新华任政委。厂部机构中的工务科改为厂务科，增设了一个检验股，其他机构未变。同年 9 月，华北人民政府公营企业部成立，西达炮弹厂经过调整，改名为公营企业部第四兵工厂。1949 年 1 月，又改编为公营

企业部第一兵工厂第 3 分厂。

西达炮弹厂的主要产品是 75 毫米山炮弹，两厂合并前都曾试制生产过，合并后的人员和设备增加，工厂实力扩大，生产开始步入正轨。

首先，工厂加强了生产管理，建立了有关规章制度。根据各个时期的任务，编制季、月生产计划，下达到各工部，再落实到班组和个人。以后又实行了包工制，规定了加工炮弹各部件的工时定额，计件付酬，从而调动了职工的积极性，提高了产量，降低了成本。

其次，工厂开展技术革新，改进生产工艺和原材料供应。以前生产 75 毫米山炮弹弹体主要采用灰生铁翻砂铸造，很难达到技术要求，后来改为锻制，即用道轨钢锻打成形，然后再进行机械加工。装药改手工装填为液体灌铸，雷汞生产工艺也得到了改进。这些革新措施既提高了产品质量，也改善了工作条件。

1947 年春，晋冀鲁豫军区开展创"刘伯承工厂"运动。西达炮弹厂在各工部、班组以至个人之间，迅速掀起了生产竞赛热潮。增加工作时间，争献义务工，开展技术革新、挖潜力、找窍门，成为风潮。副厂长马文郁抗战期间在太行兵工厂曾有许多发明创造和技术革新，这次运动开始后，他与工人们一道设计制造出加工引信的专用设备和道轨车床，提高了生产效率。工厂还组织技术人员和工人，改进炮弹加工工艺，使产量提高了一倍，废品率由原来的 12% 降到 2%。

1947 年夏天，国民党飞机先后多次轰炸工厂，炸毁了 10 多米引水渠。空袭时工厂将机器设备分散到附近的村庄和山林中，坚持生产。后来又挖建了一个大山洞，在洞里生产，但生产环境较差，劳动强度更大。过去生产设备靠水轮机带动天轴，以天轴皮带带动机床进行生产。进山洞后，就只能用手摇皮带带动机床，干起活来满头大汗，十分辛苦，但没有人叫苦叫累。

1947 年，该厂共生产 75 毫米山炮弹 15235 发。1948 年，共生产 64710 发，是上年产量的 4 倍。

1949 年 1 月，根据华北人民政府公营企业部召开的生产会议决定，西达炮弹厂停止生产 75 毫米山炮弹，改产 82 毫米迫击炮弹。由于当时厂里仍存留一部分半成品，工厂继续进行扫尾生产，到 3 月底加工装配成 75 毫米山炮弹 21810 发，4 月开始生产 82 毫米迫击炮弹底火及尾管。6 月，解放战争接近全面胜利，西达炮弹厂奉令全面停产，人员和设备分别并入长治附城、南石槽及韩川兵工厂，工厂旧址改建成华北兵工职业学校初级部。

ARSENALS

新中国兵工厂巡礼

资江机器有限责任
ZIJIANG MACHINE

枪械星工厂
——216厂

国营第 216 厂是直属中国兵器装备集团公司的全资子公司，于 1965 年建厂，在我国轻武器行业中具有举足轻重的地位。216 厂原位于四川省南溪县境内，是 1965 年按照国家"三线建设"的总体要求由重庆原长安机器厂（重庆国营第 456 厂）的一条 54 式 12.7 毫米高射机枪生产线迁建而发展起来的"三线"军工企业，1992 年更名为"四川长庆机器厂"。2001 年 9 月，216 厂组建华庆公司，沿用 216 厂代号。2006 年 12 月，216 厂正式迁入成都。如今，216 厂在新的厂区，正在实现新的腾飞！

216 厂各时期发展特点

□ 文／刘振全　郑家发
　 图／谢华

216 厂（时）任总经理张富昆，摄于 2008 年

20 世纪 60 年代中期：起步于一条生产线

1965 年 4 月 25 日，一群开拓者从山城重庆出发，满怀三线建设的壮志豪情奔赴川南僻壤，在一条狭长的山沟里，掀开了 216 厂从无到有的创业篇章。正是这些创业者的奉献精神和实干行动，奠定了 216 厂生存发展的基础，打造了 216 厂自强不息的风骨！

建厂之初的三场硬仗：土建、安装、搬迁

根据毛主席"备战、备荒、为人民"的指示及党中央扩大生产能力，改善战略布局，建立"大三线"的战略决策，1965 年，国务院国防工业办公室以（65）办秘字第 270 号文《关于重庆市区老厂疏散的批示》决定，将位于重庆的国营第 456 厂的 12.7 毫米高射机枪生产线迁出，建立高射机枪厂，工厂代号 216 厂，第二厂名为国营长庆机器厂。

经过勘察，216 厂厂址选在四川省南溪县新添乡境内，即原四川省通用机器厂（地方军工）厂址。当时，建厂的各种条件极差，生活非常艰苦，但所有职工和技术人员亲自动手，为加快建厂进度、保证施工质量而艰苦奋斗。到 1966 年 9 月投产前，攻克了土木建筑、安装设备、搬迁生产线三大难关。由于工厂建在山区凹地之中，全体职工又建起了牢固的堡坎护坡，修建了排水工程，以保证生命和财产不被无情的洪水侵害。

1970 年，上级决定对 216 厂进行扩建，增加工厂的专业化生产能力和产品配套能力。短短几年，锻造、铸造、冲焊等生产线先后建成。

急难之中完成 54 式高射机枪的改进

"文化大革命"初期，初见规模的 216 厂也不免受到冲击。但到 1969 年春季，苏军侵入我国东北边境，制造了珍宝岛流血事件，继而又在新疆地区进行挑衅。216 厂职工以国家安危为重，排除种种干扰，积极投入生产，将 54 式高射机枪源源不断地送往部队。

216 厂在搬迁前处于风景秀丽的南溪县境内，2006 年 12 月迁入成都

在之后的生产中，为满足部队需求，减轻 54 式高射机枪的质量，降低生产成本，工厂技术人员对取消枪管散热片进行了探索，从 1969 年 9 月起正式取消了枪管散热片。后来，又对该枪出现的拨弹曲柄滑脱故障问题进行攻关，经过多次研究和试验，决定在受弹器座弹链出口处，即枪的右侧增加一个挡链板，使拨弹曲柄滑脱故障消除到零。其他改进之处还包括：加大活塞杆螺纹底径尺寸以解决螺纹处的断裂问题；将导气箍的两个零件改成一个零件以解决因两节装配所出现的松动问题。

援外工作

在 216 厂的历史上，还曾承担了国外援建项目。216 厂建厂不久，即 1969 年 5 月 21 日，中国、叙利亚两国政府签订了《关于建设 12.7 毫米高射机枪厂》的换文。该援建工作是我国负责援建中东的第一个军工项目，216 厂、456 厂分别担任主辅包建单位。1975 年 11 月 30 日，该项目建成投产，加深了中叙两国人民的友谊。

1976 年 5 月 30 日，中国与巴基斯坦两国政府签订协议书，其中 216 厂负责援助巴基斯坦建设年产 54 式 12.7 毫米高射机枪 500 挺的 P781 厂，工厂于 1979 年 6 月动工，1986 年 1 月建成。

20 世纪 70 年代～20 世纪 80 年代：军民品并进　外贸品初现　新工艺层出

"文化大革命"结束后，216 厂开始了新的征程。这一时期，工厂跟随时代的步伐，加速发展生产，不断增强实力，在兵器行业中开始崭露头角。64 式 7.62 毫米军用手枪的大批量生产任务圆满完成，外贸品 W-85 式高射机枪的研制成功为企业的发展注入新的活力，CQ 5.56 毫米自动步枪的开发初见曙光，"长庆牌"电冰箱、射钉器、自行车链条 3 种民品的开发更是锦上添花。

W-85 式 12.7 毫米高射机枪的研制

由于工厂的主产品 54 式 12.7 毫米高射机枪是按苏联 1938 式 12.7 毫米高射机枪仿制的，其缺点较多，如结构笨重（全枪质量达 92 千克）、工艺性差、生产效率低等，不能适应现代化战争的需要。1977 年 1 月，上级正式下达 216 厂研制轻型 12.7 毫米高平两用机枪的任务。具体要求是：全枪质量不超过 45 千克，威力、寿命不低于老产品，射击精度达到 54 式高射机枪射表要求，勤务性好。工厂为此制定了详细的试验内容和进度，并成立了专门机构开展研制工作。经过数年的努力，研制出 7 代样枪，最终推出新 12.7 毫米高射机枪。该枪采用柔性结构，全枪质量只有 39kg，比老枪减轻了 55.5%，勤务性、寿命都达到了设计要求。1982 年进行设计定型试验，1983 年至 1984 年完成补充设计定型试验，并进行了部队试验。1985 年上级批准设计定型，命名为 W-1985 年式 12.7 毫米高射机枪。以该枪为基础，工厂随后研发出 12.7 毫米车装机枪系列。

M79 榴弹发射器的仿制

M79 榴弹发射器是美国 20 世纪 60 年代初研制、20 世纪 70 年代初装备部队的一种单兵武器，具有质量轻、使用安全可靠、射击精度高等特点。其射程在 75 ～ 400 米之间，可在手榴弹投掷不到、迫击炮不容易射到的火力空白地带发挥威力，并能发射多种不同用途的榴弹。工厂于 1979 年 7 月开始仿制，10 月底完成 26 具产品。1980 年 6 月在国家靶场通过鉴定试验，性能基本达到了美国 M79 榴弹发射器的水平。

CQ 5.56 毫米自动步枪的研制

CQ 5.56 毫米自动步枪于 1983 年生产定型。该枪是美国 M16A1 5.56 毫米自动步枪的改进产品，除了对枪托、握把、护手 3 个部件进行改进外，其余结构和性能与 M16A1 步枪相同。

该枪枪管采用精锻工艺，机匣和发射机座等铝合金件采用热模锻工艺，缓冲簧管采用温压成型工艺，枪托采用聚碳酸酯注塑成形工艺。这些加工方法可减少材料的切削量甚至不切削，提高了材料的利用率。20 世纪 80 年代，这些工艺非常先进，工厂技术人员从未接触过，但他们勇于探索，攻克了一道道难关，运用新工艺不仅成功制出 CQ 5.56 毫米自动步枪，而且也为工厂随后的 CQ-A 5.56 毫米卡宾枪、CQ 7.62 毫米通用机枪等产品的顺利研制积累了宝贵经验。

外贸 CQ 5.56 毫米自动步枪

处于高射状态的 W-85 式 12.7 毫米高射机枪

民品的开发成功使企业形成多元化发展格局

1978 年，邓小平指示：国防工业要以军养民，执行"军民结合"的方针。工厂从这一年开始，着手进行民品开发工作，首次从国外引进 6 种射钉器并进行仿制工作。射钉器是 20 世纪 70 年代世界上一种新式固结技术，当时在我国尚未应用。射钉器可广泛应用于建筑、电力、造船、冶金等行业，操作方便，使用安全可靠。射钉器采用高强度铝合金新材料，制造精度要求较高，加工工艺比较复杂。在工厂的统一动员和组织下，6 种射钉器的测绘工作仅用了 13 天就完成。随即生产出 60 多支样枪，送到首钢、鞍钢进行使用鉴定，得到国家经委、科委、冶金部、建工部、兵器部等多家部委认可，很快投入批量生产。射钉器的投产为工厂赢得了良好的经济效益。

1979 年，工厂又试制成功自行车链条和自行车前后轴两种民品，并用 3 个月的时间就建起了生产线，使全年民品产值占工厂年总产值的 42.6%。工厂开始走上了军民结合的道路。

1980 年，工厂决定开发生产电冰箱，并在 1982 年至 1983 年初步取得成果，成为兵器行业保军转民的成功典范。此时，工厂形成了"三军三民"的多元化发展格局。"三军"是指高射机枪、自动步枪、手枪 3 种军品；"三民"是指电冰箱、射钉器、链条 3 种民品。随后，工厂又开发出一系列汽车传动轴产品。

新工艺、新设备的开发与应用

216厂始终重视新工艺的研究与应用。1976年，工厂开始进行12.7毫米高射机枪弹链多工序冲压成型自动装配线的研究，1979年达到设计要求并试制出合格产品。同年工厂还进行了程序控制磷化电泳涂漆自动线的研制工作，1979年7月完成装配调试，1980年正式投入生产。

精锻成形工艺可提高枪管线膛的光洁度和芯棒的使用寿命。运用精锻机，可使芯棒的使用寿命由每根锻打几次提高到700次以上；100千克的钢材用机械加工的方法只能出2根枪管，而用精锻机锻造可出3根枪管，提高了钢材的利用率。从1983年起，工厂对精锻机进行技术改造，由人工控制改为数字程序控制，减轻了操作工人的劳动强度，进一步提高了产品精度。

为解决12.7毫米高射机枪机匣的加工工艺问题，工厂的技术人员仿制出多台数控机床，如8轴数控膛铣床、数控线切割机等，不仅提高了工厂的产品加工能力，而且为工厂节省了费用。

20世纪90年代至今：成果丰硕　构筑良性产品框架

这一时期，216厂成果颇丰：

在1997年香港回归时，216厂为解放军驻港部队及时输送了性能先进、质量优良的武器装备（95式5.8毫米班用机枪、89式12.7毫米重机枪）；

在1999年建国50周年阅兵庆典上，216厂生产的88式12.7毫米车装机枪再展雄威；

9毫米警用转轮手枪竞标夺魁、批量投产；

……

一批军品研发项目正在含苞欲放。

88式载用机枪系列

"好马配好鞍"，为高射机枪配装性能先进的操作平台一直是216厂追求的目标之一。在W-85高射机枪的基础上，工厂陆续开发出适用于不同类型装甲车辆的架座，并由此形成了12.7毫米载用机枪系列，如QJC88式、QJC88A式、QJC88A-1式、QJC88A-2式、QJC88A-3式、QJC88A-4式、QJC88B式12.7毫米车装机枪、90-Ⅱ式12.7毫米车装机枪、2000型12.7毫米舰用机枪等。

同时，工厂以军警部门的需求为牵引，为多种装甲车研发了机枪用架座。如WMZ551B装甲运兵车车装机枪互换式架座等。

QTA式并列架座、QTB式并列架座、QTC式并列架座已于2006年批量生产，

载用14.5毫米三管转管机枪

装备这些架座及其武器的防暴车已出口到多个国家。

工厂的载用机枪架座系列产品达几十种之多，成为工厂的重要产品。

其他武器产品

216厂在这一时期还开发有QJK99-12.7-Ⅰ型航空机枪、外贸型9毫米警用转轮手枪、CQ 7.62毫米通用机枪（CS/LM1 7.62毫米通用机枪）、CQ-A 5.56毫米卡宾枪、CQ 40毫米枪挂榴弹发射器、97式5.56毫米班用机枪、W-85 M2式12.7毫米高射机枪（CS/LM3 0.50英寸高射机枪）、AMR-2 12.7毫米非自动狙击步枪、载用14.5毫米三管转管机枪、QJG02式14.5毫米高射机枪枪管、NP32 0.32英寸手枪、5.6毫米标准运动手枪等几十种轻武器产品。

未来：继往开来谱新篇

216厂通过40多年的发展，从建厂初期的一条高射机枪生产线，发展到目前具有集手枪、步枪、机枪等完备的多条现代化生产线，并具有较强的自主科研开发及生产能力的新型军工企业，已成为我国轻武器行业重要的科研生产基地之一。其研制生产的军品口径覆盖范围广，产品品种多，能够满足陆军、装甲兵、海军、陆军航空兵等各军兵种对相应口径轻武器的战术要求以及海关、公安武警执法要求。

216厂在轻武器关键制造技术上具有较强优势。其国内先进的枪管内膛激光改性技术和加工能力可大幅度提高枪管寿命；以数控加工中心为主的柔性加工生产线、零件毛坯精化生产线和铝合金阳极氧化生产线等可提高武器零件的加工质量，降低生产成本。

9毫米警用转轮手枪

其枪管冷精锻、热模锻、激光强化、数控加工等工艺居国内同行业领先水平，能够满足新结构、新原理枪械的创新研制。先进的生产工艺使工厂正由传统产品的研制生产向高科技集成化武器方面转型。

216厂紧盯轻武器发展前沿，确定了"411"即 "形成四类产

QJZ89式12.7毫米座机枪

驻厂军代表正在验收QJB95式5.8毫米班用机枪

品的发展方向、一个基础技术的研究、一流的科研生产基地"的军品发展规划,为企业的长远发展描绘了美好的蓝图。

四类产品的发展方向是:

近程防空武器系统——建立多种武器平台,形成控制系统、火控系统、随动系统与武器系统的有机结合和系统集成,满足近程反导、城市防空、火力压制等战术要求。

大口径压制武器精确打击系统——研究 12.7 毫米、14.5 毫米系列口径的新型发射技术,具有精确打击和压制能力,满足车载、舰载、机载等多种装载要求。

面杀伤武器系统——研究能够发射各种榴弹的新型发射装置,重点研究高初速低后坐、小口径高毁伤、多功能数字化系统技术,满足空炸、定炸等战术要求。

单兵作战武器系统——以机动性、可靠性、新技术为研究重点,研究能够满足单兵作战要求的武器。

一个基础技术的研究——研究适合于枪械生产的高水平柔性制造和新材料应用的基础技术,以枪管精锻工艺为基础,形成国内一流的枪管制造技术。

一流的科研生产基地——建立一个适应多口径、多品种现代武

器科研开发和柔性化变批量生产基地,逐步形成企业在枪械生产、科研上的核心技术和竞争实力。

216 厂行走在轻武器发展道路上,我们期待,更多的高新武器从这里诞生,走向军队,走向国际……

216 厂外贸产品一览

□ 文／宋怀宁　陈一中　何毳
　　凌云　杨江琴　图／谢华

216 厂的外贸产品可谓硕果累累,除了早些年的仿 M79 榴弹发射器、CQ 5.56 毫米自动步枪、97 式 5.56 毫米自动步枪／班用机枪、W-85 式高射机枪外,近年来又推出一系列拳头产品,如外贸型转轮手枪、CQ-A 卡宾枪、CS/LM1 通用机枪、CS/LM3 高射机枪、AMR-2 大口径狙击步枪等,涵盖了多种口径。这些武器有的是在仿制基础上创新的产品,也有完全独立自主开发的新品,展现了 216 厂雄厚的科研、生产实力。

CQ-A 5.56 毫米卡宾枪

说到 CQ-A 卡宾枪,就不得不先提到 CQ 自动步枪。216 厂生产 CQ 步枪的历史已有 20 多年了。20 世纪 80 年代投产时工厂对外的名称还是长庆厂,所以"CQ"这两个字母其实就是"长庆"两字的拼音首字母,并一直延续使用至今。CQ 步枪仿制的原型是大名鼎鼎的 M16A1 步枪,尽管是外贸出口型,但由于国内多为在苏制型号基础上研制的武器,美式的 CQ 步枪便显得格外受关注。216 厂在没有原厂

上为下挂 CQ40 榴弹发射器,结构与 M203 类似采用扳机发射;下为新型 LDFSQ 榴弹发射器,采用按钮式发射,人机工程更佳,应用前景看好

CQ 步枪

图纸的情况下，完全依靠自行测绘，并结合国情不断在生产工艺上摸索改进，最终推出了合格的产品，实为不易。

有 CQ 步枪作铺垫，M16 步枪的紧凑型——M4 卡宾枪的仿制就成了水到渠成的事。216 厂仿制的是最新型的 M4A1 卡宾枪，命名为 CQ-A 5.56 毫米卡宾枪。相比原型 M4A1，CQ-A 在设计上的最大不同就是枪管导程的差异。

斯通纳在设计 M16 步枪时，使用的是 M193 5.56 毫米枪弹。M193 弹飞行稳定的下限导程是 356 毫米，上限是 178 毫米。导程小于 178 毫米弹头飞行超稳定，导程大于 356 毫米则弹头飞行不稳定。斯通纳最初考虑采用 356 毫米的枪管导程，以加大弹头击中目标的杀伤效果，但是陆军希望弹头的有效射程更远一些，因此斯通纳折中为 M16A1 步枪选择了 305 毫米的导程，

接近枪弹稳定的下限。后来，M16A2 步枪 /M4 卡宾枪改用 SS109 5.56 毫米枪弹，以增加远距离的侵彻力。SS109 弹增大了弹头质量，由 M193 弹弹头质量 3.56 克增加到 4 克；改善了弹形，降低了阻力系数，增加了落点的存速；弹头另加一个硬钢心，使之在较远的距离能击穿规定的靶板与钢盔；弹头长度增加，由 M193 弹的 18.8 毫米增加到 23 毫米。弹的改变，促使 M16、M4 的枪管导程也随之改为 178 毫米。

216 厂设计 CQ-A 卡宾枪时，考虑到市场需求，将枪管的导程定为 229 毫米，同时枪管镀铬层厚度也略有增加，这样就兼顾了 M193 和 SS109 两种枪弹。通过靶场试验结果看，CQ-A 在 100 米的射击精度比 CQ 自动步枪还要好，单发散布在 8～11 厘米范围内，即使枪管寿终，精度也基本没有下降，由此看出，216 厂采用特色精锻工艺制造的枪管确实出色。但由于卡宾枪的枪管比步枪要短（由 503 毫米缩短为 371 毫米），导气孔的位置相对后移，造成武器的后坐能量要大，所以 CQ-A 卡宾枪的后坐感要比 CQ 步枪更为明显。

CQ-A 卡宾枪继承了当今世界上最流行的一些设计元素，比如带标准皮卡汀尼导轨的上机匣，六挡定位的伸缩托，下挂榴弹发射器等。特别是榴弹发射器，216 厂研制的 CQ40 以及 LDFSQ 下挂榴弹发射器更是在美制 M203 榴弹发射器的基础上进行了突破性改进。众所周知，采用后部装填弹药的 M203 40 毫米榴弹发射器扳机位于发射管后下方，装填完毕后，握持发射筒的手不能直接进入射击动作，而是还有一个后撤动作，或者需要更换另一支手来扣压扳机。在分秒必夺的战场上，这无疑将贻误战机。针对这个缺陷，216 厂研制了按钮式击发的 LDFSQ 榴弹发射器，按钮位于发射筒左侧，装填完毕后，握发射筒的手无需移位即可直接操作按钮发射榴弹。这一设计构思巧妙，设计简洁，体现出了很好的人机工效。LDFSQ 榴弹发射器尚未正式定型，为了满足保守型用户的需求，厂方也同时生产和 M203 结

CQ-A 卡宾枪主要诸元	
自动方式	导气式
口径	5.56 毫米
配用弹种	SS109(5.56 毫米 NATO) 或 M193 弹
初速	870 米 / 秒（SS109 弹）
	933 米 / 秒（M193 弹）
理论射速	700～970 发 / 分
有效射程	600 米
全枪长	880 毫米 /785 毫米（托伸、托缩）
全管长	371 毫米
全枪质量	3.3 千克（不含弹匣、背带）
弹匣容量	20 发，30 发

构相同的 CQ40 榴弹发射器。

CQ-A 卡宾枪基本达到了美制 M4A1 卡宾枪的水平，但需要指出的是，无论是美制 M16/M4，还是国产的 CQ/CQ-A，都无法完全通过国内严格的军用枪测试标准。特别是渗河水、泥沙试验。这主要是 M16 采用不可调节的气吹式导气结构造成的，而且这也是长期以来 M16 被认为不如 AK47 皮实耐用的最主要原因。但是反过来看，尽管 M16 过不了中国、俄罗斯的测试关，但是在美国人眼里，M16 步枪、M4 卡宾枪可是不得了的宝贝。这完全是不同的测试标准、不同的用枪文化造成的。

客观地说，CQ-A 还是彰显出些许不足，比如在连发射击时，枪弹的抛壳路线不稳定，有的前抛、有的后抛，尽管在抛壳窗后部增设了一个凸起防止弹壳伤到射手，但抛壳机构仍有提高改进的余地。另外，CQ-A 卡宾枪的护木内设有单层隔热铝板，尽管厚度从 CQ 步枪的 0.35 毫米增加为 0.7 毫米，但是相比 M4A1 的双层隔热铝板，隔热性能还是要弱一些。据 216 厂设计师介绍，接下来 CQ-A 卡宾枪的改进工作将集中在以下几个方面：进一步提高外观质量，将硬质阳极氧化染色处理改为微弧陶瓷氧化处理，此举将进一步提高枪支表面的耐磨性和抗老化、变色能力；增加战术配件接口，如护木处增设皮卡汀尼导轨，扩大战术应用范畴；研制侧向装填的新型榴弹发射器等。

左上为 M16A2 步枪护木内的隔热铝板，为单层结构；右上为 M4A1 卡宾枪护木内的隔热铝板，为双层结构；下为 CQ-A 卡宾枪的护木，内有单层隔热铝板，而且铝板表面作了氧化处理

M16A1 步枪

CS/LM1 7.62 毫米通用机枪

比利时 FN MAG 7.62 毫米通用机枪于 1950 年代正式定型投产，该枪发射 7.62×51 毫米 NATO 枪弹。MAG 通用机枪具有战术应用广泛，射频可调，结构坚实，机构动作可靠等优点，在国际军贸市场上备受青睐。从生产角度看，MAG 机枪的机匣多采用铆接、焊接或铆焊结合的形式。这样的好处是能提高材料利用率，但工艺要求较高，不仅要保证零件组合强度，还要保证各零件位置正确。

216 厂近年来根据外贸订单仿制了 MAG 机枪，凭借国内特有的精锻工艺以及日趋成熟的铆接和焊接工艺，仿制产品在原枪的性能基础上又有了进一步提高。

216 厂仿研的 CS/LM1 通用机枪（以下简称 LM1）继承了 MAG 的特点，并对一些细节进行了改进。主要改动有：

射频调节器 MAG 原有的射频调节器是采用无级调节的方式，从理论上来说调节的范围较广泛，但结构较为复杂，实际使用意义不大。并且这种结构还有一个明显的缺点，即调节的极限位置没有限位，当旋转刻度到头，继续向外旋转则会将调节器旋钮拧出，这从设计上来讲不够合理。

216 厂的 LM1 机枪采用类似米尼米机枪的射频调整方式，分为 1、2、3 气孔，2 气孔为正常使用，射频约 800 发 / 分；当需要降低射频时，可使用较小的 1 气孔，射频约 600 发 / 分；而在恶劣环境下，可使用更大的 3 气孔，以提高后坐能量，保证机枪能连续可靠地射击。这样的三级调节既满足了实际需要，又简化了结构设计，而且装拆清洗十分方便。同时，在持续射

LM1 通用机枪配备两根枪管，枪管寿命为 1 万发

击枪管温度升高后或因火药残渣过多而调节困难时，可用空弹壳套住射频调节手柄旋转进行调节，既可避免烫伤，又可加大旋转力臂。为避免从气孔逸出火光，在射频调节手柄的外侧还增加了一个消焰罩。

肩托 MAG 使用木制肩托，肩托本身没有缓冲，而且当机枪需缩短长度更换肩托时，必须连缓冲器一同更换。而 LM1 采用铝合金肩托，肩托增加了一级缓冲，肩托底板增加橡胶包覆，大大提高了抵肩射击时的舒适性。同时，LM1 的肩托与缓冲器可快速分解，只需取下肩托就可转换到车载用枪状态，不必专门加工不同的缓冲器进行更换。

枪管 国产枪管材料采用优质合金钢制成，线膛采用国内先进的精锻工艺加工，内膛镀铬，以承受弹丸磨损和高温高压火药燃气的冲蚀，枪管寿命比 MAG 枪管有明显提高。MAG 枪管在射击不到 10000 发时就会出现横弹现象，而 LM1 的枪管射弹超过 15000 发仍不会出现横弹。LM1 机枪配备两根枪管，枪管寿命为 10000 发，全枪寿命 20000 发。枪管与机匣采用断隔螺纹连接，换装枪管方便快捷。

三脚架 MAG 三脚架的高低和方向分别紧定，而 LM1 三脚架采用球形抱箍结构，

高低和方向一次紧定，整体结构更加紧凑，勤务操作更加方便快捷。

其他改进 LM1 的自动机和供弹机同 MAG 机枪基本一样，但对击针的结构进行了调整，改善其受力状况，以提高其寿命，其击针在射击超过 25000 发后仍然不会出现任何问题。

外贸型 9 毫米转轮手枪

国产 9 毫米警用转轮手枪除了装备我国警用部门，同时还研制有外贸产品。其外贸型转轮手枪除了具有操作简单、能迈越哑弹等转轮手枪固有的优势外，其在射击精度、机动性能（全枪长、全枪质量等）、对不同性能弹药的适应能力、射击可靠性、使用安全性等各方面，都处于同类武器的先进水平。

该枪可发射两种性能不同的手枪弹——9 毫米警用转轮手枪弹（普通弹）和 9 毫米警用转轮手枪橡皮弹。普通弹是低能量杀伤弹，橡皮弹是非致命性弹，可根据不同的任务选择使用。在一种武器上发射两种性质不同的弹药，这对武器的设计有很高的要求，国产转轮手枪达到了相关战技指标，这在转轮手枪史上首开先河。

综合看来，与国外转轮手枪相比，国产转轮手枪具有以下独到之处：采用线膛枪管发射两种性能完全不同的枪弹；保险手段齐备，既设有跌落保险，又设有转轮不到位保险，还有强制保险。该枪还设有附件接口，可以连接激光照准器等外接辅具；枪管线膛采用精锻一次成形工艺，大幅度提高枪管寿命；部分零件采用了 QPQ 等特种表面处理工艺，既增强了手枪的抗腐蚀能力，又提高了零件的耐磨性。

AMR-2 12.7 毫米狙击步枪

国内目前有两支声名较响的大口径狙击步枪，一支是在海外打

LM1 通用机枪

肩托的改进是 LM1 与 FN MAG 机枪外观上最大的改进之处

LM1 机枪的射频调节装置

LM1 机枪的三脚架采用球形抱箍设计，结构巧妙，使用灵活方便

AMR-2 12.7 毫米阻击步枪

出了好成绩的 M99 式（湖南 9656 厂的外贸产品），另一支就是 216 厂的 AMR-2 非自动狙击步枪。尽管这两支枪在实际测试中成绩不分伯仲、各有优势，但是 AMR-2 还是展现出了自身鲜明的特色。该枪采用了具有国内领先水平的精锻成形的枪管，在枪管准直度、加工精度、寿命等性能指标上都达到了较高的水准。枪管采用悬浮式设计，最大限度地避免了射击过程中各种因素的干扰，有利于提高射击精度。上机匣采用加长皮卡汀尼导轨，为各种战术瞄具的加装预留了

足够的空间。采用折叠式可调肩托，不但缩短了全枪长、提高了携行性，而且增设的贴腮板、助锄都可根据射手的习惯进行微调，最大程度体现了舒适的人机工程。目前，该枪还在进一步的改进之中，相信随着以后专用狙击枪弹的研制使用以及各种细节之处的改善提高，AMR-2 狙击步枪完全有实力和美国的巴雷特狙击步枪一较高下。

CS/LM3 12.7 毫米高射机枪

该枪是在 W-85 式 12.7 毫米高射机枪基础上改进而成的外贸产品。W-85 式高射机枪可高、平两用，主要用于对付低空敌机、地面轻型装甲车辆以及对敌机枪火力实施远距离压制。W-85 在 500 米和

800 米处，可分别击穿厚度为 15 毫米和 10 毫米的装甲目标。当使用 54-1 式钨心脱壳穿甲弹时，在 1000 米内能有效击穿苏制波爱姆波战车的侧后装甲，也可以毁伤 1500 米以内的武装直升飞机和低空飞机。W-85 采用弹链供弹，每条弹链容弹 60 发，除使用 54-1 式钨心脱壳穿甲弹外，还可使用 54 式 12.7 毫米穿甲燃烧弹、穿甲燃烧曳光弹。该枪全枪质量仅为 39 千克，机构动作可靠，散布精度好，勤务操作方便，枪管可快速更换。为了扩大外贸范围，CS/LM3 高射机枪改为发射 12.7 毫米勃朗宁机枪弹，其他结构基本与 W-85 式高射机枪一致。

在"八五"到"十五"期间，216 厂经过二十多年的发展，在机枪架座的研发、试制及生产方面积累了丰富的经验，形成了外置式、内置式、外置内控式、电控式、互换式等一系列载用（包括车载、舰载）产品。

216 厂机枪架座一览

□ 文／周康平　　图／谢华

外置式架座

QJC88A 式、QJC88B 式 12.7 毫米车装机枪架座系列

外置式架座是指整个架座安装在车身外部的一类架座，QJC88 式 12.7 毫米车装机枪架座系列属于此类架座。

QJC88A 式 12.7 毫米车装机枪架座是在 QJC88 式 12.7 毫米车装机枪架座的基础上改进而成的。其主要改进之处是，将高低向的有级锁紧改成无级摩擦锁紧机构，从而提高了机枪的高低向瞄准精度。

AMR-2 12.7 毫米非自动狙击步枪

W－85 高射机枪．CSLM3 机枪在此基础上改为发射勃朗宁机枪弹

后来，在 QJC88A 的基础上进行了改进，主要是将光学瞄准镜安装机构改进成可折叠结构，便形成了 QJC88A-1 式架座。使用时，将瞄具联接座连同光学瞄准镜一起转到工作位置，通过锁紧扳手锁紧；不使用时，将其转到机枪的右侧，以降低全枪高度。两位置转换方便迅速，固定可靠。

另外，考虑到射手的安全，在 QJC88A 的击发手柄、高低操纵手柄的前面分别增设装甲钢板，以防止迎面飞来的弹头和破片伤及射手，这便是 QJC88A-2 式架座。

在 QJC88A-2 式架座基础上继续改进形成了 QJC88A-3，主要改进之处是，根据车体需要，将原来的立轴连接改为"几"字形联接方式，并通过 4 颗螺栓与车体连接。

QJC88A-4 式架座仍是 QJC88A 的改进型。主要改进之处是将左侧的手动击发手柄改为可折叠式，可快速打开成工作状态，且能够可靠定位；将右边的高低机手轮盘上的高低向操纵手柄改成可拆卸结构，高低向需要调枪时，用右手按住托架上的卡笋即可取出操纵手柄并直接安装在高低机手轮盘上。

QJC88A-5 与 QJC88A 的主要区别是将行军状态时的锁紧机构由原来的 6°改成 30°；将托架部件上的方向限位机构由原来的

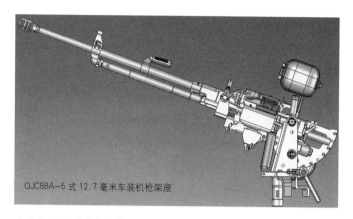

QJC88A-5 式 12.7 毫米车装机枪架座

为了勤务的方便，QJC88A-4 式 12.7 毫米车装机枪架座上的高低机手轮盘操作手柄不使用时，放在架座后方盲孔内，并以卡笋固定

QJC88A-4 式 12.7 毫米车装机枪架座上的击发手柄可折叠

左右各 30°改成左右各 90°。

QJC88B 式架座综合了 QJC88A 的特点并有所改进。主要改进之处是，在架座上增加了在方向上的任意位置都可锁紧的机构，并改变了与车体的连接形式。

内置式架座

12.7 毫米/14.5 毫米内置并联车装机枪架座

内置式架座是指将架座置于车身或炮塔内部的一类架座，12.7 毫米/14.5 毫米内置并联车装机枪架座属于此类架座。

该架座于 2006 年 1 月开始研制，2006 年 12 月完成设计定型并批量试生产。

该架座可实现 12.7 毫米车装机枪与 7.62 毫米车装机枪并联安装（命名为 QTA 式架座），也可通过更换少许零部件，在安装 12.7 毫米车装机枪的位置换装 14.5 毫米机枪（命名为 QTB 式架座），在安装 7.62 毫米机枪的位置换装 35 毫米自动榴弹发射器（命名为 QTC 式架座）。

该架座上安装的 12.7 毫米机枪是工厂新开发的 QJG06 式 12.7 毫米车装机枪；7.62 毫米机枪为 86 式 7.62 毫米车装机枪；14.5 毫米机枪为国内完全自主研制的 QTB02 式 14.5 毫米机枪。

12.7 毫米车装机枪与 7.62 毫米车装机枪并联安装时，两枪均在车内实现装弹、续弹及操控动作。

两枪共用一架瞄具。12.7 毫米机枪与 14.5 毫米机枪的互换只需更换滑座即可实现，互换后，只需更换瞄具中的分划板即可实施射击。

两枪共用一弹箱，可装 12.7 毫米机枪弹 150 发，或装 14.5 毫米机枪弹 100 发，通过输弹槽引弹入膛。弹箱固定在托架上，不随高低机同步俯仰，依靠输弹槽实现与机枪进弹口不同角度的对接。

在摇架的正下方有共用聚壳器，其通过滑槽与摇架相连，拆卸方便。在聚壳器上还有出链、出壳口，以应付紧急情况下的大量排壳、排链。为防止弹链四处飞溅，有专门的导链盒，将弹链直接导入聚壳器中。

在 7.62 毫米机枪的后支座上有可调装置，以便于调整并联枪的空间平行。7.62 毫米机枪正下方安装有能随时更换的容弹量为 200 发的弹箱，左边有可方便拆卸的聚壳器及聚链器。

并联两枪的前方有 8 毫米厚的圆弧形防盾钢板。三种枪均设有电击发和手动击发机构，以确保在一种击发方式失效时仍可采用另一种击发方式实现发射。通过高低机和方向机旋转手柄上的按钮实现击发。按钮上有盖板，以防止误击发。

该架座采用两枪内置并联方式，使武

127

器系统火力威猛，隐蔽性好，操纵简单，对射手及勤务手有着真正意义上的安全性，适于装在各种装甲车辆上，用于巷战及后勤输送中的防御。

外置内控式架座

WZ903 型防暴车用车装机枪架座

外置内控式架座是指架座安装在车身外部，但操控动作在车内完成的一类架座，WZ903 型防暴车用车装机枪架座属于该类架座。

该架座于 1992 年开始研制，1995 年完成设计定型，1996 年试生产后装备武警部队。

该架座并列安装 86 式 7.62 毫米坦克机枪和 35 毫米自动榴弹发射器或单独安装 QJC88 式 12.7 毫米车装机枪。86 式坦克机枪和 QJC88 式车装机枪的首发装填均为车内手动方式，击发方式均设有车内手动击发和电击发机构，供弹方式为车外供弹。全架座质量小于 55 千克，高低角可调范围 −6° ～ +85°。高低机和方向机设在车内，可在车内实现高低及水平方向上的操控。

WJ03 型防暴车用车装机枪架座

该架座是在 WZ903 型防暴车用车装机枪架座的基础上根据武警部队的需要改制而成的。主要改进之处是，取消了 35 毫米榴弹发射器的安装部分，将车内操纵的高低机手柄由朝后下方改为朝右边，以方便操控。该产品现已小批量试生产。

WZ905 型 5.8 毫米车装机枪架座

该架座是在 WJ03 型防暴车用车装机枪架座的基础上改进而成的。主要改进之处是，将其上的 12.7 毫米机枪换成 5.8 毫

WJ03 型防暴车用车装机枪架座及其配装的 86 式 7.62 毫米坦克机枪

90－Ⅱ式 12.7 毫米车装机枪架座及机枪

米机枪，其中的滑座部件及进弹系统等做了相应改动，现已小批量试生产。

电控式架座

90－Ⅱ式 12.7 毫米车装机枪架座

电控式架座是指通过机电装置来操控车外武器的一类架座，90－Ⅱ式 12.7 毫米车装机枪架座属于此类架座。

该架座主要配套安装在坦克、装甲车辆上，采用车外顶置安装形式，枪身采用 QJC88 式 12.7 毫米车装机枪枪身。通过安装在车外的 CCD 将目标图像传输到车内显示屏上，由控制板上的操纵手柄实现目标的选择和定位跟踪，用以对付低空敌机及轻型装甲目标，远距离压制敌火力点及集团目标。

该架座主要由托架、摇架、高低传动机构、转换离合器、电机、电击发机等组成。其转换离合器安装在托架上，通过向外扳动转换

离合器上的把手，实现电动。扳回转换离合器上的把手，压下高低机手柄上的手刹，并旋转手柄，可实现高低向车外手动操控。

手动操纵系统采用抱箍摩擦盘式夹紧机构实现随机制动，车外装填机构采用杠杆式结构，通过向后拉动拉机柄可实现车外装填。车内通过拉首发装填钢丝绳带动摇架上的滑块实现待击。电击发过程靠电击发机来完成，即通过车体供给的 24V 直流电源，由控制器上的击发按钮实现击发。车外手动击发通过按压击发手柄上的击发杆来实现，击发行程可调节。

该架座射击精度好；以车内电动操控机枪为主，大幅度减轻了射手操控机枪的劳动强度，提高了射手操控机枪的安全性。同时为应急使用，也能转换为车外手动操控机枪。勤务操作灵活方便。

TY-90-03 型倚天防空系统自卫武器分系统架座

TY－90－03 型倚天防空系统自卫武器分系统于 2003 年开始研制的外贸产品，经过随总体一起进行系列试验后，现已完成设计定型。

该武器系统主要由枪身、架座、CCD 光瞄系统、车用电操控系统组成。枪身采用 QJC88 式 12.7 毫米车装机枪枪身，CCD 光瞄系统包含光瞄器、线路及显示屏；车用电操控系统包含方位向、高低向驱动电机以及与之匹配的驱动器、控制电路板、操控器及电击发装置。架座在 90－Ⅱ产品的基础上增加了电动方向机，通过电控实现方向上的调枪。

舰载外置式架座

2000 型 12.7 毫米舰用机枪架座

TY-90-03 型倚天防空系统，其上装有自卫武器分系统架座及 QJC88 式 12.7 毫米车装机枪机身

2000 型 12.7 毫米舰用机枪架座及其配用的机枪

2000 型 12.7 毫米舰用机枪是针对海防线上的特殊使用环境，为提高边防巡逻艇和缉私艇的战斗能力而研制的新型舰用机枪。

2000 型舰用机枪选用 QJC88 式车装机枪枪身，配装 W-85 式高射机枪枪尾和折叠肩托部件，以方便在舰上使用。配用该枪的架座主要由上架和下架组成。上架与枪身的连接采用快速分解结合方式，便于枪身的装卸；下架主要由制转盘、旋转手柄、枪座筒、升降机构、带座套的升降管、紧定器等组成。枪座筒采用桶型结构，使各方向上的强度、刚度不变，以保证在不同方向射击时的一致性。升降机构采用齿轮齿条传动机构，火线高可调，行程（634毫米）内无级升降；内配平衡簧可保证升降的平稳并减小操纵力；升降手柄带锁紧机构，停止操纵时能自动锁紧。

互换式架座

WMZ551B 装甲运兵车车装机枪架座

互换式架座可在同一架座上互换安装不同类型的机枪，WMZ551B 装甲运兵车车装机枪架座属于此类架座。

该座架于 2000 年 9 月开始研制，

2001年1月完成方案样机的试制加工、装配及调试工作。随后进一步改进，于2001年5月批量试生产。

该架座在不增减任何零部件的情况下，可互换安装FN MAG 7.62毫米通用机枪和勃朗宁M2HB 12.7毫米重机枪。由射手握住机枪上的握把来控制其高低及方向，并可调整车内站台的高低以适应不同身高的人员操控，人机工效性好。

该架座通过改变架座回转轴的位置来适应两种机枪的重心，无需加装平衡簧及相关平衡机构。两枪转换方便、迅速，并有利于射手在车辆运动或静止时射击。其高低、方向上的紧定采用浮动式锁紧方式，通过旋转锁紧把手直接夹紧与滑座相联的侧板，减小了传动间隙，有利于射手在锁紧状态下的瞄准。该机构简单可靠，操作方便。

适用的两种机枪与枪架的连接均采用带有制动钢球的轴连接方式，并且联接轴与架座通过铁链连接，装卸快速方便且零部件不易丢失。两种枪分别有各自的弹架，且弹架上带有导弹板。导弹板通过两挂钩直接挂在架座上，侧面的锁销控制其上下移动。随枪配备的弹箱直接放在弹架内，枪弹通过导弹板直接进入到机枪进弹口，输弹路线短，进弹可靠，更换弹箱方便迅速。两枪均采用下方抛壳方式，在架座上有导壳板及相应的聚壳器，以防止弹壳四处飞溅。

WMZ551B装甲运兵车车装机枪架座同时适用于两种机枪，设计独特，不仅在国内属首创，与国外的同类产品相比亦具有独特性，市场前景广阔。

轻武器特种加工工艺

□ 文／鲁贤高　　图／谢华

目前我国轻武器科研与生产中，新型号、新项目的不断增加，各种战术技术指标的不断提高，以及各种新型材料的广泛应用，都对工厂的加工工艺和设备提出了更高的要求。216厂在国内率先成功地将一系列有特色的工艺技术运用在轻武器制造中，如枪管精锻技术、枪管激光表面改性技术、铝合金硬质阳极氧化染色技术、温冷挤压技术、QPQ表面改性技术等。其中枪管内膛表面激光强化技术具有世界先进水平。

枪管精锻技术

枪管是枪械的核心部件，枪管的好坏直接影响到枪械的性能和寿命。枪管精锻技术是目前世界各军事强国在轻武器领域普遍采用的加工方式。216厂于20世纪70年代在国内率先运用精锻技术使枪管线膛一次成形，经过三十多年的技术积累，现已具有丰富的精锻经验，可以从事大、中、小口径枪管和小口径炮管的线膛精锻加工。

枪管精锻的过程是通过精锻机来完成的。精锻机是一种径向锻造机，是在坯料周围对称分布几个锤头，对坯料沿径向进行高频率同步锻打，坯料边旋转边作轴向送进，使坯料径向断面尺寸减小，轴向延伸。坯料在轴向送进的同时，锤头按程序前进或后退，使坯料外形平整或具有一定锥度。精锻机不但能锻造膛线，而且能一次把线膛和弹膛同时锻出。在锻造枪管时，只需在坯料内孔中插入外形与相应线膛和弹膛尺寸吻合的的芯棒，并定位在锤头部位，经径向旋转冷挤压，从而锻出带线膛、弹膛的枪管。另外，精锻机在锻造内膛的同时能在枪管外圆上锻出多个锥体，使其外形达到基本不再加工。

精锻机锻出的枪管内膛尺寸精度高，一致性好，阴、阳线直径公差在0.03毫米范围内，远远高于其传统加工精度的0.05～0.10毫米范围。

枪管精锻技术的应用使枪管的合格率达99%以上，降低了生产成本，节约了原材料。更重要的是，精锻机通过高频率同步锻打，提高了材料的塑性变形，使金属结构更加致密，从而提高了枪管的强度、寿命，减少了寿命期内初速的下降率，对提高全枪性能起到了关键的作用。

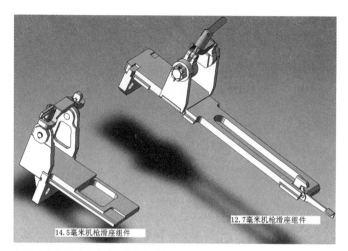

14.5毫米机枪滑座组件

12.7毫米机枪滑座组件

在 12.7 毫米 14.5 毫米内置并联机枪架座上进行 12.7 毫米机枪、14.5 毫米机枪互换时，只需更换滑座即可实现

精锻机待加工枪管坯料

作用在枪管膛线表面，使其温度迅速上升至相变点以上，并通过基体的热传导，以 105℃／秒冷却速度实现冷却淬火，在枪管径向形成螺旋形的、致密的、微观凸凹不平的强化带。这种结构使枪管内膛表面具有很高的硬度、耐磨性和回火稳定性。

激光表面改性后的枪管内膛表面硬化区的晶粒变得非常细小，这种细小晶粒相应地增大了晶界面积，使晶界上的应力集中相对减小，对裂纹的扩展起阻碍作用，同时也使裂纹扩展方向不断变化，从而使材料的疲劳寿命得到提高。这种细晶粒不仅提高了金属材料的强度和耐磨性，而且还改善了韧性，使阳线受弹头挤压时不易变形；强化后的枪管内膛表面呈凸凹不平的微观结构，提高了镀铬层的结合力，保证了镀铬层完整，从而提高了镀铬层的使用寿命，延长了枪管的使用寿命。

该技术虽已达到世界先进水平，但还仅仅局限于在 QJG02 式 14.5 毫米单管高射机枪上的应用，在其他枪械上的应用仍需资金和技术的支持。

目前，在国内枪械生产行业中，216 厂是唯一成功应用枪管精锻技术的厂家。工厂采用枪管精锻技术的产品有 CQ 5.56 毫米自动步枪枪管、95 式 5.8 毫米班用机枪枪管、9 毫米警用转轮手枪枪管、89 式 12.7 毫米重机枪枪管、02 式 14.5 毫米高射机枪枪管，以及在研项目的所有枪管。

216 厂具有可精锻 25 毫米口径以下枪、炮管的能力，并实现了线膛芯棒、锤头的自行设计和制造，在国内居于领先水平。

枪管激光表面改性技术

QJG02 式 14.5 毫米单管高射机枪是我国"八五"重点型号项目，在试制过程中，枪管采用常规工艺制造，一直存在使用性能达不到要求的致命缺陷。经过一系列试验，最终选择了激光表面改性工艺。

激光表面改性是通过高能激光束以 105 ~ 106℃／秒加热速度

铝合金硬质阳极氧化染色技术

目前，铝合金材料以其质量轻、价格适中以及与钢材接近的性能，在枪械的非运动件，如机匣、导轨、枪托等大型零部件上应用广泛，对枪械的减重起到了很大作用。

众所周知，铝合金材料的表面硬度较低，直接作为枪械的零部件，显然不能达到设计要求，必须对其表面进行硬质氧化处理。氧化膜必须要有一定的硬度及厚度，以达到耐磨、抗腐蚀的效果。同时氧化膜必须具有较高的韧性，以保证使用过程中不掉膜。另外，氧化膜还需呈纯正的黑色，与枪上其他钢件（钢件一般采用黑色磷化处理）和塑料件颜色相匹配。216厂通过对铝合金材料硬质阳极氧化工艺进行摸索和工艺参数优化，基本达到上述要求。

20世纪80年代，216厂率先在轻武器上大量使用铝合金材料，并采用硬质阳极氧化技术对铝合金零件进行表面处理。该厂开发的CQ 5.56毫米自动步枪共采用十多个铝合金零件，全部进行了硬质阳极氧化处理。但由于当时的硬质阳极氧化工艺还不够成熟，氧化膜的颜色几乎不能达到黑色。

为了解决氧化层颜色问题，科研部门进行了"喷漆改色"、"常温全色硬质阳极氧化"及"酸性黑ATT染料有机染色"工艺试验。"酸性黑ATT染料有机染色"工艺在89式12.7毫米重机枪和95式5.8毫米班用机枪的铝合金零件上得到应用。但这种工艺在前期应用中，也发生一些问题。酸性黑ATT染料属有机染料，在紫外光线照射下，存在从黑色到灰色的渐变过程，氧化膜中的染料越多，变色越慢。这种染料存在的另一个致命弱点是即遇酸、遇碱易变色。因该染料在氧化膜中的吸附属于物理吸附，化学环境改变时，易产生解析，比如95式班用机枪的机匣体采用铝合金材料，在机匣装配过程中，其钢件有修锉时，须进行黑色磷化处理，而装配好的机匣无法拆开，只有将整个机匣放入黑色磷化槽中，此时，铝合金材料吸附在氧化膜中的染料被解析出来，轻者影响到零件的耐晒性，重者直接折现出氧化膜的底色，使颜色偏红。

针对硬质阳极氧化有机染色出现的问题，经过大量试验及多年的工艺摸索，总结出以下几方面的技术措施加以解决。

从前期工艺安排、染料的选用、硬质阳极氧化全自动电源等方面加以改进，确保硬质阳极氧化染色质量；正确选用碱蚀、硬质阳极氧化、染色、封闭工艺参数，确保染色后的零件颜色为纯黑色；控制好生产线用水水质，特别是硬质阳极氧化清洗用水水质、封闭工序用水水质；选择优质的染料和封闭盐封闭，最大限度地保证零件的耐晒性；在封闭盐封闭后，再加一道有机复合封闭。

通过以上措施，基本可以达到铝合金零件下磷化槽不变色，500小时光老化试验无明显变色，满足了部队使用要求。

温冷挤压成形技术

挤压加工是把金属坯料放入模具内轴向加压，利用金属的塑性变形，达到成形的目的。一般坯料不升温的称为冷挤压，升温的称为温挤压。近年来，挤压加工在216厂军品生产中，正逐渐得到应用，如QJG02式14.5毫米枪管弹膛镶套采用冷挤压成形，M4缓冲簧管采用温挤压成形；民品中的传动轴以及射钉器也应用了温冷挤压成形技术。

温冷挤压成形技术具有如下优点：解决了复杂零件加工尺寸难以保证的问题，如CQ-A 5.56毫米卡宾枪缓冲簧管，由于形状复杂，采用一般加工方式难以保证其尺寸；大量节约了原材料，如14.5毫米枪管弹膛镶套零件采用挤压成形技术后，只需原机加制造原材料的40%。

QPQ 表面改性技术

"QPQ"是英文Queech-Polish-Queech首字母的缩写，原意为淬火－抛光－淬火。

由精锻机锻出的枪管内膛尺寸精度高，一致性好

枪管激光表面改性专用机床，目前这一加工技术达到世界水平

表面处理车间，包括黑色磷化、电泳镀漆、硬质阳极氧化和镀铬等生产线

工人正在对CQ自动步枪弹匣进行阳极氧化处理

立式高频感应淬火

该技术是在盐浴中将（硫）氮、碳等原子渗入工件表层，再经过氧化，赋予工件良好的耐磨、减摩、抗咬死、抗疲劳和耐腐蚀等性能。熔盐本身是热载体和（硫）氮、碳原子源，它与工件表面充分接触，可使被处理件具有良好而稳定的强化效果。经QPQ技术处理后的工件表面具有富氧氮化层，不仅耐磨性，耐蚀性大幅提高，而且具有美丽的黑色外观。

目前，216厂已成功将QPQ表面改性技术用于9毫米警用转轮手枪上，使该枪具有良好的耐蚀性能，提高了该枪的外观质量。

先进的加工工艺对提高轻武器的品质有着举足轻重的作用。216厂作为我国轻武器重要的科研生产基地之一，在技术和工艺上具有独特的优势，其生产的产品以"过得硬"的品质而享誉国内轻武器业界及军警部门，同时也力争在国际市场打出一片天地。

资江奔腾 科技兴业

——记 9656 厂

□ 舒服　覃希治　夏再来

雪峰山下、资江之畔的湖南省益阳市，屹立着一座颇具现代化气息的兵工企业——湖南省资江机器有限责任公司（即 9656 厂）。该公司为省属国有独资企业，是国家第三次军品生产能力调整确定的保留单位，并被批准为国家六个猎枪生产定点企业之一。

四十载追求 硕果累累

20 世纪 60 年代中期，国家为适应当时战备需要，大力发展三线建设，9656 厂就在这样的背景下建厂。自建厂以来，9656 厂科研生产能力不断加强，特别是拥有一支过硬的科研队伍，为我国轻武器界奉献了累累硕果。位列 20 世纪世界百名最优秀轻武器设计师前茅的朱德林同志就是该厂科研队伍的杰出代表。

在朱德林同志的带领下，我国自主创新了第一代 12.7 毫米高射机枪，即 77 式 12.7 毫米高射机枪。以后 9656 厂又相继

资江机器有限责任公司（即 9656 厂）

85 式高射机枪

85 式高射机枪主要诸元	
全枪长	2050 毫米（平射状态）
全枪宽	1160 毫米（平射状态）
有效射程	1600 毫米（对空）；
	1500 米（对火力点）；
	800 米（对装甲）
初速	800 米／秒
理论射速	650～750 发／分
高低射界	−15°～+80°
方向射界	360°
弹链箱容弹量	60 发
全枪质量	39.5 千克（含弹链箱和装满 60 发枪弹的弹链）

（重型）

QLZ87 式 35 毫米自动榴弹发射器（重型）

QLZ87 式自动榴弹发射器主要诸元	
初速	190 米 / 秒
理论射速	480 发 / 分
发射方式	单发、连发
供弹方式	6 发或 15 发弹鼓供弹
高低射界	−10° ～ +70°
有效射程	600 米
表尺射程	600 米
全枪质量	12kg（轻型，含瞄准镜）；20kg（重型，含瞄准镜、三脚架）

研制成功了 85 式 12.7 毫米高射机枪及 87 式 35 毫米自动榴弹发射器。这 3 种武器在工厂并称为"两枪一器"，是工厂具有里程碑意义的科研成果，装备部队后，深受战士喜爱，多次被评为优质产品。其中，77 式 12.7 毫米高射机枪获国家发明二等奖；85 式 12.7 毫米高射机枪获国家科技进步二等奖；87 式 35 毫米自动榴弹发射器具有国际先进水平，填补了国内空白。

进入 1990 年代，该厂又研制成功了 04 式 35 毫米自动榴弹发射器、W95A 式 0.50 英寸重机枪、M99 12.7 毫米半自动狙击步枪及 M98 步兵火力突击车（有封闭式和敞蓬式两种车型）。其中，04 式榴弹发射器是我军最新一代榴弹武器，M98 步兵火力突击车、M99 狙击步枪既装备我国武警部队，也供外贸出口，W95A 重机枪则主要供外贸出口。

QLZ−87A 35 毫米自动榴弹发射器，QLZ04 式自动榴弹发射器就是在此基础上改进而成的

把握关键技术 形成强势产品

通过几代轻武器的研制、生产及外贸出口，9656 厂掌握了大口径枪械设计和制造的关键技术，特别是围绕 77 式、85 式 12.7 毫米高射机枪和 87 式 35 毫米自动榴弹发射器生产中产生的问题，进行了系统的工艺研究与攻关，形成了企业独特的关键技术。

"气吹式"导气原理 它是一种优秀的导气式结构，属国际首创，获国家发明二等奖。该厂所研制的 77 式和 85 式 12.7 毫米高射机枪、87 式 35 毫米自动榴弹发射器、04 式 35 毫米自动榴弹发射器、M99 12.7 毫米半自动狙击步枪都采用了"气吹式"导气原理。

该"气吹式"导气原理是在 M16 步枪等所采用的导气式结构的基础上改进而成。其工作原理是，枪弹击发后，弹头向前运动，当通过导气孔时，部分火药燃气

QLZ04 式自动榴弹发射器主要诸元	
初速	＞190 米 / 秒
理论射速	350 ～ 400 发 / 分
发射方式	单发、连发
供弹具	30 发容弹量的弹箱
供弹方向	可左右
高低射界	−10° ～ +50°
方向射界	±30

M98 步兵火力突击车（敞蓬车身）　　　　　　　M98 步兵火力突击车（封闭车身）

M98 火力突击车武器配置	
顶置武器	85 式 12.7 毫米高平两用机枪（也可选配 04 式 35 毫米自动榴弹发射器）
前置武器	QLZ87 式 35 毫米自动榴弹发射器（也可选配各式轻机枪）
后置武器	QLZ87 式 35 毫米自动榴弹发射器（也可选配各式轻机枪）
弹药基数	发射 12.7 毫米高射机枪弹时为 840 发 /720 发；发射 35 毫米榴弹时为 114 发 /72 发
射界	顶置武器：方向射界为 360°；高低射界为 −10° ～ +45°
	前置武器：方向射界为 ±30°，高低射界为 −5° ～ +20°
	后置武器：方向射界为 ±45°（±30°）；高低射界为 −5° ～ +50°

经导气孔、气塞进入机体气室，吹击机体并带动机头一起后坐完成开锁、抽壳、抛壳动作，并压缩复进簧和缓冲簧。

而 87 式 35 毫米自动榴弹发射器在采用"气吹式"导气原理的基础上，还采用了既不损失能量，又能满足发射器低膛压需要的偏心式气塞结构。位于机匣上方的气塞在气塞体上，气塞体固定在导气箍内，前端与身管导气孔相通。通过转换气塞的不同位置，即可调整气孔大小，这样设计可更有效地对火药燃气流量进行调整，适应不同的射击环境。

多用自动机技术　精心设计的多用自动机将多个必不可少的部件变成自动机的一部分，即集气室、缓冲、击锤、挡壳、提把、装填等多种功能于一体，构思新颖独特。这一具有独创性的结构，使自动机具有较大的质量，同时机体与机头的质量比达到

数倍，不但保证了各部件的正常功能，而且充分利用各部件的质量，使武器质量大幅度减轻。9656 厂的大部分产品都采用了该项技术，如 85 式 12.7 毫米高射机枪在保持 77 式的独特优点之外，其质量降为 39.5 千克，较 77 式的 56.1 千克相比，下降了 30%。

多用自动机技术已获得国家发明专利。

无导轨柱形弹鼓技术　QLZ87 式 35 毫米自动榴弹发射器采用的无导轨柱形弹鼓装弹简单、使用方便可靠，已获得国家发明专利。其创新设计的 6 发和 15 发圆柱形弹鼓的外壳、叶轮等零件都用薄板冲压成型，在简化工艺、节约费用的同时保证制造质量和尺寸的一致性。弹鼓结构紧凑，布局合理，分解结合无需工具，方便迅速，具有良好的勤务性和可维修性。

深孔钻、铰技术　12.7 毫米口径的高射机枪枪管长径比为 82：1，属深孔加工。由于枪管材料带状偏析严重，通常会遇到枪管钻、铰困难，内表面粗糙度达不到要求的问题。工厂经过几十年的摸索和经验积累，逐步形成了最佳钻头结构参数和热、冷加工技术，能大大提高切削速度以及表面粗糙度、内孔的直径度等精度。该技术处于国内同类加工技术领先地位。

大口径身管螺旋拉削技术　工厂生产的榴弹发射器身管口径为

M99 半自动狙击步枪主要诸元	
全枪长	≤ 1500 毫米
全枪质量	≤ 13.5 千克（含瞄准镜）
初速	≥ 800 米／秒（狙击弹）
有效射程	≥ 1500 米
发射方式	单发
闭锁方式	枪机旋转闭锁
供弹方式	弹匣供弹
弹匣容弹量	5 发
全枪寿命	≥ 3000 发
光学瞄准镜放大率	8 倍／10 倍

35 毫米，长度为 365 毫米，内膛需加工 18 条螺旋膛线，生产线加工难度较大。经技术人员潜心研究，设计出了膛线加工的螺旋拉削装置，能一次性将 18 条膛线拉削成型，既保证了质量，又提高了生产效率，螺旋拉削装置加工寿命可达 1000 根以上。此技术除用于加工武器身管外，也可拓展到民用产品相似的内孔螺旋加工、内啮合斜齿轮加工等。该技术已获得国家发明专利。

身管调质与镀铬技术 速射武器身管寿命是轻武器科研和生产的关键。当初速下降超标、弹膛烧蚀严重时，表明枪管寿命已到尽头。经过多年的调查研究与解剖试验，工厂重点把握了影响身管寿命的两项关键工艺，一是身管调质工艺，二是身管镀铬工艺。为此，工厂更新了身管调质设备，调整了调质工艺参数，提高了身管基体硬度，同时调整了镀铬参数，保证镀铬后的固有裂纹更少、更细，使镀铬层与基金属结合更牢固，从而有效地保护基金属。通过这两种工艺的改进，大大提高了武器身管寿命。

院厂合作 再创辉煌

近年来，9656 厂加大了与中南大学湖南博云新材料股份有限公司的合作，通过系列攻关与十余项技术创新，完成了航空 BY2.1474 动片、ZFS2612 动片、BY2.1587 动片的试制与生产，完成了 GKT141E2 骨架、苏 -27 钛合金产品的生产。9656 厂已经成为中南大学牢靠的科研、试制、生产基地，双方形成良好的合作伙伴关系，今后将重点加强波音 737 系列动片、BYZ.1474 动片等产品的技术研究与生产。

最近，9656 厂又同南京理工大学签订了联合研制高炮射击模拟训练系统的协议，目前各项工作进展十分顺利，系统研制成功。

目前工厂正在进行多种轻武器的开发与研制，并已取得重大进展。

时代在前进，科技在发展，9656 厂将继续发扬自主创新、开拓进取的精神，不断推出新产品，为我国的国防事业作出新的贡献！

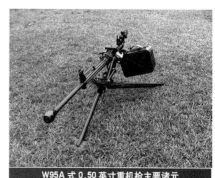

W95A 式 0.50 英寸重机枪主要诸元	
全枪长	1648 毫米
全枪宽	950 毫米
有效射程	1500 米（对火力点）
	800 米（对轻型装甲）
供弹方式	弹链供弹
全枪寿命	6000 发
发射方式	连发
全枪质量	31.5 千克（含弹链箱和空弹链）
初速	750 ～ 800 米／秒
理论射速	650 ～ 750 发／分
方向射界	360°
弹链箱容弹量	60 发
表尺射程	1800 米

悠久兵工 356 厂

□ 文／张富昆、王汝雁、余成惠、张健、龚云华、陈竑、安国金等

国营三五六厂坐落于春城昆明。提起她的历史，要追溯到烽火连天的抗日战争时期，当时该厂制造的武器输送到抗日前线，为中华民族取得抗战胜利做出了突出贡献。建国以来，三五六厂得到阔步发展，为人民解放军奉送了一批批优秀武器，56 式 7.62 毫米轻机枪、67 式 7.62 毫米轻重两用机枪、75 式 14.5 毫米高射机枪……特别是新型的 88 式 5.8 毫米通用机枪、02 式 14.5 毫米高射机枪等等，都诞生于这个厂，且许多轻武器都占据了我国轻武器发展历程中的"第一"。

356 厂的建成与发展

抗日烽火中诞生

国营三五六厂始建于 1939 年 4 月 1 日。最初定名为 51 兵工厂。1942 年与 22 兵工厂合并，改称第 53 兵工厂；1950 年 10 月，奉命改组，将第 53 兵工厂重新划分为第 51 兵工厂和第 22 兵工厂；1951 年 6 月，第五十一兵工厂改为国营第 356 厂。

工厂的筹建最早可以追溯至 1936 年夏。当时，经国民政府军事当局多方努力，捷克布尔诺（BRNO）武器公司决定协助当局建厂，使工厂能够独立制造捷式 7.92 毫米轻机枪。翌年，"七七事变"爆发，拉开日本全面侵华战争的序幕。就在此时，捷厂变计，事遂中辍。但是，国民政府没有放弃，决定继续设厂，制造轻机枪。1939 年 4 月 1 日，国民政府军政部兵工署以渝造（28）甲字第 3705 号训令成立第五十一兵工厂筹备处。筹备处成立后，随

厂领导与军代表一同验收 88 式 5.8 毫米通用机枪

即派工程技术人员进行勘选厂址工作。经勘测比较，最后将厂址选定在昆明。其时，正值抗日战争的烽火风起云涌。应民族救亡之急需，员工不惧日本侵略者的轰炸，浴血劈山，凿洞成厂，赶制出捷克式轻机枪，支援抗日前线。

工厂就这样在战火中诞生并踏上发展征程。

新时代中发展

356 厂于战争硝烟中开山建厂，艰苦创业，造枪抗日。新中

国成立后，在中央和地方各级政府的关心支持下，从 20 世纪 50 年代学习苏联，仿制出轻机枪、重机枪、坦克机枪，装备人民子弟兵，为保卫国防、巩固人民政权建立功勋。20 世纪 60 年代丢掉"洋拐棍"，走产品"中国化"的新路，自行研制出 67 式 7.62 毫米轻重两用机枪，开创了中国枪械史的新篇章。20 世纪 70 年代设计和制造出精良的各式轻重机枪、高射机枪，满足了国防换装和出口援外的需要。到 20 世纪 80 年代，军品、民品全面发展，走"军民结合"的路子，建设出口基地。这一时期，军用民用新产品层出不穷，工艺技术不断提高。进入 20 世纪 90 年代，工厂向现代化新型企业迈进，军民品研发取得了长足的发展，"军品创精品，民品创品牌"成为工厂新的发展理念。

在工厂发展中，始终把技术开发与改造放在第一位。工厂具有雄厚的锻造、精密铸造、机械加工、表面处理、热处理等综合加工能力。

在锻造方面，具有 1000 吨、2000 吨、3150 吨热模锻压力机生产线，以及其他吨位的模锻锤、电液锤等锻压设备。每条生产线都配备中频感应加热炉，采用辊锻技术初制坯，锻造毛坯达到国际精密级标准。

工厂拥有上千台金属加工设备，其中从美国、日本、韩国、中国台湾等国家和地区引进加工中心 30 多台，还有从瑞士、德国、奥地利引进的枪钻、精镗机、精密珩磨机等关键工艺设备。

在表面处理方面，工厂对传统的军品电镀工艺进行计算机控制改造，确保了电镀工艺的准确性，提高了表面处理的质量。同时拥有枪管弹膛、线膛内表面处理激光强化设备，其加工处理有助于提高枪管弹膛、线膛表面的硬度和强度，延长枪管使用寿命。

在热处理方面，工厂拥有两条自动连续热处理网带淬火线，其炉温能保持均匀一致，提高了自动化程度。

三大板块构成发展框架

工厂具有 70 多年机械制造的历史，现已形成了以军品、汽车发动机连杆、机床零部件为三大板块的研制和生产经营格局，三大板块并重发展。其中，机床零部件是工厂新培育的业务，已形成滑鞍、尾座、铣头等部件的批量生产能力。

工厂先后成立了军品研究所、技术管理处和民品研发中心，形成了开放的科研体系，拥有雄厚的研发能力。其中，军品研究所

分军品设计及军贸设计两部分，分别负责国内军品与外贸军品的研制工作。工厂是国内军用机枪的主要研制生产企业之一，在军品研发与生产方面居国内轻武器行业领先地位。目前，在军品研发方面，以 QJY88 式 5.8 毫米通用机枪和 QJG02 式 14.5 毫米单管高射机枪为基型枪，在产品的上车、上机、上舰系列化发展方面取得了一定的进展。

工厂生产与研制的销量较大的军贸产品主要有 81 式 7.62 毫米轻机枪、67-2 式 7.62 毫米重机枪、M305 7.62 毫米半自动步枪和 7.62 毫米、5.56 毫米的各式供弹具等，外销北美、欧洲以及东南亚、中东、

工厂拥有先进的加工设备，生产技术能力居国内兵工厂前列

75 式 14.5 毫米单管高射机枪

工厂生产的民用枪械主要面向海外市场

北非地区，享有极高的声誉。

　　民品方面，工厂成为国内汽车发动机连杆的最大科研生产基地，汽车发动机连杆已达年产 350 万只的生产能力，在国内微车、微轿市场占有率连续多年居第一。汽车发动机连杆还进入了美国水星连杆市场和日本三菱汽车市场。此外，工厂生产的夹模具、刀量具以及各种专用设备主要销往东南亚和北非地区。

　　2005 年，工厂成功进行了股份制改革，有效规范了公司管理结构，管理体系得到不断完善和健全，经济持续稳定发展。2005 年工厂实现销售收入 20203 万元，其中外贸收入 4268 万元，利润 1988 万元。"十一五"期间，三五六厂将加大投资力度，

先进的热模锻压力机

通过上市融资和战略并购，实现快速扩张。

军工产品硕果累累

国营第 356 厂研制的产品以机枪为主。在抗战时期，其生产的仿捷克 ZB26 式 7.92 毫米轻机枪成为中华儿女打击日本侵略者的有力武器。建国后，新中国百废待兴，356 厂仿制生产了一大批苏联的机枪，为扭转我军装备落后的局面做出了突出贡献。从 20 世纪 60 年代开始，356 厂走上了自主研发的道路，其近期研制的以 QJY88 式 5.8 毫米通用机枪、QJG02 式 14.5 毫米单管高射机枪为代表的新一代轻武器已进入我军装备序列。

20 世纪 50 年代之前

仿 ZB26 式 7.92 毫米轻机枪

该轻机枪仿制于捷克布尔诺兵工厂的 ZB26 式 7.92 毫米轻机枪，1940 年底开始试制，1941 年 6 月试制成功，投入批量生产，1951 年停产。

全枪质量 9.69 千克，全枪长 1163 毫米，有效射程 800 米，战斗射速 120 发／分，弹匣容弹量 20 发。

37 式 7.92 毫米轻机枪

37 式 7.92 毫米轻机枪是捷克 ZB26 式 7.92 毫米轻机枪的改进型，其主要用途、结构和性能基本上与捷克 ZB26 相同。

改进试制成功后，1949 年 10 月 31 日由国民政府兵工署批准定型，并命名为"37 式 7.92 毫米轻机枪"，但没有投入批量生产。

仿麦德森 7.92 毫米轻机枪

麦德森 7.92 毫米轻机枪可杀伤 1000 米距离内的集群目标和单个目标，也可射击 500 米内的飞机和伞兵。

工厂建立伊始便引进了丹麦麦德森公司关于该机枪的全套产品技术，包括工艺工装等全部生产线，但技术资料及工装器材在 1940 年的运输途中被日本飞机炸毁，工厂于 1944 年清理、修整被炸资料及物资后，于 1949 年 9 月试制成功，但没有投入批量生产。

该枪枪身质量 9.6 千克，全枪长 1160 毫米，实际射速 250 发／分。

仿 ZB26 式 7.92 毫米轻机枪的枪身有 2 个图案标记，位于机匣上表面后端，为"弯弓射日"图案和瞄准镜镜片图案，其后为枪号

37 式 7.92 毫米轻机枪的枪身有 2 个图案标记，位于机匣上表面后端，为"弯弓射日"图案和瞄准镜镜片图案，其后为枪号

仿麦德森机枪的枪身铭文位于机匣左侧后端，为麦德森机枪的英文名称，名称下方刻有青天白日标记，标记下方刻有枪号

仿麦德森 7.92 毫米轻机枪

20 世纪 50 ～ 70 年代

53 式 7.62 毫米轻机枪

53 式 7.62 毫米轻机枪仿制于苏联 ДПМ 7.62 毫米轻机枪（即杰格佳廖夫 DPM 7.62 毫米轻机枪），1953 年生产定型。该枪是步兵用以杀伤 800 米以内的集群或单个目标的重要武器，也可射击 500 米内的伞兵或飞机。

1952 年 6 月，工厂从北京取回苏联全套产品图、工艺技术资料。经翻译、整理、描校，于 1953 年 2 月按照新产品试制"平行作业法"开始试制，同年 4 月试制成功，9 月第二机械工业部和军委军械部批准其生产定型并投入批量生产。1954 年 7 月，第二机械工业部正式命名该枪为"1953 年式 7.62 毫米轻机枪"，简称"53 式 7.62 毫米轻机枪"。该枪于 1956 年停产。

该枪由枪管组件、机匣组件、自动机组件、枪托、供弹机构、发射机构、瞄具等组成。每挺机枪配备弹盘 10 个，枪管 4 根。可使用 53 式 7.62 毫米普通弹、曳光弹、穿甲燃烧弹。

该枪采用导气式自动方式，闭锁片撑开式（鱼鳃式）闭锁机构，连发射击。枪管与机匣的连接方式采用断隔螺纹连接，枪管可更换，枪口装有锥形消焰器。脚架采用可折叠式两脚架，并固定于枪管上方，便于携带，驻锄为尖爪形。复进簧设置在机匣后部，以免受热失效。采用机械瞄具，弧形表尺，方形缺口式照门。枪托采用木质材料。

全枪长 1272 毫米，宽 435 毫米（带弹盘），高 304.5 毫米。枪管长 605 毫米，膛线 4 条、右旋，导程 240 毫米。全枪质量 9.3 千克（带脚架、空弹盘），装满 47 发枪弹的弹盘质量 2.8 千克。初速 840 米 / 秒，火线高 276.5 毫米，有效射程 800 米。寿命 60000 发（每根枪管寿命 15000 发），故障率不大于 0.15%，用普通弹可穿透 1000 米处 2 毫米厚低碳钢板加 25.4 毫米厚松木板，理论射速 600 发 / 分，战斗射速 80 发 / 分。

53 式 7.62 毫米轻机枪

55 式 7.62 毫米坦克机枪

55 式 7.62 毫米坦克机枪仿制于苏联 ДТМ 7.62 毫米轻机枪，1955 年生产定型。该枪是 53 式轻机枪的改进型，以适应坦克和战车的需要。其主要机构与 53 式机枪相同，只是弹盘、发射机构、枪尾和瞄具有较大变化，并配装了光学瞄准镜。

该枪装在坦克或装甲车内，作为坦克火炮的并列机枪。既可从坦克球形装置内向 400 米内的目标射击，也可拿出车外作轻机枪使用，消灭 800 米以内的集群或单个重要目标，还能射击 500 米内的

55 式 7.62 毫米坦克机枪

56 式 7.62 毫米班用轻机枪

56-1 式 7.62 毫米班用轻机枪

空降兵和直升飞机。

该枪采用导气式自动方式，闭锁片撑开式闭锁机构。机械瞄具采用立式表尺、圆孔形照门，并配有光学瞄准镜；采用容弹量 63 发的弹盘供弹。

每挺机枪配备弹盘 10 个，枪管 4 根。使用 53 式 7.62 毫米普通弹、曳光弹、穿甲燃烧弹。全枪长 986 ～ 1138 毫米，宽 410 毫米，高 460 毫米。枪管长 605 毫米，膛线 4 条、右旋，导程 240 毫米。全枪质量 8.6 千克，初速 840 米／秒，有效射程 400 米，表尺射程 1000 米，战斗射速 100 发／分，寿命 60000 发。用普通弹可穿透 1000 米处 2 毫米厚低碳钢板加 25.4 毫米厚松木板。

56 式与 56-1 式 7.62 毫米班用轻机枪

56 式 7.62 毫米班用轻机枪仿制于苏联 РПД 7.62 毫米轻机枪。

1955 年 6 月，第二机械工业部下达试验生产任务，同年 8 月全套苏联产品技术资料及 600 套散装零件到厂。经翻译、整理、审校、设计，1955 年 12 月开始试制，1956 年 5 月试制成功。同年 7 月生产定型，11 月国家定型委员会批准定型。经总参谋部批准，总后军械部下文将其命名为"1956 年式 7.62 毫米班用轻机枪"，简称"56 式 7.62 毫米班用轻机枪"。1956 年投产，1964 年停产。

1961 年工厂根据部队使用意见和建议，提出改进方案，以使之适应中国战士的身体，便于在丛林地区作战。最终改进了弹箱挂架、两脚架、准星罩、弹链连接方式等部位。改进试制成功后，1963 年 7 月，国务院军工产品定型委员会批准设计

定型、生产定型。总参谋部下文命名为"1956年-1式7.62毫米班用轻机枪"，简称"56-1式7.62毫米班用轻机枪"。

两种枪自动方式、闭锁机构与53式轻机枪相同，均采用机械瞄具，弧形表尺，方形缺口式照门。脚架为可折叠两脚架，船形驻板。采用开式弹链供弹。每挺枪配备弹链箱5个。使用56式7.62毫米普通弹、曳光弹、燃烧弹、穿甲燃烧弹。

56-1式轻机枪与56式轻机枪相比有下列重大改进：（1）火线高由330毫米降低为300毫米，以适应战士操枪、射击；（2）弹箱挂架由铆接固定在机匣下方改为活动铰链结构。射击时，弹箱挂架被支承在机匣下方，可挂弹箱。转入行军状态时，将锁扣松开，把弹箱挂架翻转至机匣左侧，锁扣在受弹器的槽内，起到防尘盖的作用；（3）取消了脚架扣，改为将折叠后的架腿定位在脚架箍座的缺口处；（4）将准星罩由翼形改为环形；（5）将表尺板上照门缺口尺寸加深。

58式7.62毫米连用机枪

58式7.62毫米连用机枪仿制于苏联

56式与56-1式7.62毫米轻机枪主要诸元对比		
枪械名称	56式	6-1式
全枪长（长×宽×高，毫米）	1037×360×385	1037×310×362
枪管长（毫米）	520	520
全枪质量（千克）	7.8	7.8
初速（米／秒）	735	735
火线高（毫米）	330	300
有效射程（米）	800	800
理论射速（发／分）	800	800
战斗射速（发／分）	150	150
供弹具（弹箱，发）	100	100
寿命（发）	25000	25000
故障率（%）	≤0.2	≤0.2
穿甲能力	用普通弹在200米处对7毫米厚低碳钢板的穿透率为80%以上	

РП-46 7.62毫米连用机枪，1958年生产定型。它用于装备步兵连的机枪排，可以杀伤1000米以内的集群或单个重要目标；也可射击500米内的伞兵或飞机。

工厂于1957年11月接受任务，12月翻译苏联产品图、工艺技术资料，并设计工艺装置。1958年3月完成工装制造，投入生产试制，5月底试制成功。1958年7月国务院军工产品定型委员会批准生产定型，投入批量生产，生产仅1年，即到1959年便停产。

该枪自动方式、闭锁机构承袭于53式轻机枪。枪管与机匣连接方式采用断隔螺纹与销轴连接，枪管壁加厚以提高冷却效果。枪口采用锥形消焰器。机械瞄具为弧形表尺，方形照门。脚架为可折叠两脚架。供弹机构为二次供弹方式，使用250发闭式弹链，也可以使用53式轻机枪的47发容弹量的弹盘供弹。

每挺机枪配备弹链箱8个，枪管2根。使用53式7.62毫米普

58式7.62毫米连用机枪

59 式 7.62 毫米坦克机枪

通弹、曳光弹、穿甲燃烧弹。全枪长 1272 毫米，宽 435 毫米，高 390 毫米，枪管长 605 毫米，火线高 276.5 毫米。全枪质量 12.9 千克（带供弹机），膛线 4 条、右旋，导程 240 毫米。初速 840 米／秒，有效射程 1000 米。用普通弹可穿透 1000 米处 2 毫米厚低碳钢板加 25.4 毫米厚松木板。战斗射速 250 发／分，寿命 25000 发。

59 式 7.62 毫米坦克机枪

59 式 7.62 毫米坦克机枪仿制于苏联 СГМТ 7.62 毫米机枪，1959 年试制生产，配备在坦克车辆上，作为坦克前列机枪和火炮的并列机枪。可杀伤 1000 米距离内的集群有生目标，扫除车辆行进中的障碍。

该枪由 456 厂研制，试制定型后，按照第二机械工业部的安排，于 1959 年 1 月转 356 厂生产，产品图、工艺、工装等技术资料也由 456 厂列册移交 356 厂。该枪于 1961 年停产。

该机枪由枪管组件、闭锁机构、供弹机构、气体调节器、退壳机构、发射机构及前、后滑板组成。其发射机构提供电击发、手动击发两种发射方式。枪身通过前滑板、后滑板实现与坦克车辆的连接。

采用导气式自动方式，枪机偏转式闭锁机构，连发射击。使用 53 式 7.62 毫米普通弹、曳光弹和穿甲燃烧弹。供弹方式为弹链供弹，每挺机枪配备 250 发弹链 8 条。

全枪长 1130 毫米／1030 毫米（带消焰器／不带消焰器），枪管长 722 毫米。全枪质量 15 千克，枪管质量 4.5 千克（带消焰器）。弹链箱质量 2.1 千克，弹链质量 1. 千克，装满弹的弹链箱质量 9.6

千克。初速 865 米／秒，有效射程 1000 米，战斗射速 300 发／分。

58 式 14.5 毫米二联高射机枪

58 式 14.5 毫米二联高射机枪是仿苏产品，1960 年生产定型。用以射击 2000 米距离内的空中目标；也可射击 1000 米距离内的地面轻型装甲目标以及隐蔽在轻型野战掩体后面的集结有生力量；在 300 米距离内用穿甲燃烧弹射击时能穿透 15 ~ 20 毫米厚的钢板。

58 式 14.5 毫米二联高射机枪由重庆 256 厂设计，1958 年定型。1959 年 12 月

58 式 14.5 毫米二联高射机枪

第三机械工业部安排356厂在1960年10月前生产250挺"专案"任务。因没有按新产品试制程序组织转产试制鉴定，突击性的超额完成了270挺，在大型试验中出现零件断裂等严重质量问题，产品不能出厂，"专案"任务停止。

1963年初，第三机械工业部再次决定在356厂定点生产58式14.5毫米二联高射机枪，同年8月批准356厂新建该枪生产线。工厂重新组织生产试制，1964年总装了30挺，1965年配套产品光学瞄准具到厂后，经装配调试、大型试验牵引3605千米检查鉴定，产品性能基本达到战术技术要求。1965年8月工厂和驻厂验收军代表申请转产定型。同年12月，第五机械工业部、总后军械部批准转产定型投入批量生产。该枪于1983年停产。

该机枪由枪身、枪架和瞄具3大部分组成，行军时用汽车牵引或载运，在阵地内取下牵引杆。机枪班由班长、瞄准手、表尺装定手、两个弹药装填手及司机6人组成。

该机枪的枪身与56式14.5毫米四联高射机枪相同，由闭锁机构、供弹退壳机构、击发机构、发射机构、枪管部件、机匣及枪尾和缓冲装置等组成。

枪架由摇架、旋回架、底座、车轴和缓冲器、高低机和高低制动器、方向机和方向制动器、平衡机、装填机、供弹机及发射机等组成。

采用1958式14.5毫米二联高射机枪瞄具，瞄具的主要机构及工作原理与56式14.5毫米四联高射机枪瞄具基本相同。瞄具上装有照明装置，可在夜间进行瞄准射击。

该机枪可使用56式穿甲燃烧弹、穿甲燃烧曳光弹和燃烧弹。每挺机枪配备容

弹量150发的弹箱8个，10发弹链120条。每个弹箱可容纳15条弹链，每条弹链由10条链节组成，各条弹链之间通过枪弹连接。

自动方式为枪管短后坐式，闭锁方式为枪头回转式。弹链供弹，往返直移式拨弹滑板。采用挤壳式退壳方式，击针式击发机构，发射机构为与活动件扣合的连发发射机构。

枪身水平状态的长、宽、高分别为3900毫米、1660毫米、1100毫米（战斗状态），火线高640毫米，两枪轴线间的距离190毫米。全枪质量560千克/644千克（未装弹/装300发枪弹），枪身质量49.5千克，弹箱质量42千克（装150发枪弹）。发射穿甲燃烧弹的初速980～995米/秒，发射穿甲燃烧曳光弹的初速995～1015米/秒。对空目标的射程2000米，对地面目标的射程1000米。理论射速550～600发/分（单根枪管），战斗射速150发/分（单根枪管）。高射瞄准镜质量0.9千克，放大倍率为4倍，视界9°20'。平射瞄准镜质量0.3千克，放大倍率为3.5倍，视界4°30'，分划距离100米。

58式14.5毫米二联高射机枪光学瞄准镜

该光学瞄准镜于1958年由重庆497厂仿制定型并投产。1968年上级决定转356厂生产，以便与58式14.5毫米二联高射机枪配套。1969年开始试制，1971年转产定型，投入批量生产，1984年停产。

该光学瞄准镜可装定目标的航速、航路和斜距离，并根据这些诸元的变化，在瞄准目标时，通过机械动作的传递，自动、连续地求出命中目标所需的提前瞄准角及高低角。

58式14.5毫米二联高射机枪环形瞄具

58式14.5毫米二联高射机枪环形瞄具是一种简易机械瞄具。58式14.5毫米二联高射机枪投产后，由于配套的光学瞄准镜不能得到保障，整套产品不能出厂。1964年，上级决定由356厂自行设计研制简易环形机械瞄具。356厂于1965年试制成功后投入生产，与58式14.5毫米二联高射机枪配套出厂，交部队使用。但部队反映意见较大，认为该环形瞄具精度差，操作不方便。1966年，上级决定停止生产简易环形瞄具。

67式7.62毫米轻重两用机枪和67-1式、67-2式7.62毫米重机枪

1960年代，356厂研制出1967年式7.62毫米轻重两用机枪，

75-1 式 14.5 毫米单管高射机枪

并在此基础上连续改进，先后推出 67-1 式及 67-2 式重机枪。67 式 7.62 毫米轻重两用机枪是我国自行设计的第一代机枪，这也是 356 厂这一时期值得骄傲的科研成果。

75 式 14.5 毫米单管高射机枪

1971 年，第五机械工业部下达关于《安排援越可携式 14.5 毫米单管高射机枪的通知》文件，要求 356 厂研制设计全枪质量不超过 150 千克，单件质量在 20 千克左右，外形适应人背马驮的 14.5 毫米单管高射机枪。工厂于 1975 年试制成功，并生产 12 挺样枪分别送至几个军区试用。由于援越任务停止，各军区未作试用结论，该方案作为军内科研项目继续完成。

1980 年，第五机械工业部将该产品送外贸参展，接受大批外贸订货。于是要求 356 厂整理产品技术资料，设计制造工艺装置，投入批量生产。1981 年 5 月，经第五机械工业部批准设计定型，命名为"1975 年式 14.5 毫米单管高射机枪"，简称"75 式 14.5 毫米单管高射机枪"。同年 9 月批准生产定型。从 1981 年投产到 1988

年停产，全部供外贸出口。

该枪主要用于对付 1000 米距离内的地面轻型装甲目标、火力点和集结的有生力量，也可射击 2000 米内的空中目标。

14.5 毫米单管高射机枪自动方式为枪管短后坐式。其由枪身和枪架组成。枪身采用 56 式 14.5 毫米高射机枪的枪身，由枪管、机匣、枪机、复进装置、机匣盖、受弹器、发射机、枪尾部等组成；枪架由摇架、托架、下架、弹箱、座椅和瞄具架等组成。

该枪发射 56 式 14.5 毫米穿甲燃烧弹和穿甲燃烧曳光弹，弹箱容弹量 80 发，全枪质量 140 千克。机枪水平状态的长、宽、高分别为 2930 毫米、1620 毫米、1070 毫米，枪架战斗状态的长、宽、高为 1410 毫米、1620 毫米、1070 毫米。火线高 450 毫米，有效射程 2000 米，方向射界 360°，高低射界 -10° ~ 85°。理论射速 550 ~ 600 发／分，战斗射速 80 发／分。

75-1 式 14.5 毫米单管高射机枪

该枪是 75 式 14.5 毫米单管高射机枪的改进型，1982 年开始试制，1983 年 5 月 21 日由兵器工业部批准设计定型，并命名为"75-1 式 14.5 毫米单管高射机枪"。至 1989 年停产，全部供外贸出口。

该枪使用 56 式 14.5 毫米高射机枪的枪身。枪架由摇架、托架、下架、弹箱、座椅、瞄具架和轮架组成。由于该枪是在 75 式 14.5 毫米机枪的基础上设计的，因此大部分零部件借用 75 式 14.5 毫米机枪的。重新设计的组件主要是下架和轮架。下架仍然采用三脚架的形式，但在左、右腿上有孔，可以安装轮架，轮架用定位销固定。下架

51 式 7.65 毫米手枪（注：正式定型为 52 式手枪）

后腿的后方有挂钩，可以与汽车尾部的挂钩连接，便于行军时用汽车牵引。轮架有左右两个，各由车轮和车轴组成。

75-1 式 14.5 毫米单管高射机枪质量轻，便于拆卸和携带，适于山地、丛林作战，可作为步兵高平两用武器。

该枪全枪质量 169 千克，机枪水平状态时长 3100 毫米，宽 2040 毫米，机枪 90° 仰角时高 2260 毫米。其他诸元与 75 式 14.5 毫米单管高射机枪相同。

51 式 7.65 毫米手枪

1951 年 6 月，工厂接受公安部订货，按照德国瓦尔特 PPK 7.65 毫米手枪测绘试制投产，定名为"51 式 7.65 毫米手枪"，并上报中央兵工总局西南兵工局。西南兵工局下文通知工厂：因西北某厂生产的手枪已命名为"51 式手枪"，为便于武器管理，要求 356 厂更改产品名称。工厂复函报告：已生产的产品按"51 式"名称出厂，不宜更改。该枪于 1951 年投产，1953 年停产。该枪不同于我国曾在建国初期生产的 51 式 7.62 毫米手枪（仿苏联著名的 TT30 / 33 托卡列夫手枪）。

空对空导弹自动驾驶仪

1960 年 12 月，第三机械工业部召开企业领导干部会议，动员各企业开发新技术产品，要求各厂在所列的《新技术产品目录》内选择生产试制项目。356 厂选择了代号为"3069"的空对空导弹自动驾驶仪项目，并议定自动驾驶仪所需配件由 152 厂协作供给。

接受任务后，工厂即拟定试制生产方案，成立试制车间，派出科技人员到其他企业学习仪器调试装配技术，并购置了部分仪器、仪表、生产物资等。1961 年"质量整风"运动开始，整顿产品生产结构，因专业布局不对口，停止空对空导弹自动驾驶仪的试制。

微雷

1965 年 3 月 24 日，第五机械工业部紧急通知，要求 356 厂在半个月内试制生产微雷 5000 个，支援越南抗美救国。微雷无产品图等技术资料，有不同规格的两个样品供参考。工厂组织科技人员和生产工人日夜奋战，仅用 13 天时间就完成了在正常情况下需要 3 个月才能完成的任务。

微雷敷设在地面，用以杀伤单个目标或破坏敌机动车辆的轮胎，使之丧失活动能力。

微雷雷体质量 200 克，雷体长 110 ~ 115 毫米，雷体直径 60 毫米，击发压力 150 ~ 300 牛，击发后获得 800 焦耳的动能威力。使用 56 式 7.62 毫米普通弹，能击穿 50 毫米厚松木板。

66 式双 130 岸炮中央指挥镜操纵台

1965 年 5 月，第五机械工业部下文通知，双 130 岸炮中央指挥镜操纵台的设计研制工作由 356 厂、368 厂、298 厂和第一研究所共同完成。研制组设在 298 厂，操纵台由 356 厂负责设计试制，电气元件由 368 厂协作供给。1966 年完成产品图设计、试制定型。1967 年海军军工产品定型委员会批准定型，命名为"66 式双 130 岸炮中央指挥镜操纵台"。

该操纵台通过旋转圆台、箱体、支架、轴、电气元件与镜体配套，用手动或电动操纵稳定天线、瞄准镜、光学测距仪等，对目标进行方向瞄准、高低瞄准，通过同步机将瞄准的方位角、高低角传递给发射指挥仪，命令岸炮射击。

操纵台外形尺寸为 420 毫米 ×500 毫米 ×500 毫米；旋转方位角 ±720°，高低角 -10° ~ 87°。传动机构转动速度：慢速 0 ~ 40/ 转，快速 1 ~ 20/ 转。旋转时水准气泡位移不超过

81 式 7.62 毫米轻机枪

1/2，格值 30°。

76 式舰炮指挥镜操纵台

76 式舰炮指挥镜操纵台是海军 051 舰配套产品。1967 年，第五机械工业部下文通知，操纵台由 356 厂负责试制，要求在 1970 年完成，保证 051 舰炮配套。经工厂积极努力，1970 年 6 月按期完成。1973 年舰炮指挥镜操纵台在 437 厂试用，暴露了一些质量问题，后经改进解决了这些问题。1975 年 12 月，在 356 厂召开鉴定会议，同意舰炮指挥镜操纵台定型。1976 年 4 月，第五机械工业部和海军装备科技局下文批准定型，命名为"76 式舰炮指挥镜操纵台"。其主要用途及性能与 66 式双 130 岸炮中央指挥镜操纵台基本相同。

20 世纪 80 年代至今

81 式 7.62 毫米轻机枪

81 式 7.62 毫米轻机枪是我国自行设计、研制的步兵班用武器，于 1981 年设计定型。该机枪最早是重庆 296 厂和江西 9396 厂设计试制并生产定型的产品。为了增加布点，扩大产量，1984 年兵器工业部要求 356 厂接收生产。经两年多的试生产准备，具备了转产定型条件，工厂和驻厂验收军代表申请转产定型。但由于 296 厂生产的自动步枪出现早发火等质量问题，81 式 7.62 毫米轻机枪随之停

止验收。296 厂将问题解决后，1987 年 5 月，云南省国防科工办和成都军区后勤部军代处批准转产鉴定，356 厂投入批量生产。

该机枪全枪长 1004 毫米，瞄准基线长 490 毫米，全枪质量 5.15 千克。初速 735 米／秒，有效射程 600 米，理论射速 660～740 发／分，战斗射速 150 发／分，弹鼓容弹量 75 发。

PQ8327 新 14.5 毫米单管高射机枪

该枪于 1983 年开始研制，1989 年 8 月试制样枪。经改进后，1993 年初试制。因当时工厂接受了 QJG02 式 14.5 毫米单管高射机枪的研制任务，力量不足，该项目研制工作停止。

QJY88 式 5.8 毫米通用机枪和 QJG02 式 14.5 毫米单管高射机枪

这一时期，356 厂诞生的最重要的科研成果是 QJY88 式 5.8 毫米通用机枪及 QJG02 式 14.5 毫米单管高射机枪，这两种

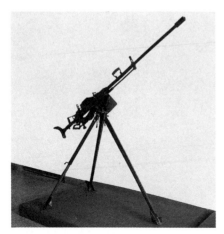

PQ8327 新 14.5 毫米单管高射机枪

机枪都已成为我军制式装备，且分别发展了系列产品。

走销国际的外贸产品

步枪

M305 7.62 毫米半自动步枪

该枪是在 M14S 7.62 毫米单发民用步枪（仿美 M14 自动步枪，取消其连发机构）的基础上，进一步改进而成的，1984 年 7 月被定名为 M305 民用枪，主要用于运动和狩猎，全部供外贸出口。

原型 M14 自动步枪枪托的表面处理为涂刷棕色漆，防腐性能虽然不错，但过于光亮，木质件表面处理不适应当时国外用户对民用步枪的要求。经过技术攻关，356

厂首创了适合国产核桃木和楸木的浸油配方与工艺，不仅具有一定的防腐性能，且漆膜柔韧，木纹清晰；此外，还采用了化学染色，不仅充分展现了木质材料的自然纹理，还使其棕褐色表面微带暗红隐绿的色彩。改进后的枪托采用优质核桃木制成，并进行了特有的浸油工艺处理，走俏国外市场。

M14 自动步枪击针寿命达不到 M305 7.62 毫米单发步枪规定的要求，通过对击针结构尺寸、热处理工艺及表面处理工艺的技术攻关并取得的成功经验，对抽壳钩、滚轮、挡圈等薄弱零件的热处理工艺及表面处理工艺进行了改进，使主要零件的寿命显著提高。

该枪采用活塞短后坐、密闭膨胀式自动原理。击发后，弹头在火药燃气推动下沿枪管膛线向前运动，当弹头经过枪管内膛下方的导气孔时，火药燃气由活塞上的气孔进入气室并推动活塞向后运动。当活塞上的气孔与导气箍上的导气孔错位后，气室内的火药燃气被密闭，活塞靠气室内高压火药燃气的膨胀作用而后坐，进而推动枪机框向后运动。活塞后坐一段距离后被导气箍所阻，但枪机框依靠惯性继续后坐。

全枪由枪管组件、枪机框、护木、枪机、复进簧导杆、复进簧、枪托、击发机、枪背带、附件及 5 发弹匣组成。结构合理，拆装方便。该枪全枪长 1110 毫米，枪管长 559 毫米，全枪质量 4.23/4.71 千克（未装弹／装满弹），弹匣质量 0.24/0.72 千克（空弹匣／装满弹），初速 835 米／秒，瞄准基线长 678 毫米，有效射程 460 米，表尺射程 1100 米，战斗射速 40 发／分（单发）、120 发／分（点射），扳机力 20 ~ 30 牛。在 100 米距离上射击，每靶 4 发，散布圆半径不大于 7.5 厘米，且平均弹着点距检查点不大于 5 厘米。

M313 7.62 毫米半自动步枪

该枪以 81 式 7.62 毫米轻机枪为基础，取消其连发机构，改为

M305 7.62 毫米单发步枪

M313B 7.62 毫米狩猎步枪

单发民用枪，采用弹鼓供弹，容弹量有 75 发及 100 发两种供选用。增加设计了回针簧，杜绝了早发火现象，提高了射击安全可靠性；枪托改用优质木材，并进行浸油处理，适应民用枪械的外观要求。1986 年改进成功，同年 12 月被定名为 M313 外贸民用枪。该枪采用机头回转式闭锁方式，导气式自动原理，初速 720 米／秒，全枪长 1024 毫米，全枪质量 5.1 千米，有效射程 600 米。

M313A 7.62 毫米狩猎步枪

该枪是以 81 式 7.62 毫米轻机枪为基础，取消其连发机构、导气系统、75 发弹鼓、瞄准系统、上护木、两脚架等，增加设计了手动式单发机构、与 AK 弹匣接口相同的 8 发弹匣、简易瞄准系统、回针簧及新枪托等改制而成的半自动民用枪械，主要用于狩猎，也可作为民间收藏或自卫武器。

该枪配用 1956 年式 7.62 毫米普通弹（7.62×39 毫米弹），全枪长 1076 毫米，全枪质量 3.8 千克（装一空弹匣），瞄准基线长 490 毫米，有效射程 600 米，初速 735 米／秒，在 100 米距离上射击 3 靶，每靶 4 发，其中 2 靶散布圆半径不大于 7.5 厘米（有远离弹时 3 发散布圆半径不大于 5 厘米），且平均弹着点距检查点不大于 5 厘米。

M313B 7.62 毫米狩猎步枪

该枪是设计优良的半自动民用枪械，也是以 81 式轻机枪为基础，取消其连发机构、75 发弹鼓等，改进设计了不可逆的单发发射机构、

单孔式导气装置、与 AK 弹匣接口相同的 5 发弹匣、保险机构、带小握把的全新枪托等，增加了回针簧。主要用于狩猎，也可作为民间收藏或自卫武器。该枪配用 1956 年式 7.62 毫米普通弹，有效射程 600 米，全枪长 1070 毫米，全枪质量 4.3 千克（带一个空弹匣），初速 735 米／秒。

M334 7.62 毫米步枪

该枪是根据 7 毫米口径的 SAKO 步枪改进成为 7.62 毫米口径、使用 NATO 枪弹的栓动式非自动步枪。1988 年底开始试制，1989 年完成全套技术资料，1994 年 5 月通过上级试验鉴定。

机枪

XY7.62×51 毫米通用机枪

XY7.62×51 毫米通用机枪是步兵分队使用的主要火力支援武器，仿自比利时 FN 公司的 MAG 7.62 毫米通用机枪；全枪由枪身、枪架、白光瞄准镜组成，枪身由枪管、机匣、自动机、复进机、握把、枪托、

M313A 7.62 毫米狩猎步枪

M334 7.62 毫米步枪

两脚架、200 发弹箱及 100 发弹箱等组件构成，枪架由上架、下架构成；具有机构动作可靠、勤务保养简单、射击精度高的特点；采用导气式自动方式；双路供弹系统，双程拨弹；闭锁杆下摆闭锁方式；装上两脚架时为轻机枪状态；装在三脚架上时为重机枪状态；把三脚架竖起来时为高射状态。它以重机枪性能为主，可歼灭 1200 米内的集团或单个有生目标，压制或消灭敌火力点；也可作为轻机枪使用，歼灭 800 米内的敌人；必要时可对空射击 500 米内的敌机和伞兵。该枪在各种自然环境条件下均可可靠射击；配有可安装各种光学瞄具的皮卡汀尼导轨，使用各种 7.62×51 毫米 NATO 枪弹。

XY5.56 毫米通用机枪

　　XY5.56 毫米通用机枪是步兵分队的主要自动武器。该枪仿自比利时 FN 公司的米尼米机枪；全枪由枪身和枪架组成，枪身由枪管、机匣、自动机、复进机、握把、枪托、两脚架构成，枪架由上架、下架构成；具有质量小、体积轻、结构紧凑、操作方便、勤务保养简单等特点。采用导气式自动方式；双路供弹系统；双程拨弹；枪机回转闭锁方式。装上两脚架时为轻机枪状态；装在三脚架上时为重机枪状态；把三脚架竖起，枪装在高射接头上时为高射状态。它以重机枪性能为主，有效射程 1000 米。在此范围内可以有效地杀伤敌集团或单个有生目标，并能压制敌火力点；作为轻机枪使用时，有效射程为 800 米；用作高射机枪时，可射击 500 米内飞行的敌机

XY7.62×51 毫米通用机枪

XY5.56 毫米通用机枪

XY5.56毫米通用机枪主要诸元	
全枪质量	12 千克（含枪身、两脚架和三脚架）
全枪长	1245 毫米（含枪架）
枪身长	1140 毫米
战斗射速	200 发 / 分
供弹具	散弹链、76 发、120 发弹鼓或 200 发弹箱

XY7.62×51毫米通用机枪主要诸元	
理论射速	650 ~ 1000 发 / 分
供弹具	散弹链、250 发、100 发弹箱
全枪质量	22 千克
全枪长	重机枪 1330 毫米　轻机枪 1250 毫米

和伞兵等。该枪使用 SS109 枪弹。

供弹具

供弹具分为弹鼓和弹匣两种，其中弹鼓的装弹过程为：解脱搭扣，打开弹鼓盖，压下顶杆，顺时针转动拨轮，使推弹器处于最里端位置（需装满弹时）或适当位置（需装部分弹时），在推弹器前依次装满枪弹，推弹器与枪弹之间不留空格，盖上弹鼓盖，扣合搭扣，用旋手柄上紧涡卷簧。

MDG1 7.62 毫米 75 发弹鼓

MDG1 7.62 毫米 75 发民用弹鼓是在 81 式 7.62 毫米轻机枪弹鼓基础上只改动出弹口体尺寸开发而成的供弹具，是首创的配用于 56 式 7.62 毫米冲锋枪上的大容弹量弹鼓，适合装填各种56式7.62毫米枪弹。其外廓尺寸为 194 毫米 ×157 毫米 ×75 毫米，空弹鼓质量 0.93 千克。

MDG1 7.62 毫米 75 发弹鼓

MDG2 7.62 毫米 100 发弹鼓

MDG3 5.56 毫米 120 发弹鼓

MDG2 7.62 毫米 100 发弹鼓

MDG2 7.62 毫米 100 发弹鼓是在 81 式 7.62 毫米 75 发弹鼓的基础上改进拨轮（直齿改为斜齿）、出弹口体尺寸等开发而成的，可配用于与 AK 弹匣接口相同的枪械，主要用于 83D 式步枪，也适用于 7.62 毫米口径的同类民用步枪及军用步枪和冲锋枪，适合装各种 56 式 7.62 毫米枪弹。其外廓尺寸为 215 毫米 ×176 毫米 ×75 毫米，空弹鼓质量 1.1 千克。

MDG3 5.56 毫米 120 发弹鼓

MDG3 5.56 毫米 120 发弹鼓具有容量大和装填方便的特点，是在 MDG1、MDG2 弹鼓基础上改进而成的，采用斜拨弹齿的拨轮（提高了枪弹上升力），开式的 8 发长出弹口及简单的长推弹器结构，供弹效率高，安全可靠。主要用作 M16 系列步枪、FNC 步枪及米尼米机枪的供弹具。该弹鼓适合装各种 5.56 毫米枪弹（如 M193 枪弹和 SS109 枪弹）。其外廓尺寸为 250 毫米 ×171 毫米 ×65 毫米，空弹鼓质量 1.2 千克。

MDG5 5.56 毫米 76 发弹鼓

MDG7 5.56 毫米 71 发弹鼓

7.62 毫米 5 发弹匣

MDG4 5.56 毫米 100 发弹鼓

该弹鼓的结构设计与 MDG3 大致相同，适用枪械也相同，只是容弹量不同，其外廓尺寸为 234 毫米 ×154 毫米 ×71 毫米。

MDG5 5.56 毫米 76 发弹鼓

MDG5 5.56 毫米 76 发弹鼓与 MDG3 适用枪械相同。其外廓尺寸为 215 毫米 ×140 毫米 ×65 毫米。

MDG7 5.56 毫米 71 发弹鼓

MDG7 5.56 毫米 71 发弹鼓主要用作 5.56 毫米的同类枪支的供弹具。其外廓尺寸为 174 毫米 ×140 毫米 ×65 毫米。

弹匣

工厂生产的外贸弹匣主要有 3 种，即：MDX1 7.62×51 毫米 5 发弹匣、MDX2 7.62×51 毫米 5 发长弹匣与 7.62×51 毫米 20 发弹匣。3 种弹匣都主要用作 M305 单发步枪的供弹具，也可作为 M14 自动步枪的供弹具，适合装填 7.62×51 毫米 NATO 枪弹。外廓尺寸分别为 78 毫米 ×68 毫米 ×26 毫米、154 毫米 ×78 毫米 ×26 毫米、154 毫米 ×78 毫米 ×26 毫米，其中 MDX2 弹匣底部加有限位片，所以长度较长。

7.62 毫米 20 发弹匣

中国军用枪瞄的缩影

——338 兵工厂 40 载成果

□ 吴安律　龚建华

　　1965 年，国家为适应当时战备需要，大力发展三线建设，338 厂就在这样的背景下建厂，工厂建在四川广安华蓥。338 厂建厂初期以生产高射炮对空瞄准镜、对地平射镜和全系列口径校枪镜为主。

　　由于企业发展的需要，工厂于 1998 年从原址整体搬迁至重庆经济技术开发区，2004 年改制组建成重庆珠江光电科技有限公司，隶属于中国兵器装备集团建设工业（集团）有限责任公司。如今珠江光电公司已成为一家集精密光电仪器研制、生产、销售为一体的新型军工光电企业。

工厂组建与发展

　　自 1965 年建厂以来，338 厂的科研能力不断增强。20 世纪 70 年代，国家指导军转民，该厂以生产"珠江"牌系列照相机而誉满全国，成为军工战线的一家知名光电企业。时至今日，公司已拥有特种产品、民用枪瞄、数码产品、望远镜系列、LED 系列等多条专业化生产线。

　　在军品研制开发方面，工厂先后研制生产了一大批先进的军用轻武器光学瞄准镜，并成为我国军用枪瞄的骨干企业，为我国轻武器的发展做出了重要贡献。该厂早期生产的 63 式 7.62 毫米自动步枪特等射手瞄准镜曾装备部队，参加了 1965 年的"大练军"，是新中国最早装备的轻武器光学瞄准镜。

　　1979 年，工厂开始仿制苏联德拉戈诺夫 SVD 7.62 毫米狙击步

重庆珠江光电科技有限公司

枪瞄准镜，并先后研制发展出一系列军用瞄准镜产品，如 79 式 7.62 毫米狙击步枪瞄准镜、88 式 5.8 毫米狙击步枪瞄准镜等十多种国家制式装备和外贸产品。

338 厂军用枪瞄一览

79 式、85 式 7.62 毫米狙击步枪瞄准镜

　　79 式、85 式 7.62 毫米狙击步枪瞄准镜分别配备于 79 式、85 式狙击步枪，主要供狙击手对 1300 米以内的单个有生目标实施精确瞄准射击，光学系统采用传统的开普勒望远系统，分划刻线设有人高测距曲线，即利用人的身高概略测定目标距离。

　　1979 年 6 月 25 日，兵器工业部召开"6·25 会议"，安排测绘并仿制对越自卫反击战中缴获的苏联德拉戈诺夫 SVD 7.62 毫米狙击步枪及瞄准镜的任务。338 厂仅用了半年时间就完成了首批 15 具瞄准镜仿制样品的生产——这就是 79 式 7.62 毫米狙击步枪瞄准镜，到 1983 年中越自卫

85 式 7.62 毫米狙击步枪白光瞄准镜

85 式 7.62 毫米狙击步枪配装白光瞄准镜状态

反击战第二次战役时前线部队就已实现了营级列装。在老山战役中，我军许多狙击手使用该装备荣立战功。该产品受到前线部队战士好评，为祖国的国防事业做出了贡献。

1985 年，工厂针对瞄准镜在实战使用中暴露出的缺点，如木制镜盒尺寸太长；容易破损；分划板照明灯泡经射击震动后灯丝易断裂；碱性电池低温工作性能差等问题进行了改进：木盒改用铁皮盒并缩短了镜盒长度；分划板的照明改为 LED 发光二极管；碱性电池改为氧化银纽扣电池；目镜罩改为可拆卸式。改进后的产品于当年底通过国家试验靶场的定型鉴定试验，最终定型为 85 式 7.62 毫米狙击步枪瞄准镜。在定型鉴定试验中，瞄准镜的各项主要指标均达到苏联原枪配镜的性能指标，成为我国第一种正式装备部队的狙击步枪瞄准镜。

75、85 式狙击步枪瞄准镜放大倍率为 4 倍，视场 6°，出瞳直径 6 毫米，出瞳距

离 70 毫米，分划调整范围 ±10 密位，质量 0.65 千克。瞄准镜的光学系统中设置有红外感光屏，可在夜间搜索、瞄准射击坦克和装甲车辆上的主动式红外探照灯等红外光源目标，但这一功能在现代战争中已无使用价值。瞄准镜采用滑块式调整机构，分划射表采用外装定和内装定相结合的方式，100 ～ 1000 米采用外手轮调整装定，1100 ～ 1300 米采用内分划装定。为了消除外调整机构的结构误差，出厂时瞄准镜配枪进行 600 米距离零位调校。

88 式 5.8 毫米狙击步枪白光瞄准镜

88 式 5.8 毫米狙击步枪白光瞄准镜配备于 88 式 5.8 毫米狙击步枪，主要用于对 800 米以内单个目标实施瞄准，可进行战场观察搜索。该瞄准镜是我国第一种军用变倍瞄准镜，也是我国第一次独立自主研制的狙击步枪瞄准镜。其各项战技指标均达到国际先进水平，于 1997 年装备驻港部队，深受部队战士的好评。

该白光瞄准镜于 1988 年立项研制，1995 年正式定型。其采用了国际上先进的望远镜变倍技术，变倍范围 3 ～ 9 倍，很好地解决了大视场观察搜索目标和大倍率精确瞄准之间的技术矛盾。由于设计上采用的是目镜组变倍方式，变倍时不会影响瞄准精度。校枪调整采用杠杆式调整方式，射击振动对校枪零位影响较小。瞄准分划采用内分划射表装定，射表以 5.8 毫米机枪弹（也称 5.8 毫米重弹）射表参数设计，因此 88 式 5.8 毫米狙击步枪只能使用 88 式 5.8 毫米机枪弹作近距离精确射击。虽然在应急状态下发射 5.8 毫米普通弹时也可使用该瞄准镜，但射击精度会大幅度下降。

88 式 5.8 毫米狙击步枪白光瞄准镜整体设计协调美观，瞄准

88 式 5.8 毫米狙击步枪瞄准镜装配状态

基线低、人机工效好、射击精度高。其放大倍率 3 倍时视场 9°、9 倍时视场 3°，出瞳直径 4 毫米，出瞳距离 45 毫米，分划调整范围 ±10 密位，质量不大于 0.65 千克。分划板设计有 100～800 米相应瞄准点，并在瞄准点的两边设计有肩宽式概略测距刻线，分划板采用 LED 发光二极管照明，照明电路采用专用 3V 锂电池（电池型号 ER14505/3）供电，该电池可在－40℃时正常工作，但这种电池采购不方便，后来工厂研制了一种电池转换附件，可使用两节 SR44 型 1.5V 氧化银钮扣电池替代使用，该电池可在市场上方便地买到。

88 式 5.8 毫米狙击步枪瞄准镜

95 式 5.8 毫米班用枪族白光瞄准镜

95 式 5.8 毫米班用枪族白光瞄准镜配备于 95 式 5.8 毫米自动步枪或 95 式 5.8 毫米班用机枪，用于对 600 米以内（配用自动步枪时）或 800 米以内（配用班用机枪时）的目标实施瞄准射击和战场观察。

在瞄准镜初样机竞标中，338 厂研制的 C1 样镜产品，名列 8 种瞄准镜之首，被选定为初样机方案。经过 3 年的努力，产品随 5.8 毫米班用枪族系统顺利通过了国家靶场设计定型试验和寒区、风沙区、常温区、热海区部队试验，于 1995 年 8 月定型并命名为 95 式 5.8 毫米班用枪族白光瞄准镜。

该瞄准镜光学系统采用开普勒望远系统，放大倍率为 3 倍，视场 8°，出瞳直径 5 毫米，出瞳距离 45 毫米，分划调整范围 ±10 密位，质量不大于 0.25 千克，视度调整范围－0.5～－1 屈光度。

由于 95 式 5.8 毫米自动步枪和 95 式 5.8 毫米班用机枪采用无托型提把式结构，瞄准镜燕尾座设计在枪提把的后部中间，使得瞄准镜的瞄准基线偏高，因此在设计上要求瞄准镜的长度尺寸和高度尺寸都尽量减小。最终定型的瞄准镜在体积、重量和精度指标方面都达到了国际先进水平。分划调整机构采用的是杠杆式调整机

95 式 5.8 毫米班用枪族白光瞄准镜

95 式 5.8 毫米班用枪族白光瞄准镜装配状态

构，分划板上设计有兼容式内装定射表分划刻线。配用 95 式 5.8 毫米自动步枪（发射 5.8 毫米普通弹）时，使用分划刻线中 100 ~ 600 米相应瞄准点；配用 95 式 5.8 毫米班用机枪（发射 5.8 毫米机枪弹）时，使用分划刻线中 100 ~ 800 米相应的瞄准点。另外，分划板中心两侧的刻线具有肩宽式概略测距功能，分划板采用 LED 发光二极管照明，照明电路采用专用 3V 锂电池（后采用两节 SR44 型 1.5V 纽扣电池）供电。

03 式 5.8 毫米自动步枪白光瞄准镜

03 式 5.8 毫米自动步枪白光瞄准镜配装于 03 式 5.8 毫米自动步枪，用于对 400

战士手中的 95 式 5.8 毫米班用机枪上装配了配适的瞄准镜

米以内的目标实施瞄准射击和战场观察。

按照军方原来的设想，95 式 5.8 毫米班用枪族白光瞄准镜将同时配用于 95 式 5.8 毫米自动步枪、95 式 5.8 毫米班用轻机枪及 03 式 5.8 毫米折叠托步枪，由于后者与前两支枪结构不同，配用该瞄准镜后，虽能大幅度降低瞄准基线，有利于贴腮，提高了人机工效，但导致准星护圈影像侵入瞄准镜视场中心，与瞄准分划产生图像叠加干扰。后经反复研究、试验、论证，认为有必要为 03 式步枪重新研制一种瞄准基线低，又能雾化准星护圈影像的新式白光瞄准镜，因而形成了现在的 03 式 5.8 毫米自动步枪白光瞄准镜。

该瞄准镜放大倍率为 3.5 倍，视场 8°，出瞳直径 5 毫米，出瞳距离 40 毫米，分划调整范围 ±8 密位，质量不大于 0.38 千克。

由于其镜身长度比 95 式 5.8 毫米班用枪族白光瞄准镜镜身有所增加，所以总体设计布局采用了后置式分划板的设计方式，并且将电池盒盖与电源开关进行一体化设计，使整体外形更加美观。物镜焦距、口径和放大倍率 3 项参数有所增大，再加上燕尾座设计采用了正顶式装夹结构，这些措施都有利于射击精度的提高。

该瞄准镜通过了国家靶场设计定型试验和部队试验，试验表明：03 式 5.8 毫米自动步枪配用该瞄准镜时的中距离（400 米）射击精度较 95 式 5.8 毫米自动步枪有所提高；总体质量与 95 式瞄准镜相比，仅增加了约 0.1 千克；配枪后的瞄准基线大幅度降低，人机工效好；分划调整机构采用杠杆式调整机构，分划板设计为内分划射表装定，设置有 100 ~ 600 米的相应瞄准点，分划具有肩宽式概略测距功能，分划板由 LED 发光二极管照明，电池采用 3V（型号为 CR2032）纽扣式锂电池。

03 式 5.8 毫米自动步枪
白光瞄准镜装配状态

03 式 5.8 毫米自动步枪白光瞄准镜

05 式 5.8 毫米微声冲锋枪白光瞄准镜

05 式 5.8 毫米微声冲锋枪白光瞄准镜配用于 05 式 5.8 毫米微声冲锋枪，用于瞄准 200 米以内的目标。该瞄准镜的研制成功，填补了我国轻武器多功能白光瞄准镜的空白，促进了我国近距离战术瞄准镜的发展。

2001 年年初，工厂开始 5.8 毫米微声冲锋枪白光瞄准镜的研制工作，历时 4 年，于 2004 年底完成国家靶场设计定型试验、部队寒区试验、部队高原试验、部队风沙区试验、部队热海区试验。

该瞄准镜将白光瞄准系统与激光瞄准系统合二为一，与传统的瞄准镜相比有较大变化，即在传统光学分划瞄准方式的基础上，增加了激光照准快速瞄准功能。激光瞄准系统采用的是一种波长为 635 纳米的红色可见激光，在黄昏或夜间可瞄准 50 米以内的目标，这种主动式可见激光照瞄方式在实际作战中存在暴露射手位置的风险，因此只能作为反恐和特种部队近距离应急时使用。近年来工厂又开发了一种可发出波长为 808 纳米的不可见激光的激光器，可配装在 05 式 5.8 毫米微声冲锋枪白光瞄准镜内，使用者通过佩戴的头盔式微光夜视镜

可以看到激光照射点，从而提高了夜间实际作战的隐蔽性。目前驻伊拉克美军大量使用此类作战装备进行夜间近距离突击搜索作战，而伊拉克反美武装没有装备大量夜视器材，无法与美军对抗。

该瞄准镜放大倍率为 2 倍，视场 8°，出瞳直径 8 毫米，出瞳距离 25 毫米，分划调整范围 ±15 密位，激光调节范围 ±15 密位，在 50 勒克斯照度条件下的激光照射距离大于 50 米，质量不大于 0.28 千克。

该瞄准镜采用快速瞄准分划，其分划调整机构为杠杆式，分划刻线设有 100 米、200 米瞄准点。在 100 米瞄准点的外围设有圆形刻线作为快速瞄准圆环，只要用圆环套瞄目标就可速射，圆环还可用于快速概略测距。分划照明具有红色亮、暗两挡功能，方便进入大型建筑物等亮度较低的

05 式 5.8 毫米微声冲锋枪白光瞄准镜

05 式 5.8 毫米微声冲锋
枪白光瞄准镜装配状态

地方使用。这些功能都是典型的战术瞄准镜的要求。

激光照准器所发射的激光束设计有独立的光轴调校机构。瞄准镜配枪后首先对白光瞄准镜进行零位调校，校好枪后再选择50米的靶板调整激光照射点与白光瞄准点重合。分划板暗分划照明、亮分划照明、激光器工作均采用同一开关操作。该瞄准镜使用便于采购的CR2型3V锂电池供电。

95式5.8毫米班用枪族光纤瞄准镜

95式5.8毫米班用枪族光纤瞄准镜配用于95式5.8毫米自动步枪、95式5.8毫米班用机枪，也可以配用于05式5.8毫米微声冲锋枪。该光纤瞄准镜的研制成功填补了国内这一领域的空白。

该光纤瞄准镜是通过竞标，由军方选定338厂为总师单位，与其他单位共同研

95式5.8毫米班用枪族光纤瞄准镜

制的。经过4年的努力，2005年底，该项目顺利通过国家靶场的设计定型试验和部队试验，正式定型为95式5.8毫米班用枪族光纤瞄准镜。

该光纤瞄准镜利用光纤的特殊性能并将其直接与白光瞄准镜目镜对接，仍通过白光瞄准镜进行潜望、搜索并快速精确的瞄准目标，提高了射手的战场生存率，适用于城市作战和反恐作战。该瞄准镜类似于二战期间许多国家曾经使用过的潜望式机枪瞄准镜，但与之相比，光纤瞄准镜更具优势，其不仅能使95式5.8毫米自动步枪和班用机枪实现潜望式瞄准射击，战士还可以隐蔽在掩体侧面进行左、右拐弯射击。

该光纤瞄准镜结构简单，使用中不需要供电，因此与光电系统的拐弯射击武器相比，可靠性更高。该瞄准镜的放大倍率3倍，视场8°，出瞳距离16毫米，透过率30%，视度－0.5～－1屈光度，质量不大于0.98千克。

M99 12.7毫米狙击步枪微光瞄准镜

M99 12.7毫米狙击步枪微光瞄准镜配用于M99 12.7毫米狙击步枪，用于夜间对500米以内的重要有生目标和器材目标实施搜索、观察和瞄准。

2005年初，338工厂与9656厂共同开展了外贸型M99 12.7毫米狙击步枪微光瞄准镜的研制工作。在大口径狙击步枪上配置微光瞄准镜是一件技术难度较大的工作，由于大口径狙击步枪射击时枪身将承受很大的冲击力，因此微光瞄准镜的总体结构设计必须全面考虑防冲击性能。瞄准镜的光轴稳定性决定着狙击步枪夜间射击的精度，在设计上尤其要考虑能够承受高冲击的分划调

M99 12.7毫米半自动狙击步枪配装微光瞄准镜状态

JS05 式 12.7 毫米反器材步枪（配装 4 ~ 12 倍白光瞄准镜）

整机构，这是该瞄准镜设计上的一大难点。工厂经过一年的努力，于 2005 年底顺利通过国家轻武器外贸定型试验定点靶场的设计定型试验，完成了该微光瞄准镜的外贸设计定型，在光电行业内引起了轰动。

该瞄准镜物镜采用直入式大相对孔径的设计，成像质量好，质量不大于 1.10 千克，放大倍率 4 倍，视场 10°，入瞳直径 58 毫米，出瞳直径 4.5 毫米，出瞳距离 30 毫米，分辨率不大于 0.83 毫弧度（在 10 ~ 3 勒克斯照度下），发现人体目标距离 500 米（在 10 ~ 3 勒克斯照度下），采用高性能超二代微光像增强器。其分划板采用黑色暗分划、红色亮分划、红色弱亮分划 3 种分划方式。当分划设置在黑色暗分划状态时，便于射手对目标进行搜索；锁定目标后采用红色亮分划，便于对目标实施精确瞄准。分划调整采用精密的杠杆式机构，射击对校枪零位影响小，从而保证了很高的夜间射击精度，这在国内外微光瞄准镜的设计中是一个独特的创新技术。电源采用国际标准的 CR2 型 3V 锂电池，连续工作时间大于 24 小时。瞄准镜的燕尾座采用国际标准的皮卡汀尼接口，因此也可配用在国内外其他厂商生产的 12.7 毫米狙击步枪上使用。

JS05 式 12.7 毫米反器材步枪白光瞄准镜

JS05 式 12.7 毫米反器材步枪白光瞄准镜配用于 JS05 式 12.7 毫米反器材步枪，主要用于对 1000 米以内的重要有生目标和 1500 米以内的器材目标实施精确瞄准。该白光瞄准镜是 338 厂与建设工业集团联手研制的一种非自动反器材步枪用白光瞄准镜，主要供外贸出口。

该瞄准镜质量不大于 0.9 千克，放大倍率 4 ~ 12 倍，视场 6°48′ ~ 2°15′，出瞳直径 4.1 毫米，出瞳距离 50 毫米，分辨率不大

于 8″，视差不大于 1′。其分划采用杠杆式调整机构，变倍机构采用分划板后目镜组变倍结构，分划板设计有车高概略测距曲线，分划板具有夜间照明功能。

85 式 7.62 毫米狙击步枪微光瞄准镜

85 式 7.62 毫米微光瞄准镜配用于 85 式 7.62 毫米狙击步枪，是 338 厂研制开发的一种新型外贸产品。该微光瞄准镜于 2005 年底顺利通过国家轻武器外贸定型试验定点靶场的设计定型试验，定型后命名为 CS/OM06 式微光瞄准镜。

经过近两年的努力，工厂在该产品基础上又延伸出了警用 88 式 5.8 毫米狙击步枪微光瞄准镜、CQ 5.56 毫米自动步枪（仿美 M16A1）微光瞄准镜和 CQ 5.56 毫米卡宾枪（仿美 M4A1）微光瞄准镜等 3 个型号的外贸变型产品。该系列产品在国内率先在微光瞄准镜上采用了杠杆式分划调整机构和整体镜身镁合金结构设计两项新技术，使得瞄准镜整体重量轻，人机工效好，夜间射击精度极高。

85 式 7.62 毫米狙击步枪微光瞄准镜物镜设计采用直入式大相对孔径设计，成像质量好，放大倍率为 3 倍，视场 13°，入

85式 7.62 毫米微光瞄准镜装配状态

85式 7.62 毫米微光瞄准镜

瞳直径 50 毫米，出瞳直径 6 毫米，出瞳距离 30 毫米，分辨率 0.83 毫弧度（在 10-3 勒克斯照度下），发现目标距离 400m（在 10-3 勒克斯照度下），采用高性能超二代微光像增强器，质量不大于 0.79 千克。

其分划板采用黑色暗分划、红色亮分划、红色弱亮分划 3 种分划形式。采用精密的杠杆式调整机构，射击冲击时对校枪零位影响小，从而保证夜间射击精度良好。此外，其总体结构与 85 式 7.62 毫米狙击步枪白光瞄准镜外形尺寸相近，枪镜人机工效好。电源采用国际标准的 CR2 型 3V 锂电池，连续工作时间大于 24 小时。

CQ 5.56 毫米自动步枪和 CQ 5.56 毫米卡宾枪白光瞄准镜

CQ 5.56 毫米自动步枪和 CQ 5.56 毫米卡宾枪是我国为了适应外贸需要，参照美国 M16A1 和 M4A1 5.56 毫米步枪设计的民用出口型枪种，这两种步枪的有效射程均在 400 米范围内。338 厂以放大倍率为 3.5 倍的 03 式 5.8 毫米自动步枪白光瞄准镜为基础，按照 5.56 毫米枪弹的射表重新设计了分划板，再根据 M16A1、M4A1 的两种不同的接口座结构，设计了相应的接口座，推出了这两种外贸枪专用的白光瞄准镜。瞄准镜配枪后各项参数十分匹配，在设计定型试验中表现出优异的射击精度。

该瞄准镜放大倍率为 3.5 倍，视场 8°，出瞳直径 5 毫米，出瞳距离 40 毫米，分划调整范围 ±8 密位，质量不大于 0.4 千克。电池盒盖与电源开关一体化设计，配枪后整体外形设计美观，人机工效好，

CQ 5.56mm 卡宾枪白光瞄准镜装配状态

CQ 5.56mm 卡宾枪白光瞄准镜

63 式 15 倍望远镜

5.56 ～ 120 毫米系列枪（炮）用校靶镜

射击精度高。

其他产品

338 厂生产的 63 式 15 倍望远镜是我军早期团级以上军官配用的高级军用望远镜，具有分辨率高，性能可靠等优点。其视场 4°30′，出瞳直径 3.33 毫米，出瞳距离 8.57 毫米，视度范围 ±5 屈光度，分辨率不大于 4″。

7×50 双筒军用望远镜具有防水、指示方向罗盘、概略测距的功能。镜体采用特殊工程塑料制成，外套采用优质橡胶。其外形美观、质量轻，是具有现代感的一种军用望远镜。该望远镜放大倍率 7 倍，视场 7°，出瞳直径 7.1 毫米，出瞳距离 22 毫米，分辨率小于 8″，视度范围 ±5 屈光度。

25 毫米机关炮用昼夜合一瞄准镜是工厂自行设计生产的具有夜视功能的潜望式车载机关炮瞄准镜。其昼间系统的放大倍率 5.2 倍，视场 16°，分辨率不大于 15″；夜视系统的放大倍率 6.7 倍，视场 6°15′，分辨率不大于 1′46″，夜视距离不小于 400 米，采用三级串联式一代微光像增强器。

338 厂生产的潜望式光环瞄准镜装备于自行高炮上，可对地空目标进行光学瞄准。该瞄准镜有放大倍率 1.5 倍和 5 倍两种。1.5 倍瞄准镜的视场 50°，出瞳直径 6 毫米，出瞳距离大于 25 毫米，分辨率 25″；5 倍瞄准镜的视场 13°，出瞳直径 6 毫米，出瞳距离大于 25 毫米，分辨率 7″。

此外，338 厂还生产有 120 毫米、82 毫米迫榴炮用校靶镜，57 毫米、45 毫米高炮用校靶镜，37 毫米、25 毫米航炮用校靶镜，30 毫米、23 毫米、12.7 毫米空用校靶镜，85 式双管 23 毫米炮用校靶镜，84 式 3 米校靶镜（12.7 毫米高射机枪用），82 式 2 米校靶镜（12.7 毫米高射机枪用），14.5 毫米高射机枪用校靶镜以及平射瞄准镜和对空瞄准镜，7.62 毫米、5.56 毫米、5.8 毫米步枪用校靶镜等系列产品。

再创辉煌

重庆珠江光电科技有限公司于 2004 年完成了公司化改组，正在以全新的面貌和速度迅猛发展。40 年来老一代轻武器科技工作者发挥拼搏精神，在国家最需要的时候做出了巨大贡献。而今，年轻一代的科技工作者将继续发扬自主创新、开拓进取的"珠江"精神，不断努力推出新产品，把"珠江"这个老品牌打造成在世界军用枪瞄准镜行业的知名品牌，力争为我国轻武器光电事业做出更大贡献。

浙江军工之花
——972 厂

□ 张惠忠

972 厂又称浙江新华机器厂，位于杭州以北，国家级风景名胜区的莫干山下，这也是全国百强县之一的德清县政府所在地武康镇——一个在 1995 年随三线兵工厂迁入而重新扩建的江南小镇。

提起 972 厂，凡与轻武器有关的国家部委、部队、院校均对其有较深的印象。该厂已在这个领域勤奋耕耘了几十年，为国家、军队的枪械装备贡献了自己的力量。

工厂创建于 1965 年，当时为建设浙江省的小三线兵工厂，从杭州、宁波等地的重点企业抽调了大批优秀干部、工人，并从 296 厂调入技术骨干，在浙南山区云和县组建了省内唯一的枪械厂。工厂的研制、生产能力较强，最高年产量达几万支。1995 年因布局调整迁入现址。现有职工 1000 余人，各类专业技术人员 100 余人。

随着产品结构调整，工厂目前除生产少量军品外，主要产品为军贸手枪、防暴武器、射钉枪、气枪、运动抢、以外贸为主。1999 年外贸产值占总产值的 65% 以上。工厂现有加工中心、精密机床等现代化的设备，也有完整的手枪、气枪生产线。

历经 30 多年的磨砺，工厂在轻武器尤其在手枪的研制、生产、试验方面积累了大量的经验，也造就了一支专门从事枪械设计、制造的技术队伍。早在 20 世纪 70 年代，工厂就参与了 5.8 毫米自动步枪设计选型的研制工作，20 世纪 80 年代对 77 式 7.62 毫米手枪进行了改进设计，即改进发射机构，以解决射击中出现的偶发事故。为适应外贸的需求，继而又开发出发射 9 毫米巴拉贝鲁姆手枪弹的 77 系列（以 77 式手枪为基础）手枪。20 世纪 90 年代参与了 5.8 毫米、9 毫米手枪的论证工作并研制了一种弹道枪，一种 9 毫米手枪。纵观历年来研制、开发的项目有军品及军贸、警用武器、射击运动器材和其他民品 4 大类。

军品及军贸

77 式 7.62 毫米手枪，77-1 式 7.62 毫米手枪（为适应美国进口手枪的外形尺寸规定，将 77 式手枪的弹匣容弹量由 7 发增至 8 发以加大全枪高度），77 系列的 77B 型、77B2 型、NP20 型及 NP24 型 4 种 9 毫米手枪，XHZ9 型 9 毫米手枪（已达到制式武器的战术技术要求），NP22 型 9 毫米手枪（仿 SIG 公司 P226 手枪），NP34 型 9 毫米手枪（仿 SIG 公司 P228 手枪）。

77 式系列手枪：基本特点是采用国际流行的 9 毫米巴拉贝鲁姆手枪弹，改进并完善结构，更注重提高外观质量，受到国外用户的好评。

77 式手枪

NP20 手枪

77—1 式手枪

NP34 手枪

77B 式手枪

处是改用 9 毫米巴拉贝鲁姆手枪弹，自动方式由自由枪击时改为半自由枪击式，并采用气体延迟开锁式闭锁机构；改用 9 发弹匣供弹，增加了空仓挂机和弹匣保险机构；还改为可调照门。

77B2 式 9 毫米手枪：为 77B 的改进型，不同之处是采用 15 发弹匣供弹，并增加了有弹指示器。

NP20 型 9 毫米手枪：也是 77B 的改进型，不同之处是除改进了外形，使外形更加美观之外，该枪结构上有两处较大的改进：一是根据使用者反映活动护圈回弹、击痛手指，而且单手装填力较大而改用非单手装填结构；二是为防止使用中跌落等意外情况导致走火，故增加了击针保险机构。

NP24 型 9 毫米手枪：为 NP29 的改进型，不同之处是改用 15 发弹匣供弹。

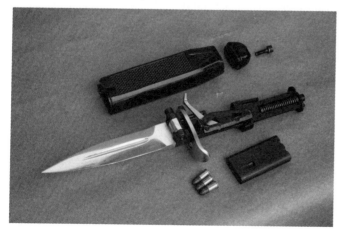

匕首枪

77B 型 9 毫米手枪：以 77 式 7.62 毫米手枪为基础，不同之

运动步枪

西湖牌运动手枪

警用武器

20毫米捕获枪及弹，5.6毫米匕首枪，

38毫米系列防暴枪、短防暴枪、10管单兵式防暴发射器、9管和15管车载防暴发射器，5管转轮防暴枪。

射击运动器材

XII型，XHIV型西湖牌5.6毫米慢射运动手枪，NP21型5.6毫米运动手枪（仿阿尔特0.22英寸手枪），XH01型5.6毫米速射运动手枪，B1型、B2型4.5毫米（5.5毫米）系列气步枪，S2型4.5毫米气手枪。

其他民品

Φ50液压弯管机，ZYQ-1型盐浴炉快速启动装置，50型摩托车，JG01型射钉器等。

上述产品中除77B2型、NP24型、XH29型3种9毫米手枪，NP21型运动手枪及捕获枪外，其余均已批量生产。在研制和生产中工厂深刻认识到产品质量就是工厂的生命，每一项新产品尽可能向国内外先进水平看齐，下列新产品还获得了国家有关部门的表彰，如：

56式7.62毫米半自动步枪获1980年部级优质奖，XHI型5.6毫米慢射运动手枪获1983年国家优质新产品奖，77式7.62毫米手枪改进设计获得1986年部级科技二等奖，并获1991年国家金质奖，77B型9毫米手枪获1991年部级科技三等奖，38毫米10管单兵式防暴发射器获1995年武警科技二等奖，此外38毫米防暴枪等三项产品分别获湖北、江苏省省级科技三等奖。

工厂目前正在研制的新产品有NT03型9毫米手枪、38毫米新型防暴枪、0.32英寸手枪等。

必须提到的是，工厂在这些年里之所以能开展上述项目的开发、研究工作，除工厂科技人员努力外，还有赖于有关单位的大力协助与合作，有些项目本身就是厂、校（所）合作的成果。

"雄关漫道真如铁，而今迈步从头越"。现在新华机器厂和全国军工企业一样，正处于体制改革、产品结构调整的关键时刻，全厂职工上下一心，排除困难，抓住机遇。大家坚信，有着优良传统的工厂一定能再次开创美好的未来。

历史与光荣

——记为国防建设做出突出贡献的 626 厂

□ 于德深

626 厂是个经历了 80 年变迁的老军工企业。它起源于 1921 年奉系军阀张作霖所创建的"东三省兵工厂"。"九一八"事变后，日伪统治时期，称"奉天造兵所第一制造所"。1946 年 3 月，国民党接管后，称"90 兵工厂枪所"。1984 年沈阳解放后，改为"51 工厂第一制造所"。1950 年 11 月初，改为"51 工厂枪厂"。迁现址后，1951 年 3 月，改名为"32 工厂"，同年 6 月，改名为"国营 626 厂"——

建国以来，626 厂大体经历了 5 个历史阶段。

1950 年至 1957 年初期建设阶段。1950 年 11 月，老军工战士响应党中央、毛主席"抗美援朝，保家卫国"的伟大号召，离开城市，奔赴北大荒。在日伪遗留的旧兵营的基础上，顶风冒雪，艰苦奋斗，迅速建厂，及时有力地支援了抗美援朝战争。1953 年以后，通过系统地技术改造，使工厂的主要产品 56 式 7.62 毫米冲锋枪和 54 式 7.62 毫米手枪加入了国家兵器产品制式化的行列。

1958 年至 1965 年，为工厂的蓬勃发展阶段。1958 年工厂创造了"两参一改"（干部参加劳动，工人参加管理，改革企业管理业务，即改革不合理的规章制度）的管理经验，受到了党中央、毛主席和省委的高度重视，并在全国予以推广。于此同时，626 厂逐步走上了自行研制军品的道路，开始军民结合的初步尝试，完成了包建新厂支援部署企业的任务。

1966 年至 1976 年的"文革"10 年间，广大职工力排干扰，坚持生产，全面完成了国家下达的各项计划，并且兴办了集体经济。

1977 年至 1984 年工厂进行了全面企业整顿，使生产、科研、管理、教育以及集体经济得到了新的发展，最终形成了强大的军工生产优势。

1985 年至 1999 年为工厂的开拓阶段。1985 年工厂开始全面贯彻军转民的方针。1988 年，626 厂划归首钢。在市场机制发生根本变革的情况下，全厂职工群策群力，开拓进取，使工厂在短短几年内，成为国家机电产品出口的基础企业。

2005 年，已更名为庆华厂的 626 六厂宣布破产重组，现已收归地方。

对抗美援朝的贡献

在抗美援朝期间，在祖国和人民需要的日子里，626 厂的军工战士开始了第一次创业。当时的生产条件极差，厂房矮小黑暗，通风设备不全，一个厂房几十个机器只靠一台大电动机带动，机器和皮带声震耳欲聋。主轴全靠拨动皮带变速，走刀靠选择挂轮变速。由于工人文化水平不高，有些人不会计算传动比，只靠经验或简单的算术方法试着变速，干一件精度高的产品要付出相当的心血。据统计，到 1951 年 6 月，第一批凝结着 626 厂 1600 多名职工心血的 2628 支 50 式冲锋枪运到了前线。从 1951 年 6 月到 1953 年 12 月，626 厂式 7.62 毫米冲锋枪 35.8 万支，同时还试制了 43 式、54 式 7.62 毫米冲锋枪及 79 式步枪（刺刀为三棱形）、51 式 7.62 毫米手枪，猎枪、卡宾枪等当时的新式武器，为抗美援朝战争的胜利做出了突出贡献。

也正因为如此，我们的总司令朱德同志于 1952 年 9 月 3 日，代表党中央、毛主席，千里迢迢从北京赶到了工厂，看望为前线立下了汗马功劳的 626 厂广大职工并亲笔为厂新落成的文化宫题字。

54 式手枪

64 式手枪

59 式手枪

在研制军品上的贡献

50 年来，626 厂在研制军品和生产上，走出了一条独具特色的道路，为国防建设做出了应有的贡献。

1953 年 10 月 20 日，上级决定 106 厂停止苏联 T33 式 7.62 毫米手枪的仿制工作，转由 626 厂生产。1954 年 4 月 5 日，626 厂开始投料试制，于 6 月底完成首批 100 支的试制任务。4 个月后，全部完成 500 支试制任务，1954 年 10 月批准生产定型。该枪命名为 54 式 7.62 毫米手枪，随即下达批量生产任务，并装备部队，累计生产了上百万支。为适应外贸的需要，626 厂将该枪改为发射 9 毫米巴拉贝鲁姆手枪弹，并增加了手动保险，组成 213 型 9 毫米手枪系列有 213、213A、213B、54 式警用手枪等 5 个品种。手枪品种还有：59 式 9 毫米自卫手枪，67 式 7.62 毫米微声手枪，64 式 7.62 毫米自卫手枪，80 式 7.62 毫米战斗手枪以及东风系列运动手枪（东风 1 ～ 5）等。

626 厂主产品之一——56 式 7.62 毫米冲锋枪，由苏联专家指导，使用的是苏联 AK47 突击步枪原始资料，于 1956 年生产定型并装备部队。1984 年，兵器工业部曾对当时的世界名枪 M16A1、FNC、米尼米、AUG 和 626 厂生产的 56 式 7.62 毫米冲锋枪按照我国枪械性能试验法，逐一进行试验，结果只有 56 式 7.62 毫米冲锋枪通过了全部的试验项目，而其他名枪未能通过特种条件试验。由此可见，56 式 7.62 毫米冲锋枪的性能确实很优秀。多年来，626 厂不仅生产了数百万支 56 系列冲锋枪，而且对 AK46 原型枪不断进行改进，现已形成 5 大系列 27 个品种。其中作为军品装备部队的 56 式 7.62 毫米冲锋枪系列含 56 式、56-1 式、56-2 式、56C 4 个品种。为开拓国际民用枪市场，含 56S、56S-1 至 56S-6 共 7 个品种。从 1984 年期，为了与国际制式口径接轨，在 56 及 56S 系列的基础上研制了包括 5.56 毫米口径和 5.45 毫米口径的两大系列。其中 5.56 毫米口径自动步枪系列包括 85 式、85-1 式、85-2 式及 85B 型 4 个品种；5.56 毫米半自动步枪系列包括 84S、84S-1 至 84S-8 共 9 个品种；5.45 毫米口径系列包括 88 式、88S 和 5.45 机枪 3 个品种。20 世纪 90 年代 626 厂为了适应武警、特种部队及空降兵等的需要，在 56-2 式冲锋枪的基础上缩短全枪长度，研制成功了 56C 冲锋枪，目前正生产装备部队。

56 式冲锋枪（带枪口防跳器）

80 式冲锋（战斗）手枪

56C 式冲锋枪

部分产品介绍

56-1 式 7.62 毫米冲锋枪 1963 年 1 月，为适应部队在丛林和山区作战的需要，626 厂研制了 56-1 式 7.62 毫米冲锋枪。这种枪是在原 56 式固定托冲锋枪的基础上，将木制枪托改为折叠枪托。该枪性能好、精度高，一次检收合格。于 1963 年生产定型。

56C 7.62 毫米冲锋枪 该枪口径为 7.62 毫米，初速 665 米／秒，有效射程 300 米，瞄准基线长 258 毫米，全枪战斗状态长 765 毫米，携行状态长 560 毫米，理论射速 780 发／分。

67 式 7.62 毫米微声手枪 口径为 7.62 毫米，全枪质量约 1.1 千克（含空弹匣），全枪长 226 毫米，膛线导程 240 毫米，寿命 800 发，枪口声压级不大于 80dB，夜间射击时没有枪口焰，有效射程 30 米。

在新世纪到来之际，626 厂再次瞄准国际市场，为与国际制式口径接轨又开展了以 56 式 7.62 毫米冲锋枪为基础的 5.56 毫米和

67 式微声手枪

5.8 短冲锋枪的研制工作。

心中的兵器城

——中国白城兵器试验中心轻武器试验部专访

□ 曾振宇　黄　俊

　　白城兵器试验中心是我国组建最早、亚洲最大、功能最全、综合性最强的常规武器装备试验靶场。中心履行国家靶场职能，是代表国家把持常规武器列装部队的最后一道关口。我国现有的绝大部分常规武器装备都是由这里试验定型后列装部队的。

　　轻武器试验部是我国唯一的轻武器试验鉴定国家靶场，承担着为部队使用的各种枪械、弹药及配属装具进行定型、鉴定、摸底等试验任务的职能使命。

　　记者：范总请您为我们的读者介绍一下轻武器试验部主要承担的任务是什么？

　　范启胜：我部是常规兵器试验的一个组成部分，主要承担对单兵和小组携行使用的武器产品进行定型、鉴定、科研摸底、产品交验、射表编拟等任务。

　　记者：轻武器试验部是何时组建的？何时打响了我国轻武器试验的"第一枪"？

　　范启胜：轻武器部隶属于中国白城兵器试验中心。这个中心的前身是中国人民解放军军械试验靶场，是经周恩来、刘少奇、彭德怀3位老一辈国家领导人批准建立的。1954年9月初，首批人员开赴草原进行建设。应该讲，轻武器试验部随同兵器试验中心组建于1954年。

　　轻武器试验部的第一项试验任务，是在1955年9月8日～10月24日对我国东北某厂仿制生产的某型手枪进行产品质量检验试验。当时是在荆棘丛生的草原上，侵华日军留下的飞机堡附近打响了轻武器试验的"第一枪"。据史料记载，有42人参加了

范启胜，中国白城兵器试验中心轻武器试验部总工程师，中国兵工学会轻武器学会委员

该次试验。当时，虽然试验条件非常简陋，但是经过参试人员不畏艰难困苦地日夜奋战，圆满完成了任务。

　　记者：做武器试验必须按武器试验法进行，那么我国最早的轻武器试验法是怎样产生的？

　　范启胜：在苏联专家 A. 沃尔柯夫的帮助下，我们依据俄文资料翻译成中文《枪械在各种条件下的试验法——草案》、《枪弹弹丸一致性试验法》和《轻武器内弹道试验法——草案》，1961年4月28日，我们编写出自己的《轻武器试验法——草稿》，一直使用到1974年。

　　记者：轻武器试验部的第一座环境模拟试验室是何时建成的？

射手在试验场进行射击精度试验

射手冒着"大雨"进行淋雨试验

在建成之前是如何进行扬尘、高低温试验的?

范启胜:第一座环境模拟试验室于1956年开始筹建,1958年建成并投入使用。在没有环境模拟试验室的那段时间里,做扬尘试验完全靠人工扬尘,简单地说,是用铁锹一锹一锹地将尘沙扬起,靠自然风将扬起的尘土吹向被试武器,进行试验的射手就站在这样风沙弥漫的环境中实弹射击。试验条件的简陋可想而知! 工作和生活条件的艰苦更不用说,但那时的人们都认为"兵器试验中心的事就是自己家里的事",工作起来不讲代价。有一位叫刘海寅的老同志,在做手榴弹试验时,不怕危险,就站在投弹战士的身边,为投弹的战士壮胆,直到手榴弹一颗一颗地投完为止。这种忘我工作的"草原精神",使大家深受感染。

射手在扬尘试验室内做试验,旁边的鼓风机将尘土吹得漫天飞扬,射手必须在这种恶劣的环境中进行实弹射击,考核新式武器

那时的低温试验要到海拉尔去做,高温试验要到重庆去做。

记者:轻武器试验部的发展历经艰难,请您简要介绍一下轻武器试验部发展史。

范启胜:轻武器试验部的发展历程有4个重要的历史时期:

一是初建时期。这一时期的工作重点是场区建设。当时,在兵器试验中心"边建设,边试验,边培养干部"的"三边"正确方针指导下,轻武器试验专业技术队伍已

白城兵器试验中心大门

初步形成，在苏联专家 A. 沃尔柯夫的指导下，建立起了初步的试验项目和简单的试验方法，为以后轻武器试验的发展奠定了良好的基础。

二是发展时期。这一时期是轻武器部历史上发展最旺盛的时期。这一期间，我们完成了轻武器试验靶道的建设工程（总面积达 8000 多平方米）。建成了我国自己的环境模拟试验室，可以进行高温、低温、扬尘、淋雨等模拟试验。引进了大量国内外研制的试验测试设备，技术队伍不断壮大，虽然 1960 年 7 月苏联专家撤走，但没有影响我们轻武器试验部的正常建设。

三是"文化大革命"和轻武器部酝酿内迁时期。"文化大革命"期间，我们党、国家和军队遭到了建国以来最严重的摧残和损失，也给我们轻武器部的建设、发展和试验工作造成了巨大损失。这一时期内，由于全国院校处于停办状态，致使我们的技术力量得不到补充。同时，有近 80% 的干部先后被派出开展"四清"、"三支两军"工作。我部的试验设施建设和测试设备的购置也几乎处于停滞状态，直到"文化大革命"后期的 1971 年，这种状态才得以好转。同时，轻武器部在是否内迁的问题上举棋不定，也影响了我部的建设步伐。

四是立足草原，扎根建设时期。1983 年初，上级决定"轻武器部扎根草原，就地改扩建"。从此，我部又拉开了发展的新序幕。这一时期，我部新建和完善了大量的试验设施，如新的环境模拟试验，无论从建设规模还是从设施设备上都称得上国内一流，研制和购置了大量性能先进的测试设备。1987 年我部制定了我国枪械定型试验的第一部国家军用标准《常规武器定型试验方法 枪械》

射手正准备将被试武器放入模拟流动的河水中，进行浸河水试验

（GJB349.2—87）及其他 5 部军标。1998 年，我们根据轻武器的发展需求，又制定了《枪械性能试验方法》（GJB3484—98）及其他 4 部军标，从而使轻武器试验有"法"可依。同时，我们加强理论研究，解决了过去想解决而没有解决的问题，为改革试验手段和改进试验方法打下了基础，同时培养了大批技术人才。这一时期，我们完成了数百项试验任务，包括多项大型、系统任务和驻港、澳部队武器装备的应急任务。应该讲，这是轻武器部发展较为辉煌的一页。

记者： 做武器试验特别是定型试验，耗弹量是很大的，那么轻武器试验部在为研制部门节省费用、缩短试验时间方面做了哪些开拓性工作？

范启胜： 为了适应轻武器产品发展的需求，我们在提高试验质量，

轻武器试验部一室副主任张俊斌（左一）

缩短试验周期，节省费用方面做了大量研究工作，在某些方面取得了突破性进展。例如，我们在做某型武器定型试验时，按过去的办法需要耗弹2万多发，费用可想而知，我们采用"模拟试验台代替实弹射击"的方法，节省了经费500多万元，缩短了三分之二的试验时间。

又如：采用减小子样量的方法，可使榴弹的消耗子样量减少30%。另外，要求我们的技术人员积极参与跟踪武器研制的全过程，与研制部门联合攻关，改变过去只管做定型试验，不参与被试武器在出问题时进行分析诊断的做法。所有这些，对缩短武器研制周期，节省研制费用起到了很好的效果。

记者：张主任，做轻武器试验必须按试验法进行，那么我国的轻武器试验法是如何从无到有，逐步发展完善的？

张俊斌：轻武器试验部自建立以来，轻武器试验方法经历了由无到有，由不完善到逐步完善的过程。轻武器试验方法的建立和发展始终与我国轻武器发展是同步的，并且互相促进，互相推动。一方面，新的武器产品的诞生，牵引着试验方法和相关军用标准的需求，试验方法只有紧跟武器的发展，才能适应武器鉴定试验的需要；另一方面，试验方法的诞生又推动着武器产品的发展，使武器能够真正满足使用单位的需要，并进一步推动设计理论、加工能力、鉴定设施的发展。

我国的枪械试验方法或军用标准的演变过程可分为三个阶段：

第一阶段　20世纪50～80年代，试验标准由无到有。

我国轻武器的发展大致可以分为两个阶段：一是引进和仿制阶段，二为自行设计阶段。从建国初期到20世纪80年代初期，新中国的轻武器是处于引进、仿制和改进阶段。进入20世纪80年代，中国的轻武器发展走上了自行研制和设计的道路，尤其是新一代班用枪族的诞生，标志着我国有了自己特色的轻武器。

与轻武器装备发展相适应，我国的轻武器试验鉴定体系从建场至20世纪80年代的近30年间，一直沿袭着20世纪50年代从苏联引进的试验模式，其试验方法、试验理论以及试验设备、场区建设等均是基于该试验模式而建立的，有关试验方法或国家军用标准有：

1961年版本《轻武器试验法——草稿》　主要内容包括枪械在各种使用条件下的试验方法。其试验内容和试验方法是依据苏联的地区和特点确定的，由于缺乏我国气象和地理条件的统计数据，因此，该试验法仅仅适用于当时的枪械验收试验和改进枪械的研究或鉴定试验。

1974年版本《轻武器试验法（试行稿）——枪械试验法》（QBQ—01）在总结历年枪械试验经验的基础上，于20世纪60、70年代，兵器试验中心的技术人员深入到热带、寒区、西北高原等地军区、气象局、工厂、院校进行调研，收集了大量水文、气象、科研、生产方面的资料以及部队对轻武器使用方面的要求和意见，形成了这个版本的试验法。

第二阶段　20世纪80～90年代，试验方法得到发展，形成了国家军用标准——1987年版本《常规兵器定型试验方法　枪械》（GJB349.2—87）。

20世纪80年代，为了适应轻武器发展的需要，技术人员在总结试验经验的基础上，系统分析了武器发展的特点，对我国有代表性的地区进行了更加深入的调研工作，并投入一些具有代表性的武器到典型地区进行试验验证，获得了现场试验数据，完善了试验方法，形成了我国枪械定型试验第一部国家军用标准——《常规兵器定型试验方法　枪械》（GJB　349.2—87）。

第三阶段　20世纪90年代后，试验方法得到迅猛发展，形成了较为先进的枪械试验法——1998年版本《枪械性能试验方法》（GJB3484—98）。

20世纪90年代，技术人员收集了有关环境、气象、战术战役、步兵射击方法、轻武器实际使用情况、周边地理环境、部队试验方法等方面的材料，制定出《枪械性能试验方法》。这部试验法作为枪械设计定型试验的第二代标准，是针对第一代军标1987年版本《常规兵器定型试验方法　枪械》在执行中存在的不足，以及根据近年来枪械性能的发展并在实践中进行过研究论证后，进行了补充和完善。

记者：马工，请您谈一谈对现行的枪械试验法的看法。

马力：这部试验法在总体设计和编排

矗立在试验中心的英雄纪念碑，上面有张爱萍同志为烈士们的题词

当为祖国的常规兵器进行试验的人们完成试验任务回来时，都能看到这块祝福的牌子

上与以前的试验方法有较大的不同，试验理论上有较大突破，但经过几年的使用，还是有一些值得思考的问题。一是这部试验法采用的先进试验理论和试验技术比较突出，而对之前几部试验法在战术使用考核、人机工效考核及勤务使用性能考核方面继承发扬得不够，或者说突破性的东西不多；二是编写过程中没有开展大规模的部队调研，对近几十年来部队使用轻武器装备情况了解得不深，为满足部队使用需要而设立的有针对性、创造性的试验考核项目不多。

轻武器试验部总工程师助理马力

记者：美国是军事大国，那么，制定我国现行的枪械试验法时，是否吸收了美军标中一些先进的东西？

马力：是的，美国的试验鉴定理论、统计理论、可靠性理论、维修性理论、风险分析理论、环境科学理论都比较系统、完备。除了美军标之外，我们也参考了俄罗斯、日本、英国、比利时、德国的一些军用标准。日本的可靠性理论在工程应用上做得很好。

记者：发展我国轻武器事业，常说"以需求为牵引"，从这一方面讲，您对轻武器研制部门有何建议？

马力：我国轻武器研制始于 20 世纪 60 年代，最初研制的产品没有脱离仿苏产品的框框，设计理念、基本构造没有多大突破。20世纪 90 年代，以新一代班用枪族为代表的一批轻武器陆续装备部队，标志着我国轻武器产品走上了完全自主开发研制的道路。我们在取得成绩的同时，也应清醒地看到在研制方面存在的不足。一是主研人员缺少轻武器产品在部队作战使用方面的知识，更没有这方面的经历和经验，因此在设计研制时不可避免地将一些不切实际的东西反映到产品中，降低了产品的使用性能。AK47 自动步枪的主研人卡拉什尼柯夫和 M16 自动步枪的主研人斯通纳都从过军，并有参加第二次世界大战的亲身经历，这些都是他们设计武器的宝贵财富，也确保了他们所设计的武器更符合实战要求且经久不衰；二是只注重已量化的"硬指标"的达标，而对一些定性的"软指标"的达标重视不够。一旦产品装备部队，这方面的问题积少成多，就会成为大问题。近些年研制装备的某些轻武器产品已经凸现这方面的问题；三是武器在研制过程中很少征求使用单位的意见，也没有开展部队使用试验方面的研究，更没有把其纳入决策中。希望有关研制部门在今后的工作中多注意解决这些方面的问题。

重庆长风机器有限责任公司

□ 黄 俊

重庆长风机器有限责任公司是中国兵器装备集团公司所属的大型二类企业，1965年从重庆江北长安公司分离并迁至聂荣臻元帅的故乡——重庆江津。该公司原名为重庆长风机器厂，自建厂以来，一直是国内军品指定生产厂家之一。公司占地面积39万平方米，建筑面积18万平方米，拥有各种先进的机械加工设备和检测设备，是一个具有冲压、焊接、热处理、表面处理、非标设计、刀具制造以及完善的计量、理化、测试能力的军工企业。公司现有职工2000多人，其中工程技术人员209人，研究员级高级工程师2人，高级工程师18人，工程师118人。公司拥有机械加工、冲压、焊接、热处理、表面处理、装配、检测七条生产线，各类设备近2500台，其中加工中心20余台。

重庆长风机器有限责任公司的支柱产业主要有两部分。第一部分是军品的研制和生产。公司拥有从事军品开发、设计、试制工作的研究所和技术成熟的枪械生产线。由该公司生产的军品主要有：与坦克、装甲车、防暴车配套的86式车载机枪及外贸80式多用途机枪、具有20世纪90年代国际先进水平的9毫米和5.8毫米手枪及外贸民用手枪等。第二部分是民品的开发与生产。公司主要生产以微、轿车转向器、动力转向器、EPS电动助力转向器为主的汽车零部件产品，已具备生产微、轿车转向器60万套、转向柱50万套、传动轴23万套、脚踏板20万套的生产能力。2009年，公司获得"第六届全国百家优秀汽车零部件供应商"荣誉称号。

值得一提的是，重庆长风机器有限责任公司作为中国兵器装备集团公司所属的大型"二类企业"，属于非保军的军工企业。在军品行业不景气的情况下，依靠自筹资金和工人集资等手段，建立了自己的民品生产线，以军工生产为基础，开拓出新的自我发展的道路。军品、民品并重，是公司发展的宗旨。公司正向着"民品力求成为我国汽车转向器行业的骨干企业，军品成为兵器装备集团公司国内军品装备的生产基地"的发展战略前进。

公司产品一览

0.380 英寸 ACP PPN 手枪

重庆长风机器有限责任公司标志

0.380英寸 ACP PPN 手枪是该公司设计并生产的面向欧美市场的一种民用枪。该枪采用自由枪机式自动方式，惯性闭锁，双动发射机构，瞄准基线长126毫米，全枪尺寸（长、宽、高）为180毫米×35毫米×119毫米。该枪具有体积小、质量轻、使用安全等特点，是一种比较理想的个人自卫武器。

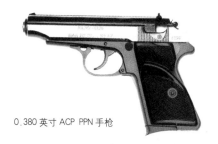

0.380 英寸 ACP PPN 手枪

0.380 英寸 ACP PPN 手枪主要诸元	
口径	0.380 英寸（9 厘米）
初速	291 米／秒
有效射程	50 米
全枪质量	0.6 千克（装填枪弹后0.66 千米）
弹匣容弹量	7 发
使用枪弹	0.380 英寸 ACP 弹或勃朗宁 9 毫米手枪短弹

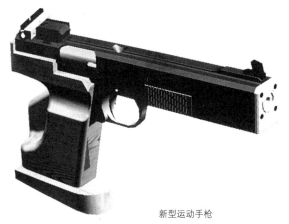

新型运动手枪

长风机器公司 5.6 毫米 TT 01ympia 手枪主要诸元	
口径	5.6 毫米
初速	291 米／秒
有效射程	25 米
全枪质量	0.9 千克
弹匣容弹量	8 发
使用枪弹	5.6 毫米小口径运动枪弹或 0.22R 弹
自动方式	自由枪机式
闭锁方式	惯性闭锁

该枪发射勃朗宁 9 毫米手枪短弹，即 9×17 毫米手枪弹。该弹是由美国约翰·勃朗宁设计，1908 年，由美国柯尔特公司制造。1910 年，被比利时 FN 公司采纳，称为勃朗宁 9y 手枪短弹，欧洲简称为 9 毫米短弹，美国称为 0.380 英寸自动手枪弹。1920～1940 年间，该弹在比利时、荷兰、法国、土耳其、瑞士、捷克、德国、意大利、匈牙利等国被广泛用作军用和警用弹。该弹现已不作为主要军用弹，仅有部分警察仍在使用，但在民用枪支市场上，人们对 0.380 英寸 ACP 口径的自卫手枪喜爱有佳。勃朗宁 9 毫米短弹属低威力弹，初速低，可减小枪口跳动，又有足够的停止作用，是一种综合效能较好的手枪弹。

5.6 毫米 TT-Olympia 运动手枪

该枪仿制著名的瓦尔特奥林匹亚 0.22LR 运动手枪，这里的 0.22LR 表示使用的是 0.22 英寸（或者 5.6 毫米）步枪长弹，

长风公司仿制的 TT-Olympia 运动手枪使用的 0.22R 弹表示 0.22 英寸突缘弹。在图中可以看到一块多边形金属块为配重块，是用来调整枪支质量和质心位置的附加物。运动员对枪支质量和质心位置较敏感，而且身材、体力和操枪习惯因人而异。在比赛规则允许的限度内，运动枪常在枪上增加一个或者一组附加物，以提高瞄准稳定性，减小枪支后坐和跳动，提高射击精度。

5.45 毫米轻机枪

该枪是根据苏联 RPK74 式 5.45 毫米轻机枪仿制而来的。

苏联 RPK74 式 5.45 毫米轻机枪

长风机器公司仿制的 5.45 毫米轻机枪

仿制的 5.45 毫米轻机枪主要诸元	
口径	5.45 毫米
初速	950 米／秒
有效射程	800 米
理论射程	600 ～ 650 发／分
弹匣容弹量	30，75 发
使用枪弹	5.45×39 毫米弹

RPK74 式 5.45 毫米轻机枪是由卡拉什尼柯夫设计小组于 20 世纪 70 年代中期研制成功的，与 AK74 步枪为同一枪族，并装备苏军，东欧大部分国家都曾仿制和装备该枪。

RPK74 式 5.45 毫米轻机枪的大部分结构与 AK74 步枪相同，采用导气式工作原理和枪机回转式闭锁方式，不同的是枪管加重、

80 式 7.62 毫米多用途机枪

80 式 7.62 毫米多用途机枪主要诸元	
口径	7.62 毫米
初速	825 米／秒
有效射程	800 米（轻机枪）~1000 米（重机枪）
理论射程	700~800 发／分
全枪质量	12.6tfk
弹匣容弹量	100 或 200 发
使用枪弹	53 式 7.62 毫米各种枪弹

加长，有一个较轻的两脚架，枪托、前护手和膛口装置也不同。该枪一般由 45 发长弹匣供弹，但也可使用 AK74 步枪的 30 发弹匣。我国仿制的 5.45 毫米轻机枪没有配备 45 发的长弹匣，而改用容弹量为 75 发的弹鼓供弹。

80 式 7.62 毫米多用途机枪（也称通用机枪）

苏联 PKM 7.62 毫米通用机枪是 PK 通用机枪的改进型，于 1969 年命名并作为苏联制式武器，后来广泛用作华沙条约国的军用制式标准机枪。我国在 1979 年

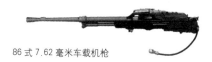

86 式 7.62 毫米车载机枪

86 式 7.62 毫米车载机枪主要诸元	
口径	7.62 毫米
初速	825 米／秒
有效射程	800 米（轻机枪）
	1000 米（重机枪）
理论射速	700 ～ 800 发／分
全枪质量	12.6 千克
弹匣容弹量	100 或 200 发
使用枪弹	53 式 7.62 毫米各种枪弹

仿制苏联 PKM7.62 毫米通用机枪，1980 年定型为 80 式通用机枪，1983 年通过生产定型，我军有少量装备。该枪主要用于出口，而不是替代 67-2 式通用机枪，据了解该枪在国际市场上十分畅销。该枪采用导气式工作原理，枪机回转式闭锁机构，弹链供弹，连发发射。

86 式 7.62 毫米车载机枪

86 式 7.62 毫米车载机枪的主要战技

92 式 5.8 毫米手枪

92 式 5.8 毫米手枪主要诸元	
口径	5.8 毫米
初速	460 米／秒
有效射程	50 米
全枪使用寿命	3000 发
全枪质量	0.77 千克
弹匣容弹量	20 发
使用枪弹	DAP92 式 5.8 毫米普通弹

性能与 80 式通用机枪相同。该车载机枪是在 80 式机枪的基础上研制开发的产品，手动击发机构改成了电击发火控系统，枪管、膛口装置、导气装置等有所改动，主要装备在轮式战车、坦克及装甲车辆上。

92 式 5.8 毫米手枪

　　92 式 5.8 毫米自动手枪是为军队指挥员及特种部队等战斗人员提供的自卫或军用战斗手枪，主要用于杀伤 50 米距离内的有生目标。

　　92 式 5.8 毫米手枪使用双排双进 20 发弹匣供弹，每枪配备 2 个弹匣，具有良好的火力持续性，用于装备我军团以上指挥员及有关人员。该枪使用 DAP92 式 5.8 毫米手枪弹，单发发射方式，半自由枪机式自动方式，枪管回转式闭锁机构，采用拉杆分离式击发机构，可选择单动或双动

92 式 9 毫米手枪

92 式 9 毫米手枪主要诸元	
口径	9 毫米
初速	350 米／秒
有效射程	150 米
全枪使用寿命	3000 发
全枪质量	0.76 千克
弹匣容弹量	15 发
使用枪弹	DAP92 式 9 毫米普通弹 9×19 毫米巴拉贝鲁姆手枪弹

发射（也称联动发射）。该枪具有手动保险、击针保险、不到位保险和自动保险，还有弹膛有弹指示器、弹匣余弹显示以及空仓挂机功能，配装简易机械瞄具，其上有荧光点，可实施夜间瞄准，必要时可装 JG92 型激光指示器。

92 式 9 毫米手枪

　　92 式 9 毫米手枪系统从 1992 年开始论证，1994 年正式批准立项开始研制，1998 年设计定型。该枪是用于装备我军营以下军官及有关人员的军用手枪，使用的 DAP92 式 9 毫米普通弹同北约制式 9 毫米 巴拉贝鲁姆手枪弹的外形尺寸及某些参数基本相同，两者可通用，易于走向国际市场。采用复合弹心结构的 DAP92 式 9 毫米手枪弹对轻型防护目标的穿透能力比 9 毫米巴拉贝鲁姆弹大得多，而且有较好的停止作用，深受军方的青睐。92 式 9 毫米手

9 毫米轻型冲锋枪

9 毫米转轮手枪

9 毫米转轮手枪主要诸元	
口径	9 毫米
初速	200 ～ 300 米 / 秒
有效射程	50 米
全枪质量	0.84 千克
弹容量	6 发
射击精度	25 米，R_{50} ≤ 9 厘米，R_{100} ≤ 20 厘米
使用枪弹	DAP92 式 9 毫米普通弹和 9×19 毫米巴拉贝姆手枪弹

易碎弹、低侵彻弹和多头弹等多种弹种及系列防暴转轮手枪弹药。

5.8 毫米匕首枪

5.8 毫米匕首枪是用于近距离格斗时防身自卫的一种特种武器。该枪质量小、结构原理新颖、可靠性好、操作简单，可以实现砍，刺，锯割钢管、钢筋，剪断电线、铁蒺藜等功能。

9 毫米轻型冲锋枪主要诸元	
口径	9 毫米
初速	400 米 / 秒
有效射程	150 米
全枪质量	2.2 千克
弹匣容弹量	双路供弹 15+50 发
使用枪弹	DAP92 式 9 毫米普通弹和 9×19 毫米巴拉贝姆手枪弹

枪采用枪管短后坐式自动方式，枪管回转式闭锁机构，采用拉杆分离式击发机构，单发发射，并可选择单动或双动发射。该枪除了设有手动保险外，还增设了击针保险和弹膛有弹指示器、弹匣余弹显示以及空仓挂机功能，有简易机械瞄具及荧光夜瞄点，也可加挂激光指示器等。

9 毫米轻型冲锋枪

该公司所生产的 9 毫米轻型冲锋枪可隐蔽杀伤 150 米以内具有轻型防护的有生目标，以适用于装备特种部队、公安、武警等部门。该枪采用容弹量 50 发的螺旋弹筒和容弹量 15 发的弹匣双路供弹机构，单发、连发发射方式，可安装光学瞄准具，必要时可换装消声器成为微声冲锋枪，以适应特种作战的需要。

9 毫米转轮手枪

9 毫米转轮手枪是为满足公安人员的需要而开发的新产品，除发射普通弹外，还可发射 9 毫米铅心弹、钢心弹、橡皮弹、空包弹、

5.8 毫米匕首枪主要诸元	
口径	5.8 毫米
初速	270 米 / 秒
有效射程	10 ～ 30 米
全枪长 × 宽 × 高	260 毫米 × 30 毫米 × 32 毫米
弹容量	4 发
使用枪弹	5.8 毫米微声手枪弹